高等职业教育规划教材

基础工程

姜仁安

郭 梅　主编

王东杰

人民交通出版社

China Communications Press

内 容 提 要

本书为高等职业教育规划教材,按照2007年交通部颁布的新规范进行编写。内容包括:绪论、作用与作用效应组合、天然地基上的刚性浅基础、桩基础、沉井基础、地基处理及特殊土地基等,共七章。本书根据工程实践的需要和高职教育的特点,着重探讨公路桥梁常用的基础类型、设计计算方法和施工方法,并介绍了软弱地基的处理方法和特殊土地基的基础工程问题。其中关于刚性浅基础、桩基础和沉井基础均附有设计算例。各章前提出学习目标,各章后附有思考题与习题,供学生参考与练习。

本书为高职高专院校道桥工程技术、工程管理及其他相关专业的教学用书,也可供应用型本科院校教学使用以及公路工程管理与技术人员参考使用。

图书在版编目(CIP)数据

基础工程 / 姜仁安,郭梅,王东杰主编. —北京:人民交通出版社,2008.9

ISBN 978-7-114-07108-9

Ⅰ. 基… Ⅱ. ①姜… ②郭… ③王… Ⅲ. 地基 – 基础
(工程) Ⅳ. TU47

中国版本图书馆 CIP 数据核字(2008)第 053267 号

书 名:基础工程
著 作 者:姜仁安 郭 梅 王东杰
责任编辑:韩亚楠
出版发行:人民交通出版社
地 址:(100011)北京市朝阳区安定门外外馆斜街 3 号
网 址:http://www.ccpress.com.cn
销售电话:(010)59757973
总 经 销:人民交通出版社发行部
经 销:各地新华书店
印 刷:北京鑫正大印刷有限公司
开 本:787×1092 1/16
印 张:17
字 数:426 千
版 次:2008 年 9 月第 1 版
印 次:2015 年 1 月第 5 次印刷
书 号:ISBN 978-7-114-07108-9
印 数:12001 – 14000 册
定 价:33.00 元

(有印刷、装订质量问题的图书由本社负责调换)

前言

QIANYAN

　　《公路桥涵地基与基础设计规范》(JTG D63—2007)于2007年9月29日发布,与上一版规范相比,内容发生了很大变化。为了及时更新教学内容,满足实际需求,我们依据此规范编写了本教材。教材中涉及的主要规范还有:《公路桥涵设计通用规范》(JTG D60—2004)、《公路圬工桥涵设计规范》(JTG D61—2005)、《公路钢筋混凝土及预应力混凝土桥涵设计规范》(JTG D62—2004)及《公路桥涵施工技术规范》(JTJ 041—2000)。

　　本教材主要对桥梁工程中应用较广的天然地基刚性浅基础和桩基础的设计与施工进行了详细具体的叙述,并且介绍了常见的地基处理方法和特殊土地基的有关工程问题。沉井的设计计算可结合实际情况选学。

　　为了符合高职教育的特点和人才培养目标,本教材在内容的选择上更加注重实用性、时效性和可操作性。对于基础的设计计算,不进行详细的公式推导,只说明计算原理、方法和过程,会应用公式计算即可;为了便于理解和使用,还附有浅基础、桩基础和沉井基础的设计算例。另外,本书注重新方法、新技术和新工艺的体现,例如,在施工方面引入了目前已较多采用并首次列入规范的桩的后压浆施工技术,从而使本教材的内容更加实用。

　　本教材内容系统,条理清楚,简明扼要,通俗易懂,便于读者阅读理解。

　　参加本书编写工作的人员有:吉林交通职业技术学院姜仁安、郭梅、王东杰、张求书、高峰、郭丰敏、车广侠、李艳、徐静涛、赵洪波、于辉,吉林省长春市吉粮集团房地产开发有限公司高廷文。姜仁安编写第一章、第三章、第六章,郭梅编写第二章、第四章,王东杰编写第五章的第五节、第六节,张求书、高峰、郭丰敏共同编写第七章,车广侠、李艳、徐静涛、于辉共同编写第五章的第一节到第四节,高廷文、赵洪波共同编写附表。全书由姜仁安、郭梅、王东杰担任主编,由姜仁安、郭梅统稿。在编写过程中参考了相关的论著和资料,在此谨向相关文献的作者致谢。

　　由于编者水平有限,编写时间仓促,书中难免有缺点和错误之处,敬请读者批评指正。

编　者

2008 年 5 月于长春

目 录
MULU

第一章

绪　论

第一节　地基与基础概述

一、地基与基础的概念

任何建筑物都建造在一定的地层上,建筑物的全部荷载都由它下面的地层来承担,并使地层中的应力状态发生改变。一般把承受整个建筑物荷载而应力状态发生改变的那一部分地层称为地基,建筑物底部与地基接触的那部分构造称为基础,如图 1-1 所示。

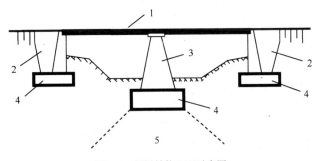

图 1-1　桥梁结构立面示意图

1-上部结构;2-桥台;3-桥墩;4-基础;5-地基

基础起着"承上启下"的作用,也就是承受其上部作用的全部荷载,并将其传递、扩散到地基中。所以,要求基础必须具有足够的强度与稳定性,以保证整个建筑物的安全和正常使用。而地基承受着由基础传来的整个建筑物荷载,它对整个建筑物的安全和正常使用起着根本作用,所以要求地基也必须具有足够的强度与稳定性,并且变形(主要指沉降)也应在容许范围以内。

对于浅基础而言,地基可分为持力层和下卧层。持力层为直接与基础底面相接触的那部分地层,它直接承受基底压应力作用。持力层以下受建筑物荷载影响的地层称为下卧层。

整个桥梁分为上部结构和下部结构,上部结构为用于通行的桥跨结构,而下部结构包括桥墩、桥台及其基础。基础工程包括建筑物的地基与基础的设计与施工。

二、地基与基础的分类

根据地层变化情况、上部结构的要求、荷载特点和施工技术水平,可采用不同类型的地基与基础。

(一)地基分类

地基可分为天然地基与人工地基。直接砌筑基础不需人工处理的地基称为天然地基。如果天然地层的土质过于软弱或存在不良工程地质问题,需要经过人工加固或处理后才能修筑基础,这种经过人工加固处理的地基称为人工地基。在一般情况下,应尽量采用天然地基。

(二)基础分类

基础的类型,可按基础的埋置深度、刚度、构造形式及施工方法等来进行分类。

1. 按埋置深度分类

基础按埋置深度可分为浅基础(5m 以内)和深基础两种。当浅层地基承载力较大时,可采用埋深较小的浅基础。浅基础施工方便,通常用明挖法从地面开挖基坑后,直接在基坑底面砌筑、浇筑基础。桥梁及各种人工构造物常采用天然地基上的浅基础。如果浅层土质不良,需将基础埋置于较深的良好土层上,这种基础称为深基础。深基础设计和施工较复杂,但具有良好的适应性和抗震性,常见的形式有桩基础、沉井和管柱基础。我国公路桥梁应用最多的深基础是桩基础。

2. 按基础的刚度分类

按基础的刚度亦即受力后基础的变形情况,其可分为刚性基础和柔性基础,如图 1-2 所示。采用圬工材料(如浆砌块石、混凝土等)砌筑,刚度极大的基础称为刚性基础[图 1-2a)]。它是桥梁、涵洞和房屋等建筑物常用的基础类型。由于圬工材料的抗压强度大而抗弯拉强度小,所以基础受力后不容许发生挠曲变形,否则将产生开裂破坏。这种基础不需要钢材,造价较低,但圬工体积较大,且支承面积受一定限制。采用钢筋混凝土砌筑,具有一定刚度和弹性的基础称为柔性基础或弹性基础[图 1-2b)]。由于钢筋可以承受较大的弯曲拉应力和剪应力,所以基础受力后容许发生一定挠曲变形。当地基承载力较小时,采用这种基础可以有较大的支承面积。

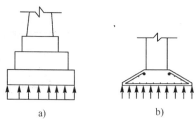

图 1-2　刚性基础和柔性基础
a)刚性基础;b)柔性基础

3. 按构造形式分类

对于桥梁基础,按构造形式可分为实体式基础和桩柱式基础两类。当整个基础都由圬工材料筑成时,称为实体式基础,如图 1-3a)所示。其特点是基础整体性好,自重较大,所以对地基承载力要求也较高。由多根基桩或小型管桩组成,并用承台联结成为整体的基础,称为桩柱式基础,如图 1-3b)所示。这种基础较实体式基础圬工体积小,自重较轻,对地基强度的要求相对较低。桩柱本身一般要用钢筋混凝土

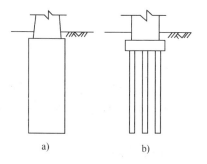

图 1-3　实体式基础和桩柱式基础
a)实体式基础;b)桩柱式基础

制成。

4. 按施工方法分类

基础按施工方法可分为明挖法、沉井、沉桩、沉管灌注桩、就地钻(挖)孔灌注桩以及钻(挖)孔埋置桩等。明挖法最为简单，但只适用于浅基础，其他方法均用于深基础。本教材将在后续章节中分别介绍明挖法、沉井、沉桩、就地钻(挖)孔灌注桩等的施工方法。

5. 按基础的材料分类

目前我国公路建筑物基础大多采用混凝土或钢筋混凝土结构，少部分用钢结构。在石料丰富的地区，可就地取材，采用石砌基础。

三、地基与基础的重要性

工程实践表明：地基与基础的设计和施工质量的优劣，对整个建筑物的质量和正常使用起着根本的作用。

(1)地基与基础位于地面以下，为隐蔽工程，如有缺陷，较难发现，也较难弥补和修复，而这些缺陷往往直接影响整个建筑物的使用甚至安全。例如：地基的不均匀沉降、地基的承载力不够或基础本身的结构破坏，均可能导致建筑物发生倾斜、沉陷以致倒塌或使上部结构产生裂缝。

(2)基础工程的进度经常控制着整个建筑物的施工进度。

(3)基础工程的造价，通常在整个建筑物造价中占相当大的比例，尤其是在复杂的地质条件下或深水中修建基础更是如此。

可见，地基与基础在整个建筑物中占有十分重要的地位，对整个建筑物的影响巨大。因此，对基础工程必须做到精心设计、精心施工，以保证建筑物的质量和经济合理。

四、地基与基础的设计原则与要求

(一)设计原则

在对地基与基础进行设计的时候，要遵循以下设计原则：

(1)保证建筑物的质量。也就是技术上要求建筑物稳固、耐用和适用，以保证建筑物的正常和安全使用。

(2)保证设计方案的经济性。即要求建筑物总造价尽可能低廉。

(3)保证设计方案的可行性。也就是根据当时、当地的具体情况(如技术和施工队伍的能力和水平、材料、机械设备的供应及施工现场其他的具体条件等)，实现设计方案是切实可行的。

为了使全国各地都有一个统一的设计依据和标准，各建设部门都制定了相应的的设计规范，这些规范是根据我国的现有生产技术水平、实际经验和科学研究成果，结合各专业的特殊要求编制出来的。其中《公路桥涵地基与基础设计规范》(JTG D63—2007)是公路桥涵地基与基础设计的直接依据，对公路桥涵地基和基础的设计计算作了一系列具体的规定和要求。

(二)设计要求

地基与基础设计计算的基本要求是：

(1)地基具有足够的强度和稳定性，使基础底面压力小于地基的容许承载力。即保证地基在建筑物等外荷载作用下，不出现过大的、有可能危及建筑物安全的塑性变形或丧失稳定性的现象。

(2)基础的沉降或相邻基础的沉降差在允许范围以内,以保证上部结构的正常使用。

(3)基础具有足够的强度,以保证基础本身坚固耐用。

(4)基础具有足够的稳定性,以保证基础不发生倾覆和滑动,并防止地基土从基础底面被水流冲刷掉。

(5)防止地基土发生冻胀。当基础底面以下的地基土发生严重冻胀时,对建筑物往往是十分有害的。冻胀时地基虽有很大的承载力,但其所产生的冻胀力有可能将基础向上抬起,而冻土一旦融化,土体中含水率很大,地基承载力突然大大降低,基础有可能发生很大沉陷,这是不能允许的。所以对寒冷地区,这一点必须予以考虑。

建筑物是一个整体,地基、基础、墩台和上部结构是共同工作且相互影响的。因此,地基与基础的设计应紧密结合上部结构、墩台特性和要求进行,全面分析建筑物整体和各组成部分的可行性、安全性和经济性,把强度、变形和稳定性紧密地与现场条件、施工条件结合起来,全面分析,综合考虑。

目前,要把这几部分完全统一起来进行设计还有困难,现阶段采用的常规设计方法是将这几部分分开,按照静力平衡的原则,采用不同的假定进行分析计算,同时考虑地基——基础——上部结构的相互共同作用。

地基基础设计时,要想满足上述要求,必须在着手设计前,首先掌握准确、足够而又必要的资料。

第二节　基础工程设计所需资料

地基与基础的设计方案、计算中有关参数的选用,都需要根据当地的地质条件、水文条件、上部结构形式、荷载特性、材料情况及施工要求等因素全面考虑。因此,桥梁的地基与基础在设计之前,应通过详细的调查研究,充分掌握必要的、符合实际情况的资料。

(1)建筑物的情况。如上部结构形式、跨径、建筑物用途、桥梁和墩台的构造与尺寸等。

(2)荷载作用情况。包括可能作用于建筑物上的各种荷载大小、方向、作用位置、荷载性质(静荷载还是动荷载)及作用时间等。

(3)水文资料。如桥梁所在江河水流的高水位、低水位、常水位、水流流速及冲刷深度等。

(4)工程地质资料。主要是地质剖面图或柱状图,图上应示出各土层的分布情况、厚度、冻结深度、地下水位高度、岩面高程、倾斜度以及土中大而硬的孤石、不良工程地质现象等。此外,还必须有各种地基土必要的物理、力学性质指标。

以上四部分资料对选择基础的埋置深度、类型和尺寸并进行各项验算是必不可少的。

(5)施工条件。包括施工队伍的人力、物力(主要是机具设备的配备)、技术水平、施工经验、施工期限以及附近的材料、水电供应和交通等情况。掌握这方面资料有助于选择经济合理而又切实可行的地基基础方案。

此外,如工地附近有已建成的桥梁,还应调查掌握现有桥梁结构及使用情况的资料,这对新建结构物的设计有重要的参考价值。

上述资料是设计的重要依据,尤其是水文和地质资料,它的准确性将直接影响设计的质量,必须给予足够的重视。

总之,在进行基础设计的时候,既要考虑上部结构的情况,又要考虑地基土的特点;既要考虑多方面的技术要求,又要考虑当时、当地的具体条件。只有把这几方面关系全面地处理好,才能把基础设计工作做好,这是从根本上保证整个建筑物设计质量的重要环节,必须充分加以重视。

基础工程设计所应掌握的地质、水文、地形等详细资料如表1-1所示。其中,各项资料内容范围可根据桥梁工程规模、重要性及建桥地点工程地质、水文条件的具体情况和设计阶段确定取舍。

基础工程设计所需资料 表1-1

资料种类		资料主要内容	资料用途
1. 桥位平面图(或桥址地形图)		(1)桥位地形; (2)桥位附近地貌、地物; (3)不良工程地质现象的分布位置; (4)桥位与两端路线平面关系; (5)桥位与河道平面关系	(1)桥位的选择、下部结构位置的研究; (2)施工现场的布置; (3)地质概况的辅助资料; (4)河岸冲刷及水流方向改变的估计; (5)墩台、基础防护构造物的布置
2. 桥位工程地质勘测报告及工程地质纵剖面图		(1)桥位地质勘测调查资料包括河床地层分层土(岩)类及岩性,层面高程,钻孔位置及钻孔柱状图; (2)地质、地史资料的说明; (3)不良工程地质现象及特殊地貌的调查勘测资料	(1)桥位、下部结构位置的选定; (2)地基持力层的选定; (3)墩台高度、结构形式的选定; (4)墩台、基础防护构造物的布置
3. 地基土质调查试验报告		(1)钻孔资料; (2)覆盖层及地基土(岩)层状生成分布情况; (3)分层土(岩)层状生成分布情况; (4)荷载试验报告; (5)地下水位调查	(1)分析和掌握地基的层状; (2)地基持力层及基础埋置深度的研究与确定; (3)地基各土层强度及有关计算参数的选定; (4)基础类型和构造的确定; (5)基础下沉量的计算
4. 河流水文调查报告		(1)桥位附近河道纵横断面图; (2)有关流速、流量、水位调查资料; (3)各种冲刷深度的计算资料; (4)通航等级、漂浮物、流冰调查资料	(1)确定根据冲刷要求基础的埋置深度; (2)桥墩身水平作用力计算; (3)施工季节、施工方法的研究
5. 其他调查资料	(1)地震	(1)地震记录; (2)震害调查	(1)确定抗震设计强度; (2)抗震设计方法和抗震措施的确定; (3)地基土振动液化和岸坡滑移的分析研究
	(2)建筑材料	(1)就地可采取、供应的建筑材料种类、数量、规格、质量、运距等; (2)当地工业加工能力、运输条件有关资料; (3)工程用水调查	(1)下部结构采用材料种类的确定; (2)就地供应材料的计算和计划安排
	(3)气象	(1)当地气象台有关气温变化、降水量、风向风力等记录资料; (2)实地调查采访记录	(1)气温变化的确定; (2)基础埋置深度的确定; (3)风压的确定; (4)施工季节和方法的确定
	(4)附近桥梁的调查	(1)附近桥梁结构形式、设计书、图纸、现状; (2)地质、地基土(岩)性质; (3)河道变动、冲刷、淤泥情况; (4)营运情况及墩台变形情况	(1)掌握架桥地点地质、地基土情况; (2)基础埋置深度的参考; (3)河道冲刷和改道情况的参考

第三节　基础工程学科的发展概况

　　基础工程与其他技术学科一样，是人类在长期的生产实践中不断发展起来的，在世界各文明古国数千年前的建筑活动中，就有很多关于基础工程的工艺技术成就，但由于当时受社会生产力和技术条件的限制，在相当长的时期内发展很缓慢，仅停留在经验积累的感性认识阶段。

　　国外在 18 世纪产业革命以后，城建、水利、道路建筑规模的扩大促使人们加强了对基础工程的重视与研究，对有关问题开始寻求理论上的解答。此阶段在作为本学科的理论基础的土力学方面，如土压力理论、土的渗透理论等有局部的突破，基础工程也随着工业技术的发展而得到新的发展，如 19 世纪中叶利用气压沉箱法修建深水基础。20 世纪 20 年代，基础工程有比较系统、完整的专著问世。1936 年召开第一届国际土力学与基础工程会议后，土力学与基础工程作为一门独立的学科取得不断的发展。20 世纪 50 年代起，现代科学新成就的渗入，使基础工程技术与理论得到了更进一步的发展与充实，成为一门较成熟的独立的现代工程学科。

　　我国是一个具有悠久历史的文明古国，古代劳动人民在基础工程方面，也早就表现出高超的技艺和创造才能。例如，远在 1 300 多年前，隋朝所修建的赵州安济石拱桥，不仅在建筑结构上有独特的技艺，而且在地基基础的处理上也非常合理，该桥桥台坐落在较浅的密实粗砂土层上，沉降很小，现反算其基底压力约为 500 ～ 600kPa，与现行的各设计规范中所采用的该土层容许承载力的数值（550kPa）极为接近。

　　随着我国经济建设的发展，促进了本学科迅速发展，并取得了辉煌的成就。例如，在桥梁基础工程方面，为充分利用天然地基承载力，改进和发展了多种结构形式的浅基础，以适应不同地基土质和不同荷载性质及上部结构的使用要求。

　　为缩短工期、降低造价和适应大型及大跨度桥梁的建设，大力发展了深基础技术。随着在各种土层、各种深度中基础设计和施工技术经验的积累，桩基础尤其是钻孔灌注桩已成为我国最广泛采用的深基础形式，并在保证基桩质量及动力方法测定轴向承载能力方面也取得了可喜成就。为提高基桩承载能力、减少沉降，采用扩底和压浆等措施也取得了很好的经验。

　　对沉井基础技术的研究，在轻型、薄壁、助沉技术、机械化施工方面及沉井与桩、管柱组合式深水基础等方面开展了许多工作，取得了丰富的经验。

　　近年来我国铁路、高速公路发展迅速，在长江、黄河等大江大河和近海区域修筑的大型桥梁工程中采用了大直径钻孔灌注桩、预应力管桩、管柱、钢管桩、多种形式的浮运沉井、组合式沉井等一系列新型深基础以及各种结构类型的单壁、双壁钢围堰等，成功地解决了复杂地质、深水、大型桥梁基础工程问题。

　　在软土地基方面，我国地基加固技术发展较快，结合软土特性处理沉降和稳定问题取得了丰富经验。在吸收国外新成就的基础上，发展了一些符合我国国情、充分利用我国材料特点的新的地基处理施工工艺，如堆载预压、深层挤压、搅拌桩、强夯（动力加固法）等，并在地下连续墙、深基坑支护、新材料应用等方面取得了丰富的经验。

　　目前，我国许多设计单位对常用的主要基础类型的结构设计，已建立了较完备的计算机辅助设计系统，基本上实现了电算化。

　　国外近年来基础工程科学技术发展也较快。在设计理论上，一些国家采用了概率极限状态设计方法。将高强度预应力混凝土应用于基础工程，基础结构向薄壁、空心、大直径的方向发展。在施工技术方面,也创造了许多新的工艺和方法,如以大口径磨削机对基岩进行处理,在水深流速较大处采用水上自升式平台进行沉桩(管柱)施工等。

基础工程既是一项古老的工程技术又是一门年轻的应用科学,发展至今在设计理论和施工技术及测试工作中都存在不少有待进一步完善解决的问题,随着经济建设、大型和重型建筑物的发展,将对基础工程提出更高的要求。为适应这些要求,我国基础工程科学技术在设计理论、施工技术及测试手段上都必须进一步完善,并需要着重开展以下工作:开展地基的强度、变形特性的基本理论研究;进一步开展各类基础形式设计理论和施工方法的研究;完善地基处理的设计理论,发展其施工方法;进一步加强基础结构抗震设计研究。

第四节　本课程的学习内容与要求

本课程系统地叙述桥梁及其他人工构造物地基与基础的有关设计基本理论、实用的计算方法和基本施工方法。内容以实用为原则,在设计计算方面重点阐述设计计算的原理、方法和步骤,而对设计计算公式的推导过程不作详细介绍。

本课程在内容上主要侧重于桥梁基础,但其中阐述的基本理论和方法,也适用于其他土建工程有关基础工程问题。这就需要同学们在学习和实践中灵活掌握。

按教学计划,本课程应属于专业课范畴,因此,必须要有专业基础课和其他专业课的支持,这些课程包括:工程地质、土质与土力学、桥涵水文、材料力学、结构力学、结构设计原理以及桥梁工程等,尤其是土质与土力学和桥梁工程为本课程的重要理论基础,应注意前后联系和衔接。

众所周知,基础是修筑在地基之上的构造物,其承载基础的地基土又因不同的地区、不同的地层、不同的局部环境,其物理、力学性质又是复杂多变的。另外,基础的受力情况和施工条件也是千差万别的,这些都给基础的设计和施工带来很大的困难。为了能够切合实际、合理地解决这些问题,就要求我们在学习过程中注意理论联系实际,在基本理论知识指导下进行实践,反过来在实践中丰富、升华基本理论。这也是"基础工程"这门课程的特点。

通过本课程的学习,应达到以下要求:

(1)能够解释有关地基与基础的概念、类型,描述天然地基浅基础和桩基础的常见施工方法。

(2)能够解释和描述地基处理的常见方法。

(3)能够按照书中阐述的设计计算方法,进行天然地基浅基础和桩基础的设计计算,并能够正确使用《公路桥涵地基与基础设计规范》(JTG D63—2007)、《公路桥涵设计通用规范》(JTG D60—2004)及其他有关规范,解决地基基础设计中遇到的问题。

思考题

1. 什么是地基和基础? 各起什么作用?

2. 地基和基础的类型有哪些?

3. 设计计算时对地基和基础有哪些要求?

4. 为什么说基础工程在整个建筑物中处于重要地位?

第二章

作用与作用效应组合

学习目标

1. 解释作用的概念及分类；
2. 进行汽车荷载和人群荷载的布置和计算；
3. 解释作用效应组合的概念、要求和方法，正确进行设计验算时的作用效应组合；
4. 明确基础设计计算时的受力形式和验算方向。

第一节 作用的概念及分类

一、作用的有关概念

作用是指直接施加在结构上的一组集中力（或分布力），或引起结构外加变形或约束变形的原因。前者称直接作用（亦称荷载），如车辆、人群、结构自重等；后者称间接作用，它不是以外力形式施加于结构，它们产生的效应与结构本身的特性、结构所处环境有关，如地震、基础变位、混凝土收缩徐变、温度变化等。

在结构设计时，针对不同设计目的所采用的各种作用规定值，称为作用代表值。设计的要求不同，采用的代表值也不同。作用代表值一般可分为标准值、频遇值和准永久值。作用的标准值是作用的基本代表值，频遇值和准永久值一般可在标准值的基础上计入不同的系数后得到。

作用的设计值为作用的标准值乘以相应的分项系数。

作用效应是指结构对所受作用的反应，如由作用产生的结构或构件的轴向力、弯矩、剪力、应力、裂缝、变形和位移等。

二、作用的分类

为了便于设计时应用，将作用于桥涵及其他结构物上的各种作用，按其作用时间和出现的频率分为三类，即：永久作用、可变作用和偶然作用。

（一）永久作用

永久作用是指在结构使用期间，其量值不随时间而变化，或其变化值与平均值比较可忽略不计的作用。永久作用包括结构重力、预加力、土的重力、土侧压力、混凝土收缩及徐变作用、水的浮力、基础变位作用。

永久作用应采用标准值作为代表值,具体确定方法如下:

土的重力标准值可按作用于基础上的土的体积与土的重力密度计算确定。

结构重力标准值可按结构构件的设计尺寸与材料的重力密度计算确定。

土侧压力标准值可按《土质学与土力学》及《公路桥涵设计通用规范》(JTG D60—2004)中有关的规定采用。

关于水的浮力的考虑:

水的浮力为水作用于建筑物基础底面的由下向上的力,其大小等于建筑物排开的水的重量。地表水或地下水通过与土体孔隙中自由水的连通来传递水压力与浮力。水是否能渗入基底是产生水浮力的前提条件,因此,水的浮力与地基土的透水性、地基与基础的接触状态以及水压力大小(水头高低)和漫水时间等因素有关。

根据《公路桥涵设计通用规范》(JTG D60—2004),水的浮力应分别按下列规定采用:

(1)基础底面位于透水性地基上的桥梁墩台,当验算稳定时,应考虑设计水位的浮力;当验算地基应力时,可仅考虑低水位的浮力,或不考虑水的浮力。

(2)基础嵌入不透水性地基的桥梁墩台,不考虑水的浮力。

(3)作用在桩基承台底面的浮力,应考虑全部底面积。对桩嵌入不透水地基并灌注混凝土封闭者,不应考虑桩的浮力,在计算承台底面浮力时应扣除桩的截面面积。

(4)当不能确定地基是否透水时,应以透水或不透水两种情况与其他作用组合,取其最不利者。

预加力、混凝土收缩及徐变作用、基础变位作用的标准值,可按《公路钢筋混凝土及预应力混凝土桥涵设计规范》(JTG D62—2004)中的规定采用。

(二)可变作用

可变作用是指在结构使用期间,其量值随时间变化,且其变化值与平均值比较不可忽略的作用。可变作用包括汽车荷载、汽车冲击力、汽车离心力、汽车引起的土侧压力、人群荷载、汽车制动力、风荷载、流水压力、冰压力、温度(均匀温度和梯度温度)作用。

可变作用应根据不同的极限状态分别采用标准值、频遇值或准永久值作为其代表值。

承载能力极限状态设计及按弹性阶段计算结构强度时,应采用标准值作为可变作用的代表值。正常使用极限状态按短期效应(频率)组合设计时,应采用频遇值作为可变作用的代表值;按长期效应(准永久)组合设计时,应采用准永久值作为可变作用的代表值。

可变作用的标准值应按《公路桥涵设计通用规范》(JTG D60—2004)中有关规定采用。可变作用频遇值为可变作用标准值乘以频遇值系数 ψ_1。可变作用准永久值为可变作用标准值乘以准永久值系数 ψ_2。

(三)偶然作用

偶然作用是指在结构使用期间出现的概率很小,一旦出现,其值很大且持续时间很短的作用。偶然作用包括地震作用、船只或漂流物的撞击作用、汽车的撞击作用。

偶然作用采用标准值作为代表值。

地震作用标准值按现行《公路工程抗震设计规范》(JTJ 004—89)的规定采用。船只或漂流物的撞击作用、汽车的撞击作用标准值,按《公路桥涵设计通用规范》(JTG D60—2004)中有关规定采用。偶然作用标准值也可根据调查、试验资料,结合工程经验确定。

三、可变作用标准值的计算

（一）汽车荷载

公路桥涵设计时,汽车荷载分为公路-I级和公路-II级两个等级。

汽车荷载由车道荷载和车辆荷载组成。桥梁结构的整体计算采用车道荷载;桥梁结构的局部加载、涵洞、桥台和挡土墙土压力等的计算采用车辆荷载。车辆荷载与车道荷载的作用不得叠加。各级公路桥涵设计的汽车荷载等级见表2-1。

各级公路桥涵设计的汽车荷载等级   表2-1

公路等级	高速公路	一级公路	二级公路	三级公路	四级公路
汽车荷载等级	公路-I级	公路-I级	公路-II级	公路-II级	公路-II级

二级公路为干线公路且重型车辆多时,其桥涵的设计可采用公路-I级汽车荷载。

四级公路上重型车辆少时,其桥涵设计所采用的公路-II级车道荷载的效应可乘以0.8的折减系数,车辆荷载的效应可乘以0.7的折减系数。

1. 车道荷载

车道荷载由均布荷载和集中荷载组成,计算图式如图2-1所示。

（1）公路-I级。车道荷载的均布荷载标准值为 $q_K = 10.5 \text{kN/m}$。

集中荷载标准值按以下规定选取:

①桥梁计算跨径小于或等于5m时, $P_K = 180 \text{kN}$;

②桥梁计算跨径等于或大于50m时, $P_K = 360 \text{kN}$;

③桥梁计算跨径在 5~50m 之间时, P_K 值采用直线内插求得。

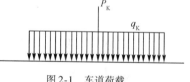

图2-1　车道荷载

计算剪力效应时,上述集中荷载标准值 P_K 应乘以1.2的系数。

（2）公路-II级。车道荷载的均布荷载标准值 q_K 和集中荷载标准值 P_K 按公路-I级车道荷载、集中荷载取值的0.75倍采用。

（3）车道荷载的布设方法。均布荷载标准值应满布于使结构产生最不利效应的同号影响线上;集中荷载标准值只作用于相应影响线中一个最大影响线峰值处。

2. 车辆荷载

公路-I级和公路-II级汽车荷载采用相同的车辆荷载标准值。车辆荷载的立面、平面尺寸如图2-2所示。车辆荷载的横向布置如图2-3所示。

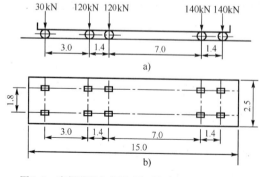

图2-2　车辆荷载的立面、平面尺寸(尺寸单位:cm)
a)立面布置;b)平面尺寸

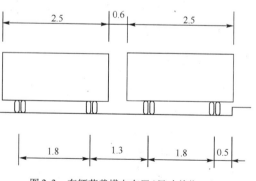

图2-3　车辆荷载横向布置(尺寸单位:m)

(二)汽车荷载冲击力

1. 汽车荷载冲击力标准值

汽车荷载冲击力标准值为汽车荷载标准值乘以冲击系数 μ 。

冲击系数 μ 可根据结构基频(也叫自振频率) f ,按下列规定采用:

当 $f < 1.5\,\mathrm{Hz}$ 时, $\mu = 0.05$;

当 $1.5\,\mathrm{Hz} \leqslant f \leqslant 14\,\mathrm{Hz}$ 时, $\mu = 0.176\,7\ln f - 0.015\,7$;

当 $f > 14\,\mathrm{Hz}$ 时, $\mu = 0.45$ 。

基频计算参见《公路桥涵设计通用规范》(JTG D60—2004)的有关规定。

汽车荷载的局部加载及在 T 梁、箱梁悬臂板上的冲击系数 μ 采用 0.3。

2. 汽车荷载冲击力的采用情况

(1)钢桥、钢筋混凝土及预应力混凝土桥、圬工拱桥等上部构造和钢支座、板式橡胶支座、盆式橡胶支座及钢筋混凝土柱式墩台,应计算汽车的冲击作用。

(2)填料厚度(包括路面厚度)等于或大于 0.5m 的拱桥、涵洞以及重力式墩台不计汽车荷载冲击力。

(3)支座的冲击力,按相应的桥梁取用。

(三)汽车荷载制动力

制动力是汽车在桥上制动时为克服其惯性力而在车轮和路面之间发生的滑动摩擦力(摩擦系数可达 0.5 以上)。鉴于在桥上行驶的汽车不可能同时制动,制动力并不等于摩擦系数乘以桥上全部汽车的重力,可采用简化办法进行计算。

一个设计车道上由汽车荷载产生的制动力标准值为车道荷载标准值在加载长度上计算的总重力的 10% ,但公路-I 级汽车荷载的制动力标准值不得小于 165kN,公路-Ⅱ级汽车荷载的制动力标准值不得小于 90kN。同向行驶双车道的汽车荷载制动力标准值为一个设计车道制动力标准值的 2 倍;同向行驶三车道为一个设计车道的 2.34 倍;同向行驶四车道为一个设计车道的 2.68 倍。

制动力的着力点在桥面以上 1.2m 处,计算墩台时,可移至支座铰中心或支座底座面上。计算刚构桥、拱桥时,制动力的着力点可移至桥面上,但不计因此而产生的竖向力和力矩。

设有板式橡胶支座的简支梁、连续桥面简支梁或连续梁排架式柔性墩台,应根据支座与墩台的抗推刚度的刚度集成情况分配和传递制动力。

设有板式橡胶支座的简支梁刚性墩台,按单跨两端的板式橡胶支座的抗推刚度分配制动力。

设有固定支座、活动支座(滚动或摆动支座、聚四氟乙烯板支座)的刚性墩台传递的制动力,按表 2-2 的规定采用。

桥梁墩台及支座类型		应计的制动力	符 号 说 明
简支梁桥台	固定支座	T_1	T_1——加载长度为计算跨径时的制动力；T_2——加载长度为相邻两跨计算跨径之和时的制动力；T_3——加载长度为一联长度的制动力
	聚四氟乙烯板支座	$0.30T_1$	
	滚动(或摆动)支座	$0.25T_1$	
简支梁桥墩	两个固定支座	T_2	
	一个固定支座,一个活动支座	注	
	两个聚四氟乙烯板支座	$0.30T_2$	
	两个滚动(或摆动)支座	$0.25T_2$	
连续梁桥墩	固定支座	T_3	
	聚四氟乙烯板支座	$0.30T_3$	
	滚动(或摆动)支座	$0.25T_3$	

注:固定支座按 T_4 计算,活动支座按 $0.30 T_5$(聚四氟乙烯板支座)计算或 $0.25 T_5$(滚动或摆动支座)计算,T_4 和 T_5 分别为与固定支座或活动支座相应的单跨跨径的制动力,桥墩承受的制动力为上述固定支座与活动支座传递的制动力之和。

每个活动支座传递的制动力,其值不应大于其摩阻力,当大于摩阻力时,按摩阻力计算。

(四)汽车荷载引起的土侧压力

汽车荷载引起的土侧压力采用车辆荷载加载。

车辆荷载在桥台或挡土墙后填土的破坏棱体上引起的土侧压力标准值,可按《土质与土力学》中的内容及《公路桥涵设计通用规范》(JTG D60—2004)中有关规定计算。

(五)人群荷载

公路桥梁设置人行道时,应同时计入人群荷载。

1. 人群荷载标准值

当桥梁计算跨径小于或等于 50m 时,人群荷载标准值为 $3.0kN/m^2$；当桥梁计算跨径等于或大于 150m 时,人群荷载标准值为 $2.5kN/m^2$；当桥梁计算跨径在 $50 \sim 150m$ 之间时,可由线性内插得到人群荷载标准值。对跨径不等的连续结构,以最大计算跨径为准；城镇郊区行人密集地区的公路桥梁,人群荷载标准值取上述规定值的 1.15 倍；专用人行桥梁,人群荷载标准值为 $3.5kN/m^2$。

2. 人群荷载的布设方法

人群荷载在横向应布置在人行道的净宽度内,在纵向施加于使结构产生最不利荷载效应的区段内。

(六)其他可变作用

1. 支座摩阻力

上部结构因温度变化引起的伸长或缩短以及受其他纵向力的作用,活动支座将产生一个方向相反的力,即支座摩阻力。支座摩阻力的大小取决于上部构造自重的大小、支座类型以及材料等因素。

活动支座所承受的制动力、温度作用、混凝土的收缩作用等纵向力,不容许超过支座与混凝土或其他结构材料之间的摩阻力。

按《公路桥涵设计通用规范》(JTG D60—2004)中的规定,支座摩阻力标准值可按式(2-1)计算:

$$F = \mu W \qquad (2-1)$$

式中:W—— 作用于活动支座上由上部结构重力产生的效应;

μ—— 支座的摩擦系数,无实测数据时,可按表2-3取用。

支 座 摩 擦 系 数 表 2-3

支 座 种 类	支座摩擦系数 μ
滚动支座或摆动支座	0.05
板式橡胶支座:	
支座与混凝土面接触	0.30
支座与钢板接触	0.20
聚四氟乙烯板与不锈钢板接触	0.06(加硅脂;温度低于 −25℃时为0.078)
	0.12(不加硅脂;温度低于 −25℃时为0.156)

2. 风荷载、流水压力、冰压力及温度作用计算

风荷载、流水压力、冰压力及温度作用的计算方法,详见《公路桥涵设计通用规范》(JTG D 60—2004)的有关规定。

第二节 作用效应组合

结构上几种作用分别产生的效应的随机叠加称作作用效应组合。地基与基础设计应考虑整个结构上可能同时出现的作用(如:除永久作用外,可能同时出现汽车荷载、人群荷载等可变作用),按承载能力极限状态和正常使用极限状态进行作用效应组合,并取其最不利效应组合进行设计。

最不利作用效应组合是指所有可能的作用效应组合中对结构或结构构件产生的总效应最不利的一组作用效应组合。

一、承载能力极限状态的作用效应组合

按承载能力极限状态设计时,结构构件自身承载力及稳定性验算应采用作用效应基本组合和偶然组合。

(一)基本组合

基本组合为永久作用设计值效应与可变作用设计值效应相组合,其表达式如下:

$$S = \gamma_0 S_{ud} = \gamma_0 \left(\sum_{i=1}^{m} \gamma_{Gi} S_{Gik} + \gamma_{Q1} S_{Q1k} + \psi_c \sum_{j=2}^{n} \gamma_{Qj} S_{Qjk} \right) \qquad (2-2)$$

式中:γ_0—— 结构重要性系数,根据设计安全等级采用,对应于设计安全等级一级、二级、三级分别取 1.1、1.0、0.9;

S_{ud}—— 承载能力极限状态下的作用效应基本组合设计值;

S_{Gik}—— 第 i 个永久作用效应的标准值;

γ_{Gi} —— 第 i 个永久作用效应的分项系数,应按表2-4的规定采用;

S_{Q1k} —— 汽车荷载效应(含汽车冲击力、离心力)的标准值;

γ_{Q1} —— 汽车荷载效应(含汽车冲击力、离心力)的分项系数,取1.4;

S_{Qjk} —— 除汽车荷载效应(含汽车冲击力、离心力)外的其他第 j 个可变作用效应的标准值;

γ_{Qj} —— 除汽车荷载效应(含汽车冲击力、离心力)外的其他第 j 个可变作用效应的分项系数,风荷载取1.1,其他取1.4;

ψ_c —— 除汽车荷载效应(含汽车冲击力、离心力)外的其他可变作用效应组合系数,当永久作用与汽车荷载和人群荷载(或其他一种可变作用)组合时,人群荷载(或其他一种可变作用)组合系数取0.80;除汽车荷载外尚有两种其他可变作用时,组合系数取0.70;尚有三种其他可变作用时,取0.60;尚有四种及多于四种的其他可变作用时,取0.50。

当进行稳定性验算时,上述各项系数均取为1.0。设计弯桥时,当离心力与制动力同时参与组合时,制动力标准值或设计按70%取值。

永久作用效应的分项系数 表2-4

编号	作 用 类 别		永久作用效应分项系数	
			对结构的承载能力不利时	对结构的承载能力有利时
1	混凝土和圬工结构重力(包括结构附加重力)		1.2	1.0
	钢结构重力(包括结构附加重力)		1.1 或 1.2	
2	预加力		1.2	1.0
3	土的重力		1.2	1.0
4	混凝土的收缩及徐变作用		1.0	1.0
5	土侧压力		1.4	1.0
6	水的浮力		1.0	1.0
7	基础变位作用	混凝土和圬工结构	0.5	0.5
		钢结构	1.0	1.0

注:本表编号1中,当钢桥采用钢桥面板时,永久作用效应分项系数取1.1;当采用混凝土桥面板时,取1.2。

(二)偶然组合

偶然组合为永久作用标准值效应与可变作用某种代表值效应、一种偶然作用标准值效应相组合。偶然作用的效应分项系数取1.0;与偶然作用同时出现的可变作用,可根据观测资料和工程经验取用适当的代表值。地震作用标准值及其表达式按现行《公路工程抗震设计规范》(JTJ 04—89)规定采用。

偶然组合的表达式如下:

$$S = \gamma_0 S_{ad} = \gamma_0 \left(\sum_{i=1}^{m} \gamma_{Gi} S_{Gik} + \gamma_a S_{ak} + \psi_{11} S_{Q1k} + \sum_{j=2}^{n} \psi_{2j} S_{Qjk} \right) \qquad (2-3)$$

式中:γ_0 —— 结构重要性系数,取1.0;

S_{ad} —— 承载能力极限状态下的作用效应偶然组合设计值;

S_{Gik} —— 第 i 个永久作用标准值效应;

S_{ak} —— 偶然作用标准值效应;

γ_{Gi}、γ_a —— 上面表达式中相应作用效应的分项系数,均取值为1.0;

S_{Q1k}—— 除偶然作用外，第一个可变作用标准值效应，该标准值效应大于其他任意第 j 个可变作用标准值效应；

ψ_{11}—— 第一个可变作用的频遇值系数，按式(2-4)中的规定取用，稳定性验算时取 1.0；

S_{Qjk}—— 其他第 j 个可变作用标准值效应；

ψ_{2j}—— 其他第 j 个可变作用的准永久值系数，按式(2-5)中的规定取用，稳定性验算时取 1.0。

二、正常使用极限状态的作用效应组合

按正常使用极限状态设计时，应根据不同的设计要求，采用作用短期效应组合和作用长期效应组合。

(一)作用短期效应组合

作用短期效应组合为永久作用标准值效应与可变作用频遇值效应相组合，其表达式如下：

$$S_{sd} = \sum_{i=1}^{m} S_{Gik} + \sum_{j=1}^{n} \psi_{1j} S_{Qjk} \tag{2-4}$$

式中：S_{sd}—— 作用短期效应组合设计值；

ψ_{1j}—— 第 j 个可变作用效应的频遇值系数，汽车荷载(不计入冲击力)取 0.7，人群荷载取 1.0，风荷载取 0.75，温度梯度作用取 0.8，其他作用取 1.0。

其他符号意义同前。

(二)作用长期效应组合

作用长期效应组合为永久作用标准值效应与可变作用准永久值效应相组合，其表达式如下：

$$S_{ld} = \sum_{i=1}^{m} S_{Gik} + \sum_{j=1}^{n} \psi_{2j} S_{Qjk} \tag{2-5}$$

式中：S_{ld}—— 作用长期效应组合设计值；

ψ_{2j}—— 第 j 个可变作用效应的准永久值系数，汽车荷载(不计入冲击力)取 0.4，人群荷载取 0.4，风荷载取 0.75，温度梯度作用取 0.8，其他作用取 1.0。

其他符号意义同前。

(三)地基与基础的设计组合要求

(1)地基进行竖向承载力验算时，传至基底或承台底面的作用效应应按正常使用极限状态的短期效应组合采用，同时尚应考虑作用效应的偶然组合(不包括地震作用)。其作用效应组合值应小于或等于相应的抗力—— 地基承载力容许值或单桩承载力容许值。

①当采用作用短期效应组合时，其中可变作用的频遇值系数均取为 1.0，且汽车荷载应计入冲击系数。但填料厚度(包括路面厚度)等于或大于 0.5m 的拱桥、涵洞以及重力式墩台可不计冲击力。

②当采用作用效应的偶然组合时，其组合表达式中的结构重要性系数、作用分项系数、频遇值系数和准永久值系数均取为 1.0。

(2)计算基础沉降时，传至基础底面的作用效应应按正常使用极限状态下作用长期效应

组合采用。

该组合仅为直接施加于结构上的永久作用标准值(不包括混凝土收缩及徐变作用、基础变位作用)和可变作用准永久值(仅指汽车荷载和人群荷载)引起的效应。

三、进行作用效应组合应注意的问题

在进行作用效应组合时,应根据实际情况将可能同时出现的作用进行组合,并按以下情况考虑:

(1)只有在结构上可能同时出现的作用,才进行其效应的组合。当结构或结构构件需做不同受力方向的验算时,则应以不同方向的最不利的作用效应进行组合。

(2)当可变作用的出现对结构或结构构件产生有利影响时,该作用不应参与组合。

(3)实际不可能同时出现的作用或同时参与组合概率很小的作用,按表2-5规定不考虑其作用效应的组合。

可变作用不同时组合表　　　　　　　　表2-5

编　号	作 用 名 称	不与该作用同时参与组合的作用编号
①	汽车制动力	②③④
②	流水压力	①③
③	冰压力	①②
④	支座摩阻力	①

(4)多个偶然作用不同时参与组合。

(5)施工阶段作用效应的组合,应按设计需要及结构所处条件而定,结构上的施工人员和施工机具设备均应作为临时荷载加以考虑。

【例2-1】 一钢筋混凝土简支梁桥,结构安全等级为二级,在结构重力、汽车荷载和人群荷载作用下,得到重力式桥台基础底面形心处的弯矩标准值分别为:结构重力产生的弯矩 $M_{Gk} = 480 \text{kN} \cdot \text{m}$;汽车荷载产生的弯矩 $M_{Q1k} = 350 \text{kN} \cdot \text{m}$(不计冲击力);人群荷载产生的弯矩 $M_{Q2k} = 45 \text{kN} \cdot \text{m}$。进行设计时的作用效应组合计算。

解:

1. 按承载能力极限状态设计时的作用效应基本组合

因结构安全等级为二级,所以结构重要性系数 $\gamma_0 = 1.0$。

查表2-4得到永久作用效应分项系数 $\gamma_{G1} = 1.2$。

汽车荷载效应分项系数 $\gamma_{Q1} = 1.4$,人群荷载效应分项系数 $\gamma_{Qj} = 1.4$。

本组合为永久作用与汽车荷载和人群荷载组合,故取人群荷载的组合系数为 $\psi_c = 0.8$。

所以,作用效应基本组合为:

$$S = \gamma_0 S_{ud} = \gamma_0 \left(\sum_{i=1}^{m} \gamma_{Gi} S_{Gik} + \gamma_{Q1} S_{Q1k} + \psi_c \sum_{j=2}^{n} \gamma_{Qj} S_{Qjk} \right)$$
$$= 1.0 \times (1.2 \times 480 + 1.4 \times 350 + 0.8 \times 1.4 \times 45)$$
$$= 1\ 116.4 \text{kN} \cdot \text{m}$$

2. 按正常使用极限状态设计时的作用效应组合

1)作用短期效应组合

汽车荷载(不计冲击力)频遇值系数 $\psi_{11} = 0.7$,人群荷载频遇值系数 $\psi_{12} = 1.0$。

则作用短期效应组合为：

$$
\begin{aligned}
S_{sd} &= \sum_{i=1}^{m} S_{Gik} + \sum_{j=1}^{n} \psi_{1j} S_{Qjk} \\
&= 480 + 0.7 \times 350 + 1.0 \times 45 \\
&= 770 KN \cdot m
\end{aligned}
$$

2）作用长期效应组合

汽车荷载（不计冲击力）准永久值系数 $\psi_{21}=0.4$，人群荷载频遇值系数 $\psi_{22}=0.4$。

则作用长期效应组合为：

$$
\begin{aligned}
S_{ld} &= \sum_{i=1}^{m} S_{Gik} + \sum_{j=1}^{n} \psi_{2j} S_{Qjk} \\
&= 480 + 0.4 \times 350 + 0.4 \times 45 \\
&= 638 KN \cdot m
\end{aligned}
$$

第三节　基础的受力形式和验算方向

一、基础的受力形式

所有荷载均通过基础传给地基，具体计算时，常把各种作用效应组合的合力简化到基础底面形心处，用竖向力 N、水平力 H 和力矩 M 表示，如图 2-4 所示。通常基础多为矩形底面，形心轴和对称轴重合。

但要注意，对 U 形和 T 形桥台基础（图 2-5），由于底面只有一个对称轴，所以另一个方向的形心轴与基础的中轴不重合，这时 N、M 应算至形心轴上。

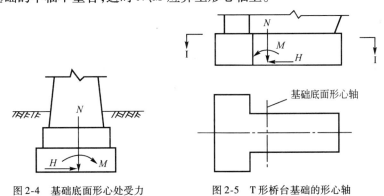

图 2-4　基础底面形心处受力　　　　图 2-5　T 形桥台基础的形心轴

二、基础的验算方向

在进行具体计算和验算时，一般应分别考虑纵向和横向作用效应，分别进行纵向和横向验算，不相互叠加。

对桥梁墩台基础来说，纵向是指与行车方向相一致的方向，即桥梁的长度方向，也称顺桥向；横向是指与纵向相垂直的方向，即桥梁的宽度方向。

对多数桥梁基础来说，往往只进行纵向验算控制设计。因为通常纵向水平力较大，而基础的纵向尺寸（宽度）又比横向尺寸（长度）小，明显处于不利地位，所以，一般可不进行横向验算。但当横向有较大水平力(风力、船只撞击力、流水压力、冰压力)时,就必须同时进行横向验算。

思考题

1. 什么是作用?桥梁基础上的作用有哪几种?
2. 什么是作用效应组合?地基与基础设计验算时应考虑哪些组合?
3. 在进行作用效应组合时,应注意哪些问题?
4. 什么是车道荷载?设计计算时应如何布置?
5. 基础一般以什么样的受力形式进行设计计算?
6. 基础的设计验算方向如何考虑?

习题

某桥梁,结构安全等级为一级,在结构重力、汽车荷载和人群荷载作用下,桥墩基础底面形心处的竖向力标准值分别为:结构重力产生的竖向力 $P_{Gk} = 7\,200kN$;汽车荷载产生的竖向力 $P_{Q1k} = 450kN$(不计冲击力);人群荷载产生的竖向力 $P_{Q2k} = 150kN$。进行设计时的作用效应组合计算。

第三章
天然地基上的刚性浅基础

学习目标

1. 解释刚性基础的概念、常见形式和构造要求；
2. 明确刚性基础的设计计算内容；
3. 解释基础埋置深度的确定方法；
4. 进行刚性基础尺寸的拟定和各项验算；
5. 描述浅基础的施工方法。

天然地基上的刚性浅基础，由于埋入地层深度较浅，其施工方法简单（一般采用明挖法施工），在设计计算时可以忽略基础侧面土体对基础的影响，设计计算较简单，基础结构形式也较简单，另外造价也较低。所以天然地基上的刚性浅基础是桥梁基础中最简单、最经济合理的类型。在条件适宜时，应首先选用天然地基上的刚性浅基础设计方案。

虽然浅基础的设计计算内容较简单，但其设计中所考虑的一些基本问题，其他类型基础也涉及到，因此，掌握浅基础的设计计算原理，将有助于理解和掌握其他类型基础的设计计算原理和内容。

第一节 刚性浅基础的形式与构造

一、刚性基础的受力要求和特点

基础在外力（包括基础自重）作用下，对地基表面产生压应力，反之，基底受到同样大小的反作用力 p，此时基础的悬出部分即 a-a 截面左端［图3-1a)］，相当于承受着强度为 p 的均布荷载的悬臂梁。在荷载作用下，a-a 截面（所有截面中最不利的截面）将产生弯曲拉应力和剪

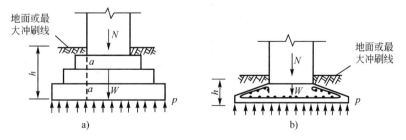

图3-1　刚性基础和柔性基础
a)刚性基础；b)柔性基础

应力,其值随着基础悬出部分长度的增加而增大,随着基础截面面积的增加而减小。

由于圬工材料的抗弯拉强度较差,为了防止基础的悬出部分发生挠曲开裂破坏,应使基础圬工具有足够厚的截面,使弯曲拉应力和剪应力分别小于材料强度设计值。当截面厚度一定时,其悬出部分长度应控制在一定范围内。否则,就需加入受力钢筋而成为柔性基础[图3-1b)]。

刚性基础的优点是稳定性好、施工简便、能承受较大的荷载。所以只要地基强度能满足要求,它是桥涵等结构物首先考虑的基础形式。

刚性基础的主要缺点是自重大,并且当持力层为软弱土时,由于扩大基础面积有一定限制,需要对地基进行处理或加固后才能采用,否则会因所受的荷载压力超过地基强度而影响建筑物的正常使用。所以对于荷载大或上部结构对沉降差较敏感的建筑物,当持力层的土质较差又较厚时,刚性基础作为浅基础是不适宜的。

二、刚性基础的形式与构造

(一)刚性基础的形式

为满足地基强度要求,需将基础平面尺寸扩大,这种刚性基础又称刚性扩大基础。桥涵、挡土墙中的刚性基础一般均为刚性扩大基础,其形式主要有:实体墩台下的刚性基础(图3-2)、挡土墙或涵墙下的刚性基础(图3-3)、柱下刚性基础(图3-4)等。

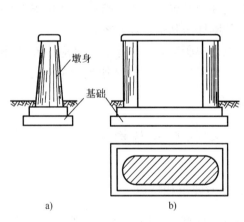

图3-2 实体墩台下的刚性扩大基础
a)纵向图;b)横向及平面图

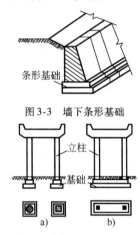

图3-3 墙下条形基础

图3-4 柱下刚性基础
a)柱下单独基础;b)柱下条形基础

墙下条形基础是挡土墙下或涵洞下常用的基础形式。其横剖面可以是矩形或将一侧筑成台阶形。如挡土墙很长,为了避免在沿墙长方向因沉降不匀而开裂,可根据土质和地形予以分段,设置沉降缝。

有时为了增强桥柱下基础的承载能力,可将同一排若干个柱子的基础联合起来,也就成为柱下条形基础[图3-4b)]。

(二)刚性基础的构造

刚性基础的平面形状常为矩形,其每边应较墩台底面扩大一部分,为了防止基础的悬出部分发生开裂破坏,每边扩大的尺寸应限制在一定范围内,具体尺寸应视土质、基础厚度、埋置深度和施工方法并经验算而定。

基础顶面超出墩台底部边缘的部分,称为襟边。襟边的主要作用为:

(1)考虑到基础施工条件较差,基础砌成后的位置可能会有所偏差,襟边的设置可以留有调整余地,弥补这种偏差,使墩台仍能按正确的位置定位。

(2)便于施工操作和搭置墩台模板。因此,在拟定襟边大小时应考虑施工情况,一般可取 0.2~1.0m。

当基础较厚时,可在纵横两个剖面上都做成台阶形,以减少基础自重和节省材料。台阶形基础是桥涵及其他建筑物常用的基础形式。

(三)砌筑材料

刚性基础一般采用混凝土浇筑或石砌,砌筑材料主要有混凝土、各种石材及砂浆。

1. 混凝土

混凝土是修筑基础最常用的材料,它的优点是强度高、耐久性好,可浇筑成任意形状的砌体,混凝土强度等级一般不宜小于C20。对于大体积混凝土基础,为了节约水泥用量,可掺入不多于砌体体积20%的片石(称片石混凝土),片石强度等级不应低于混凝土强度等级和规范规定的石材最低强度等级。

2. 石材

刚性基础常用的石材主要有各种料石、块石和片石。

料石外形方正,厚度为200~300mm,宽度为厚度的1.0~1.5倍,长度为厚度的2.5~4.0倍。根据表面平整情况可分为细料石、半细料石和粗料石。

块石要求外形大致方正,厚度和宽度要求与料石相同,长度约为厚度的1.5~3.0倍。

片石为不规则石块,使用时形状不受限制,但厚度不得小于150mm,卵石和薄片不得采用。

采用石材砌筑时应错缝,并用水泥砂浆填缝。

3. 砌筑材料的最低强度等级要求

砌筑刚性基础所采用的圬工材料的最低强度等级要求见表3-1。

圬工材料的最低强度等级 表3-1

结构物类型	材料最低强度等级	砌筑砂浆最低强度等级
大、中桥墩台及基础,轻型桥台	石材为 MU40 混凝土(现浇)为 C25 混凝土(预制块)为 C30	M7.5
小桥涵墩台及基础	石材为 MU30 混凝土(现浇)为 C20 混凝土(预制块)为 C25	M5

第二节 刚性浅基础的设计计算

一、设计计算的内容与步骤

基础设计主要包括:对地基作出评价,结合建筑物和其他具体条件初步拟定基础的材料、埋置深度、类型及尺寸,然后通过验算,证实各项设计要求是否能得到满足,最后定案。

如前所述,浅基础有刚性基础和柔性基础之分。刚性基础结构比较简单,只需圬工材料,不需要钢材,桥梁工程中用得较多。柔性基础要用钢筋混凝土,桥梁中用得较少。这两类基础在底面尺寸相同时,对地基的要求和验算内容均相同,但是它们的结构强度的设计计算方法不同,应分别按《公路圬工桥涵设计规范》(JTG D61—2005)和《公路钢筋混凝土及预应力混凝土桥涵设计规范》(JTG D62—2004)的规定进行。这里只介绍刚性浅基础的设计计算方法。

刚性浅基础设计计算的一般步骤和内容为:

(1)初步选定基础的埋置深度。

(2)选定基础的材料(采用石砌还是混凝土浇筑),初步拟定基础的形状和尺寸。

(3)验算地基强度(持力层和软弱下卧层)。

(4)验算基底的合力偏心距。

(5)验算基础抗滑动和抗倾覆稳定性。

(6)必要时验算基础的沉降。

验算中如发现某项设计不满足要求,或虽然满足,但尺寸或埋深显得过大而不经济,则需适当修改尺寸或埋置深度,重复各项验算,直到各项要求全部满足,使基础尺寸较为合理为止。

二、基础埋置深度的确定

确定基础埋置深度是地基基础设计中首先要解决的重要问题,它将决定基础支承在哪一个土层上。由于不同土层的承载力存在很大差别,因此,基础的埋置深度将直接关系到结构物的牢固、稳定和正常使用问题。此外,埋置深度的大小还影响到采用什么样的基础类型及相应的施工方法,也关系到工程的造价。

在确定基础埋置深度时,应考虑以下原则:①把基础设置在变形较小,而强度又比较大的持力层上,以保证地基强度满足要求,而且不致产生过大的沉降或沉降差;②使基础有足够的埋置深度,以保证基础的稳定性,确保基础的安全。

基础埋置深度的确定,必须综合考虑地基的地质、地形、河流的冲刷深度、当地的冻结深度、上部结构形式,以及保证基础稳定所需的最小埋深和施工技术条件、造价等因素。对于某一具体工程来说,往往是其中几种因素起决定作用,所以,在设计时必须从实际出发,以各种原始资料为依据,统一考虑结构物对地基基础的各项技术要求,抓住主要因素进行分析研究,确定合理的埋置深度。

(一)地基的地质条件

地质条件是确定基础埋置深度的最基本因素。覆盖土层较薄(包括风化岩层)的岩石地基,一般应清除覆盖土和风化层后,将基础直接修建在新鲜岩面上。如岩石的风化层很厚,难以全部清除时,基础放在风化层中的埋置深度应根据其风化程度、冲刷深度及相应的容许承载力来确定。如岩层表面倾斜时,不得将基础的一部分置于岩层上、而另一部分置于土层上,以防基础因不均匀沉降而发生倾斜甚至断裂。在陡峭山坡上修建桥台时,还应注意岩体的稳定性。

当基础埋置在非岩石地基上,如受压层范围内为均质土,基础埋置深度除满足冲刷、冻胀等要求外,可根据荷载大小,由地基土的承载能力和沉降特性来确定(同时考虑基础需要的最小埋深)。当地质条件较复杂,如地层为多层土组成等,或选定大中型桥梁及其他建筑物基础持力层时,基础埋置深度应通过较详细计算或方案比较后确定。

(二)河流的冲刷深度

在有水流的河床上修建基础时,要考虑洪水对基础下地基土的冲刷作用。特别是在山区和丘陵地区的河流,更应注意考虑季节性洪水的冲刷作用。洪水水流越急,流量越大,洪水的冲刷越大,整个河床面被洪水冲刷后要下降,这叫一般冲刷,被冲下去的深度叫一般冲刷深度。同时由于桥墩的阻水作用,使洪水在桥墩四周冲出一个深坑,这叫局部冲刷。

在有冲刷的河流中,为了防止桥梁墩、台基础四周和基底下土层被水流掏空冲走以致倒塌,基础必须埋置在设计洪水的最大冲刷线以下一定深度,以保证基础的稳定性。

《公路桥涵地基与基础设计规范》(JTG D63—2007)规定如下:

(1)涵洞基础,基底应埋置在局部冲刷线以下不小于1m。如河床上有铺砌层时,基底宜设置在铺砌层顶面以下不小于1m。

(2)非岩石河床桥梁墩台基底埋深安全值可按表3-2确定。

基底埋深安全值(m)　　　　　　　　　　　　　　　　　表3-2

桥梁类别＼总冲刷深度(m)	0	5	10	15	20
大桥、中桥、小桥(不铺砌)	1.5	2.0	2.5	3.0	3.5
特大桥	2.0	2.5	3.0	3.5	4.0

注:1. 总冲刷深度为自河床面算起的河床自然演变冲刷、一般冲刷与局部冲刷深度之和。

　　2. 表列数值为墩台基底埋入总冲刷深度以下的最小值;若对设计流量、水位和原始断面资料无把握或不能获得河床演变准确资料时,其值宜适当加大。

　　3. 若桥位上下游已建桥梁,应调查已建桥梁的特大洪水冲刷情况,新建桥梁墩台基础埋置深度不宜小于已建桥梁的冲刷深度且酌加必要的安全值。

　　4. 如河床上有铺砌层时,基础底面宜设置在铺砌层顶面以下不小于1m处。

(3)位于河槽的桥台,当其最大冲刷深度小于桥墩总冲刷深度时,桥台基底的埋深应与桥墩基底相同。当桥台位于河滩时,对河槽摆动不稳定河流,桥台基底高程应与桥墩基底高程相同;在稳定河流上,桥台基底高程可按照桥台冲刷结果确定。

修筑在覆盖土层较薄的岩石地基上,河床冲刷又较严重的大桥桥墩基础,应置于新鲜岩面或弱风化层中并有足够埋深,以保证其稳定性。也可用其他锚固措施,使基础与岩层能联成整体,以保证整个基础的稳定性。如风化层较厚,在满足冲刷深度要求下,一般桥梁的基础可设置在风化层内,此时,地基各项条件均按非岩石考虑。

(三)当地的冻结深度

在寒冷地区,应该考虑由于季节性的冰冻和融化对地基土引起的冻胀影响。

产生冻胀的原因是由于冬季气温下降,当地面下一定深度内土中的温度达到冰冻温度时,土中孔隙水分开始冻结,体积增大,使土体产生一定的隆胀。对于冻胀性土,如土温在较长时间内保持在冻结温度以下,水分能从未冻结土层不断地向冻结区迁移,引起地基的冻胀和隆起,这些都可能使基础遭受损坏。

为了保证结构物不受地基土季节性冻胀的影响,除地基为非冻胀性土外,基础底面应埋置在天然最大冻结线以下一定深度。我国《公路桥涵地基与基础设计规范》(JTG D63—2007)规定,当上部结构为超静定结构时,基底应埋置在冻结线以下不小于0.25m处;对静定结构的基础,一般也按此要求。

但在冻结较深地区,为了减少基础埋深,有些类别的冻土经计算后也可将基底置于最大冻结线以上。冻土分类和基础埋深的具体计算方法见本书第七章第五节冻土地区的地基与基础。

我国幅员辽阔,地理气候情况差异很大,各地冻结深度应按实测资料确定。无资料时,可参照《公路桥涵地基与基础设计规范》(JTG D63—2007)附录 H 中的标准冻深线图结合实地调查确定。

(四)上部结构形式

上部结构形式不同,对基础产生的位移要求也不同。对中、小跨度简支梁桥来说,这项因素对确定基础的埋置深度影响不大。但对超静定结构即使基础发生较小的不均匀沉降也会使内力产生一定变化。例如对拱桥桥台,为了减少可能产生的水平位移和沉降差值,有时需将基础设置在埋藏较深的坚实土层上。

(五)当地的地形条件

当墩台、挡土墙等结构位于较陡的土坡上,在确定基础埋深时,还应考虑土坡连同结构物基础一起滑动的稳定性。由于在确定地基容许承载力时,一般是按地面为水平的情况下确定的,因而当地基为倾斜土坡时,应结合实际情况,予以适当折减并采取以下措施。

若基础位于较陡的岩体上,可将基础做成台阶形,但要注意岩体的稳定性。

(六)保证持力层稳定所需的最小埋置深度

地表土在温度和湿度的影响下,会产生一定的风化作用,其性质是不稳定的。加上人类和动物的活动以及植物的生长作用,也会破坏地表土层的结构,影响其强度和稳定,所以一般地表土不宜作为持力层。为了保证地基和基础的稳定性,基础的埋置深度(除岩石地基外)应在天然地面或无冲刷河底以下不小于 1m。

除此以外,在确定基础埋置深度时,还应考虑相邻建筑物的影响,如新建筑物基础比原有建筑物基础深,则施工挖土有可能影响原有基础的稳定。施工技术条件(施工设备、排水条件、支撑要求等)及经济分析等对基础埋深也有一定影响,这些因素也应考虑。

上述影响基础埋深的因素不仅适用于天然地基上的浅基础,有些因素也适用于其他类型的基础(如沉井基础)。

【**例 3-1**】 某大桥,建于长年有流水的河中,其河流的地质、水文资料如图 3-5 所示,试根据资料确定基础的埋置深度。

解:根据已知水文地质资料,由于基础修建在长年有流水的河中,所以可以不考虑冻结深度的影响,而主要根据最大冲刷深度来确定基础的埋置深度。土层Ⅰ、Ⅲ、Ⅳ均可作为持力层,具体可选择如下三种方案:

方案一,将基础埋置在第Ⅰ层硬塑亚黏土中。考虑到经济简便的原则,基础应尽量浅埋,做成浅基础。由表 3-2 可知,基础应埋于最大冲刷线以下至少 1.5 ~ 2.0m。确定基础埋深后,需要进行以承载力为主的各项验算,若不满足要求,则可以考虑将基础埋置深度加大或埋置在第Ⅲ或第Ⅳ层中。

方案二,将基础埋置在第Ⅲ层硬塑黏土中。此时基础位于最大冲刷线以下的最小埋置深度为 8m。若采用刚性扩大基础,施工开挖和防排水工作量较大,需要考虑技术和经济的合理

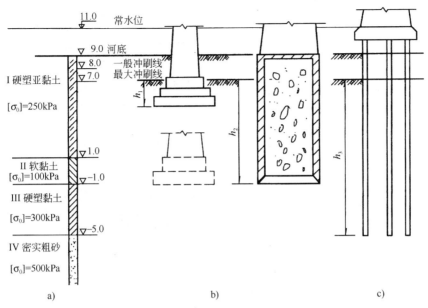

图 3-5 基础埋深的方案(高程单位:m)
a)方案一;b)方案二;c)方案三

性。还可以考虑采用沉井基础或桩基础方案,这样可以减免基坑开挖和排水工作,具体方案应根据技术、经济比较后选定。

方案三,如荷载较大,要求基础埋置深度更深时,可以采用桩基础,将桩端设置在第Ⅳ层密实粗砂土中。这样可以避免水下施工。

三、基础形状和尺寸的拟定

基础形状和尺寸的拟定是基础设计中的关键环节,尺寸拟定恰当,可以减少重复的设计计算工作。拟定时一般要考虑上部结构形式、荷载大小、初定的基础埋置深度、地基容许承载力、施工情况及墩台底面的形状和尺寸等因素。所拟定的基础尺寸,应是在可能的最不利荷载组合条件下,能保证基础本身有足够的结构强度,并能使地基与基础的承载力和稳定性均能满足规定要求,并且是经济合理的。

基础尺寸包括基础厚度、立面尺寸和平面尺寸三个方面。

(一)基础厚度

首先按基础埋深的要求确定基底高程。然后根据桥位情况、施工难易程度,考虑美观、整体协调性及安全因素综合确定基顶高程。基础厚度即为顶面高程和底面高程之差。在一般情况下,大、中桥墩(台)混凝土基础厚度在 1.0~2.0m 左右。

(二)立面尺寸

刚性基础的立面形式应力求简单、节省材料和便于施工,一般可做成矩形或台阶形。当基础较薄时,可做成矩形[图 3-6a)];当基础较厚(超过 1.0m 以上)时,可做成台阶形[图 3-6b)]。

立面尺寸包括襟边宽度、各台阶宽度和高度。

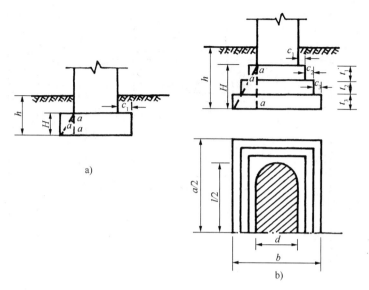

图 3-6 刚性扩大基础立面、平面图
a)矩形基础;b)台阶形基础

襟边宽度应视基底面积的要求、基础厚度及施工方法而定。桥梁墩台基础襟边最小值为 20～30cm。各台阶尽可能采取相同的宽度与高度,以便于设计计算和施工。各台阶宽度宜与襟边相同,各台阶高度通常为 0.5～1.0m。

自墩(台)身底面边缘处与基底边缘的连线和垂线间的夹角 α 称为基础的扩散角。很显然,基础悬出长度(包括襟边与台阶宽度之和)越大,扩散角 α 越大。

根据刚性基础的受力要求,基础悬出总长度应受到一定限制,应使悬出部分在基底反力作用下,在 a-a 截面(图3-6)所产生的弯曲拉力和剪应力不超过基础材料的强度设计值;否则将产生开裂破坏。把相应于基础最大悬出长度时的扩散角 α 的极限值 α_{max} 称为刚性角。

所以,在拟定尺寸时,应使 $\alpha \leq \alpha_{max}$,同时使每个台阶宽度 c_i 与厚度 t_i 保持在一定比例内,使其扩散角 $\alpha_i \leq \alpha_{max}$,这时认为基础本身强度能够得到保证,不必对基础进行弯曲拉应力和剪应力的强度验算,在基础中可不设置受力钢筋。

刚性角 α_{max} 的数值与基础所用的圬工材料强度有关。《公路圬工桥涵设计规范》(JTG D61—2005)规定:实体墩台基础的刚性角,对于片石、块石和料石砌体,当用强度等级为 M5 的砂浆砌筑时,不应大于 30°;当用 M5 以上的砂浆砌筑时,不应大于 35°;对于混凝土,不应大于 40°。

(三)平面尺寸

基础平面形状一般应根据墩、台身底面的形状而确定。考虑到施工的方便,基础平面形状常采用矩形。

其长度和宽度可根据墩(台)底面的尺寸及襟边宽度、各台阶宽度求得。

四、地基强度验算

地基强度验算包括持力层强度验算和软弱下卧层验算。验算要求基底最大压应力和软弱下卧层顶面的应力不超过地基土的容许承载力,以保证地基具有足够的强度。

(一)地基容许承载力的确定

根据《公路桥涵地基与基础设计规范》(JTG D63—2007)的规定,地基承载力的验算,应以修正后的地基容许承载力值$[f_a]$控制,该值是在地基原位测试或规范给出的各类岩土承载力基本容许值$[f_{a0}]$的基础上,经修正而得。

1. 修正后的地基承载力容许值的计算公式

修正后的地基承载力容许值$[f_a]$按式(3-1)确定,当基础位于水中不透水地层上时,$[f_a]$按平均常水位至一般冲刷线的水深每米再增大10kPa。

$$[f_a] = [f_{a0}] + k_1\gamma_1(b-2) + k_2\gamma_2(h-3) \qquad (3-1)$$

式中:$[f_a]$—— 修正后的地基承载力容许值(kPa);

$[f_{a0}]$—— 地基承载力基本容许值,由载荷试验或其他原位测试取得,其值不应大于地基极限承载力的1/2;对于小桥、涵洞,当受现场条件限制,或载荷试验和原位测试确有困难时,可根据岩土类别、状态及其物理力学特性指标按表3-3~表3-9选用;

b—— 基础底面最小边宽(m),当$b < 2$m时,取$b = 2$m;当$b > 10$m时,取$b = 10$m;

h—— 基础底面的埋置深度(m),自天然地面算起,有水流冲刷时,自一般冲刷线算起;当$h < 3$m时,取$h = 3$m;当$h/b > 4$时,取$h = 4b$;

γ_1—— 基底持力层土的天然重度(kN/m³),若持力层在水面以下且为透水者,应取浮重度;

γ_2—— 基底以上土层的加权平均重度(kN/m³),$\gamma_2 = \dfrac{\sum \gamma_i h_i}{\sum h_i}$,其中$\gamma_i$、$h_i$分别为基底以上各层土的重度和厚度;换算时若持力层在水面以下,且不透水时,不论基底以上土的透水性质如何,一律取饱和重度;当透水时,水中部分土则应取浮重度;

k_1、k_2—— 基底宽度、深度修正系数,根据持力层土类按表3-10确定。

岩石地基承载力基本容许值$[f_{a0}]$　　　　　　　　　　表3-3

$[f_{a0}]$(kPa)　　节理发育程度 坚硬程度	节理不发育	节理发育	节理很发育
坚硬岩、较硬岩	>3 000	3 000~2 000	2 000~1 500
较软岩	3 000~1 500	1 500~1 000	1 000~800
软岩	1 200~1 000	1 000~800	800~500
极软岩	500~400	400~300	300~200

碎石土地基承载力基本容许值$[f_{a0}]$　　　　　　　　　　表3-4

$[f_{a0}]$(kPa)　　密实程度 土名	密　实	中　密	稍　密	松　散
卵石	1 200~1 000	1 000~650	650~500	500~300
碎石	1 000~800	800~550	550~400	400~200

[f_{a0}] (kPa) 密实程度 土名	密 实	中 密	稍 密	松 散
圆砾	800~600	600~400	400~300	300~200
角砾	700~500	500~400	400~300	300~200

注:1. 由硬质岩组成,填充砂土者取高值;由软质岩组成,填充黏性土者取低值。

2. 半胶结的碎石土,可按密实的同类土的[f_{a0}]值提高10%~30%。

3. 松散的碎石土在天然河床中很少遇见,需特别注意鉴定。

4. 漂石、块石的[f_{a0}]值,可参照卵石、碎石适当提高。

砂土地基承载力基本容许值[f_{a0}]　　　　表3-5

[f_{a0}] (kPa) 密实度 土名及水位情况		密 实	中 密	稍 密	松 散
砾砂、粗砂	与湿度无关	550	430	370	200
中砂	与湿度无关	450	370	330	150
细砂	水上	350	270	230	100
	水下	300	210	190	—
粉砂	水上	300	210	190	—
	水下	200	110	90	—

粉土地基承载力基本容许值[f_{a0}]　　　　表3-6

[f_{a0}] (kPa)　w(%) e	10	15	20	25	30	35
0.5	400	380	355	—	—	—
0.6	300	290	280	270	—	—
0.7	250	235	225	215	205	—
0.8	200	190	180	170	165	—
0.9	160	150	145	140	130	125

老黏性土地基承载力基本容许值[f_{a0}]　　　　表3-7

E_s(MPa)	10	15	20	25	30	35	40
[f_{a0}] (kPa)	380	430	470	510	550	580	620

注:当老黏性土 E_s <10MPa 时,承载力基本容许值[f_{a0}]按一般黏性土确定。

一般黏性土地基承载力基本容许值[f_{a0}]　　　　表3-8

[f_{a0}] (kPa)　I_L e	0	0.1	0.2	0.3	0.4	0.5	0.6	0.7	0.8	0.9	1.0	1.1	1.2
0.5	450	440	430	420	400	380	350	310	270	240	220	—	—
0.6	420	410	400	380	360	340	310	280	250	220	200	180	—
0.7	400	370	350	330	310	290	270	240	220	190	170	160	150

$[f_{a0}]$(kPa) $\diagdown$ I_L e	0	0.1	0.2	0.3	0.4	0.5	0.6	0.7	0.8	0.9	1.0	1.1	1.2
0.8	380	330	300	280	260	240	230	210	180	160	150	140	130
0.9	320	280	260	240	220	210	190	180	160	140	130	120	100
1.0	250	230	220	210	190	170	160	150	140	120	110	—	—
1.1	—	—	160	150	140	130	120	110	100	90	—	—	—

注:1. 土中含有粒径大于 2mm 的颗粒质量超过总质量 30% 以上者,$[f_{a0}]$ 可适当提高。

2. 当 $e < 0.5$ 时,取 $e = 0.5$;当 $I_L < 0$ 时,取 $I_L = 0$。此外,超过表列范围的一般黏性土,$[f_{a0}] = 57.22 E_s^{0.57}$。

新近沉积黏性土地基承载力基本容许值$[f_{a0}]$ 表 3-9

$[f_{a0}]$(kPa) $\diagdown$ I_L e	≤0.25	0.75	1.25
≤0.8	140	120	100
0.9	130	110	90
1.0	120	100	80
1.1	110	90	—

地基土承载力宽度、深度修正系数 k_1、k_2 表 3-10

土类 系数	黏 性 土			粉土	砂 土							碎 石 土			
	老黏性土	一般黏性土	新近沉积黏性土	—	粉砂		细砂		中砂		砾砂、粗砂		碎石、圆砾、角砾		卵石
		$I_L \geq 0.5$	$I_L < 0.5$		—	中密	密实	中密	密实	中密	密实	中密	密实	中密	密实	中密	密实
k_1	0	0	0	0	0	1.0	1.2	1.5	2.0	2.0	3.0	3.0	4.0	3.0	4.0	3.0	4.0
k_2	2.5	1.5	2.5	1.0	1.5	2.0	2.5	3.0	4.0	4.0	5.5	5.0	6.0	5.0	6.0	6.0	10.0

注:1. 对于稍密和松散状态的砂、碎石土,k_1、k_2 值可采用表列中密值的 50%。

2. 强风化和全风化的岩石,可参照所风化成的相应土类取值;其他状态下的岩石不修正。

其他特殊性岩土地基承载力基本容许值$[f_{a0}]$可参照各地区经验或相应的标准确定。

软土地基承载力容许值按《公路桥涵地基与基础设计规范》(JTG D63—2007)中的有关规定确定。

2. 地基承载力容许值$[f_a]$的抗力系数

地基承载力容许值$[f_a]$应根据地基受荷阶段及受荷情况,乘以下列规定的抗力系数 γ_R。

1)使用阶段

(1)当地基承受作用短期效应组合或作用效应偶然组合时,可取 $\gamma_R = 1.25$;但对承载力容许值$[f_a]$小于 150 kPa 的地基,应取 $\gamma_R = 1.0$。

(2)当地基承受的作用短期效应组合仅包括结构自重、预应力、土重、土侧压力、汽车和人群效应时,应取 $\gamma_R = 1.0$。

(3)当基础建于经多年压实未遭破坏的旧桥基(岩石旧桥基除外)上时,不论地基承受的作用情况如何,均可取 $\gamma_R = 1.5$;对$[f_a]$小于 150kPa 的地基,可取 $\gamma_R = 1.25$。

(4)基础建于岩石旧桥基上,应取 $\gamma_R = 1.0$。

2)施工阶段

(1)地基在施工荷载作用下,可取 $\gamma_R = 1.25$;

(2)当墩台施工期间承受单向推力时,可取 $\gamma_R = 1.5$。

(二)持力层强度验算

持力层强度验算的要求为:基底最大压应力不超过地基持力层的承载力容许值,即 $p_{max} \leq \gamma_R [f_a]$。

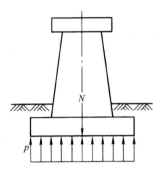

1. 当基底仅受轴心荷载作用时(图 3-7)

$$p = \frac{N}{A} \leq [f_a] \tag{3-2}$$

式中:p—— 基底平均压应力(kPa);

N—— 作用于基底的竖向力(kN),按作用短期效应组合计算;

A—— 基底面积(m^2)。

图 3-7 轴心荷载作用时基底压应力分布

2. 基底承受偏心荷载作用(即竖向力 N 和弯矩 M 共同作用)

1)单向偏心受压(图 3-8)

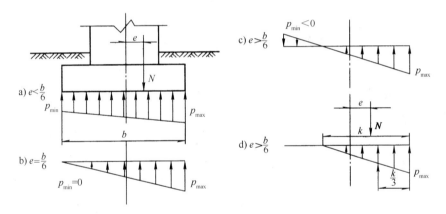

图 3-8 偏心荷载作用时基底压应力分布

p_{max} 除满足式(3-2)条件外,还应满足下列条件:

$$p_{max} = \frac{N}{A} + \frac{M}{W} \leq \gamma_R [f_a] \tag{3-3}$$

式中:p_{max}—— 基底最大压应力(kPa);

M—— 作用于基底形心的弯矩(kN·m),按作用短期效应组合计算;

W—— 基底偏心方向面积抵抗矩(m^3),对矩形基础,$W = \frac{1}{6}ab^2 = \rho A$,$\rho$ 为基底核心半径。

由式(3-3)可以推出:

$$p_{\substack{max \\ min}} = \frac{N}{A} \pm \frac{M}{W} = \frac{N}{A} \pm \frac{N e_0}{\rho A} = \frac{N}{A}\left(1 \pm \frac{e_0}{\rho}\right) \tag{3-4}$$

由式(3-4)可知:

当 $e_0 < \rho$ 时,基底应力分布图为梯形[图 3-8a)]。

当 $e_0 = \rho$ 时,$p_{min} = 0$,基底应力分布图为三角形[图 3-8b)]。

当 $e_0 > \rho$ 时，$p_{\min} < 0$，说明基底一侧产生拉应力，整个基底面积上部分受压部分受拉[图3-8c)]。但除基础混凝土浇筑在岩石地基上外，基底与地基土之间一般不能承受拉应力，此时，基底与地基之间将发生局部脱开，使基底压应力重新分布，并假定仍按三角形分布[图3-8d)]。根据作用于基底的偏心力 N 与三角形分布压力合力相平衡的条件，可求得重新分后的基底最大压应力为：

$$p_{\max} = \frac{2N}{3\left(\dfrac{b}{2} - e_0\right)a} \tag{3-5}$$

式中：b——偏心方向基础底面的边长；

    a——另一方向边长；

    e_0——竖向力 N 作用点与基底形心的距离，即基底合力偏心距，$e_0 = \dfrac{M}{N}$。

2）双向偏心受压（图3-9）

即竖向力在两个方向均有偏心，应按以下条件验算：

$$p_{\max} = \frac{N}{A} + \frac{M_x}{W_x} + \frac{M_y}{W_y} \leqslant \gamma_R [f_a] \tag{3-6}$$

式中：M_x、M_y——分别为外力对基底顺桥向中心轴（x 轴）和横桥向形心轴（y 轴）的弯矩；

    W_x、W_y——分别为基底对 x、y 轴的面积抵抗矩。

例如：在曲线上的桥梁，除顺桥向引起的力矩 M_x 外，尚有离心力（横桥向水平力）在横桥向产生的力矩 M_y；若桥面上汽车及人群荷载考虑横向分布的偏心作用时，则偏心竖向力对基底两个方向形心轴均有偏心距，并产生偏心弯矩 M_x、M_y。这两种情况均属双向偏心受压，应按式(3-6)进行验算。

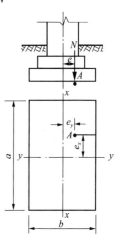

图3-9 双向偏心受压图

（三）软弱下卧层强度验算

当受压层范围内地基为多层土（主要指地基承载力有差异而言）组成，且持力层以下有软弱下卧层（指容许承载力小于持力层容许承载力的土层）时，还应验算软弱下卧层的承载力，验算要求软弱下卧层顶面 A 处（在基底形心轴下）的压应力（包括自重应力及附加应力）不得大于该处地基土的容许承载力（图3-10）。即：

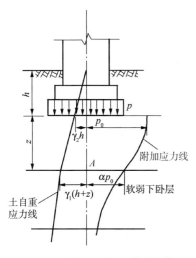

$$p_z = \gamma_1(h + z) + \alpha(p - \gamma_2 h) \leqslant \gamma_R [f_a] \tag{3-7}$$

式中：p_z——软弱下卧层的压应力；

    γ_1——相应于深度（$h + z$）范围内土层的换算重度（kN/m^3）；

    γ_2——深度 h 范围内各土层的换算重度（kN/m^3）；

    h——基底埋深（m）；无冲刷时，自天然地面算起；有冲刷时，自一般冲刷线算起；如位于挖方内，则由开挖后的地面算起；

图3-10 软弱下卧层承载力验算

z——从基底到软弱土层顶面的距离(m);

α——基底中心下土中附加应力系数,可按土力学教材或规范提供系数表查用;

p——基底压应力(kPa);当基底压应力为不均匀分布且 $z/b > 1$ 时,p 采用基底平均压应力;当 $z/b \leqslant 1$ 时,p 按基底压应力分布图形采用距最大压应力边 $b/3 \sim b/4$ 处的压应力(对于梯形分布图形当前后端压应力差值较大时,可采用 $b/4$ 点处压应力值;反之,则采用 $b/3$ 点处压应力值);b 为矩形基底的宽度;

$[f_a]$——软下卧层顶面处的容许承载力(kPa),可按式(3-1)计算。

当软弱下卧层为压缩性高而且较厚的软黏土,或当上部结构对基础沉降有一定要求时,除承载力应满足上述要求外,还应验算包括软弱下卧层的基础沉降量。

五、基底合力偏心距验算

在墩、台基础的设计计算中,应尽可能使基底应力分布比较均匀。从式(3-4)可知,基底合力偏心距愈大,基底两侧应力相差愈大,基础越易产生较大的不均匀沉降,使墩、台发生倾斜或增大墩、台顶位移,影响正常使用。所以在设计计算时,必须对基底合力偏心距 e_0 加以控制,并满足《公路桥涵地基与基础设计规范》(JTG D63—2007)的规定。

(一)桥涵墩台基底合力偏心距容许值[e_0]的规定

桥涵墩台基底合力偏心距容许值[e_0]应符合表 3-11 的规定。

墩台基底的合力偏心距容许值[e_0]

表 3-11

作 用 情 况	地 基 条 件	合力偏心距	备 注
墩台仅承受永久作用标准值效应组合	非岩石地基	桥墩[e_0]$\leqslant 0.1\rho$	拱桥、刚构桥墩台,其合力作用点应尽量保持在基底重心附近
		桥台[e_0]$\leqslant 0.75\rho$	
墩台承受作用标准值效应组合或偶然作用(地震作用除外)标准值效应组合	非岩石地基	[e_0]$\leqslant \rho$	拱桥单向推力墩不受限制,但应符合本规范表 4.4.3 规定的抗倾覆稳定系数
	较破碎～极破碎岩石地基	[e_0]$\leqslant 1.2\rho$	
	完整、较完整岩石地基	[e_0]$\leqslant 1.5\rho$	

(二)基底合力偏心距的计算

1. 单向偏心受压时偏心距 e_0 和核心半径 ρ 的计算

$$e_0 = \frac{M}{N} \tag{3-8}$$

$$\rho = \frac{W}{A} \tag{3-9}$$

对矩形基础:

$$\rho = \frac{W}{A} = \frac{\frac{ab^2}{6}}{ab} = \frac{b}{6} \tag{3-10}$$

2. 双向偏心受压时的计算

可按式(3-11)计算 e_0 和核心半径 ρ 的关系:

$$\rho = \frac{e_0}{1 - \frac{p_{min}A}{N}} \tag{3-11}$$

$$p_{min} = \frac{N}{A} - \frac{M_x}{W_x} - \frac{M_y}{W_y} \qquad (3-12)$$

式中：p_{min}——基底最小压应力。

六、基础稳定性验算

当基础承受较大的偏心力矩和水平推力时，均可能引起墩、台连同基础的倾覆和滑动，为了避免这一现象的发生，必须进行基础的倾覆稳定性和滑动稳定性验算。

（一）基础抗倾覆稳定性验算

基础抗倾覆稳定性可用抗倾覆稳定性系数 k_0 的大小来表示。如图 3-11 所示，当基础绕基底最大受压边转动时，弯矩 M 是倾覆因素，竖向力 N 是抗倾覆的稳定因素。则抗倾覆稳定性系数 k_0 可按式(3-13)计算：

$$k_0 = \frac{稳定力矩}{倾覆力矩} = \frac{Ns}{Ne_0} = \frac{s}{e_0} \qquad (3-13)$$

式中：k_0——抗倾覆稳定性系数；

s——在基底截面重心至合力作用点的延长线上，自截面重心至验算倾覆轴的距离（m）；对合力作用在重心轴上的矩形基础，$s = b/2$［图 3-12a)］；对合力不作用在重心轴上的矩形基础和基底截面有一个方向不对称的多边形基础，验算倾覆轴应是外包线，如图 3-12 b)、c)中的 I–I 线；

e_0——所有外力的合力作用点对基底重心的偏心距（m）。

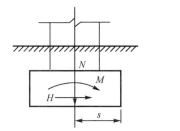
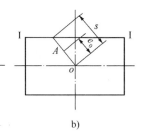
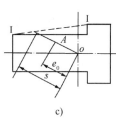

图 3-11　基础稳定性验算　　　　图 3-12　基础抗倾覆稳定性计算 s 的确定

可见，e_0 越大，k_0 越小，抗倾覆稳定性越差。

验算要求抗倾覆稳定性系数 k_0 不应小于表 3-12 的规定。

抗倾覆和抗滑动稳定性系数　　　　表 3-12

作 用 组 合		验 算 项 目	稳定性系数
使用阶段	永久作用(不计混凝土收缩及徐变、浮力)和汽车、人群的标准值效应组合	抗倾覆	1.5
		抗滑动	1.3
	各种作用(不包括地震作用)的标准值效应组合	抗倾覆	1.3
		抗滑动	1.2
施工阶段作用的标准值效应组合		抗倾覆	1.2
		抗滑动	

基础倾覆或倾斜除了地基的强度和变形原因外，往往发生在承受较大的单向水平推力而其合力作用点又离基础底面的距离较高的结构物上，如挡土墙或高桥台受侧向土压力作用，大

跨度拱桥在施工中墩、台受到不平衡的推力,以及在多孔拱桥中一孔被毁等,此时在单向水平推力作用下,均可能引起墩、台连同基础的倾覆和倾斜。并且合力偏心距越大,基础越易倾斜,基础抗倾覆的安全度愈小。

(二)基础抗滑动稳定性验算

基础抗滑动稳定性可用抗滑动稳定性系数 k_c 的大小来表示。如图3-11所示,基础的水平推力 H 为滑动力,基底与土之间的摩擦阻力及与水平推力方向相反的水平力为抗滑力,则抗滑动稳定性系数 k_c 可按式(3-14)计算:

$$k_c = \frac{抗滑力}{滑动力} = \frac{\mu N + H_P}{H} \tag{3-14}$$

式中:N——作用于基底的竖向力合力;

$\quad\quad H_P$——与滑动水平力 H 方向相反的抗滑稳定水平力合力;

$\quad\quad H$——滑动水平力合力;

$\quad\quad \mu$——基础底面(圬工材料)与地基之间的摩擦系数,通过试验确定;当缺少实际资料时,可参照表3-13选用。

基底摩擦系数   表3-13

地基土分类	μ	地基土分类	μ
黏土(流塑~坚硬)、粉土	0.25	软岩(极软岩~较软岩)	0.40~0.60
砂土(粉砂~砾砂)	0.30~0.40	硬岩(较硬岩、坚硬岩)	0.60、0.70
碎石土(松散~密实)	0.40~0.50		

可以看出,k_c 越小,滑动稳定性越差。

验算要求抗滑动稳定性系数 k_c 不应小于表3-12的规定。

验算桥台基础的滑动稳定性时,如台前填土保证不受冲刷,可同时考虑计入与台后土压力方向相反的台前土压力,其数值可按主动或静止土压力进行计算。

修建在非岩石地基上的拱桥桥台基础,在拱的水平推力和力矩作用下,基础可能向路堤方向滑移或转动,此项水平位移和转动还与台后土抗力的大小有关。

(三)抗倾覆、抗滑动的措施

以上对基础稳定性的验算,均应满足设计规定的要求,达不到要求时,必须采取一定的设计措施。

1. 抗倾覆措施

对梁桥桥台,当台后土压力引起的倾覆力矩比较大,基础的抗倾覆稳定性不能满足要求时,可采取以下措施:

(1)可将台身做成不对称的形式(如图3-13所示后倾形式),这样可以增加台身自重所产生的抗倾覆力矩,达到提高抗倾覆的安全度。如采用这种外形,则在砌筑台身时,应及时在台后填土并夯实,以防台身向后倾覆和转动。

(2)在台后一定长度范围内填碎石、干砌片石或填石灰土,以增大填料的内摩擦角减小土

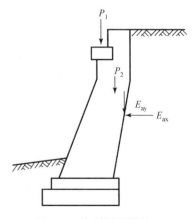

图3-13　基础抗倾覆措施

压力,达到减小倾覆力矩提高抗倾覆安全度的目的。

（3）在台背设置过梁板,减少由汽车荷载引起的土侧压力。

（4）增大基底验算方向宽度,以增大抗倾覆力矩。

2. 抗滑动措施

对拱桥桥台,在拱脚水平推力作用下,基础的滑动稳定性不能满足要求时,可采取以下措施:

（1）在基底四周做成如图3-14a）所示的齿槛,从而提高基础的抗滑力。

（2）如仅受单向水平推力时,也可将基底设计成如图3-14b）所示的倾斜形,以减小滑动力,同时增加斜面上的压力。由图可见滑动力随 α 角的增大而减小,从安全考虑,α 角不宜大于10°,同时要保持基底以下土层在施工时不受扰动。

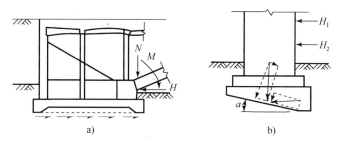

图3-14　基础抗滑动措施

（3）在保证满足地基强度的前提下,增加基础或墩台自重,以提高基底摩擦力。

（4）采用换土法,用一层厚30~50cm的砂砾土,置换基底下摩擦系数较小的土层,以提高基底摩擦力。

（5）当高填土的桥台基础或土坡上的挡墙地基可能出现滑动或在土坡上出现裂缝时,可以增加基础的埋置深度或改用桩基础,提高墩台基础下地基的稳定性。或者在土坡上设置地面排水系统,拦截和引走滑坡体以外的地表水,以减少因渗水而引起土坡滑动的不稳定因素。

七、基础沉降验算

（一）进行沉降验算的情况

基础的沉降主要由竖向荷载作用下土层的压缩变形引起。沉降量过大将影响结构物的正常使用和安全,应加以限制。在确定一般土质的地基容许承载力时,已考虑这一变形因素,所以修建在一般土质条件下的中、小型桥梁的基础,只要满足了地基的强度要求,地基（基础）的沉降也就满足要求。但对于下列情况,则必须验算基础的沉降,使其不大于规定的容许值:

（1）墩台修建在地质情况复杂、土质不均匀及承载力较差的地基上。

（2）相邻跨径差别悬殊而需计算沉降差时。

（3）为保证跨线桥净高需预先考虑沉降量时。

（二）沉降验算要求

《公路桥涵地基与基础设计规范》（JTG D63—2007）规定,墩台的沉降应符合下列规定:

（1）相邻墩台间不均匀沉降差值（不包括施工中的沉降）,不应使桥面形成大于0.2%的附加纵坡（折角）。

（2）外超静定结构桥梁墩台间不均匀沉降差值,还应满足结构的受力要求。

在设计时,为了防止由于偏心荷载使同一基础两侧产生较大的不均匀沉降,而导致结构物倾斜和造成墩、台顶面发生过大的水平位移等后果,可用限制基础上合力偏心距的方法来解决。

(三)沉降计算方法

基础的沉降可根据土的压缩特性指标,按《公路桥涵地基与基础设计规范》(JTG D63—2007)提出的分层总和法计算。

计算基础沉降时,传至基础底面的作用效应按正常使用极限状态下作用长期效应组合采用。该组合仅为直接施加于结构上的永久作用标准值(不包括混凝土收缩及徐变作用、基础变位作用)和可变作用准永久值(仅指汽车荷载和人群荷载)引起的效应。

第三节　埋置式桥台刚性扩大基础设计算例

一、设　计　资　料

(一)构造

如图 3-15 所示,上部构造采用装配式钢筋混凝土 T 形梁,标准跨径 20.00m,计算跨径 19.50m,采用摆动支座。桥面宽度为 7m + 2 × 1.0m,双车道。下部为埋置式桥台。

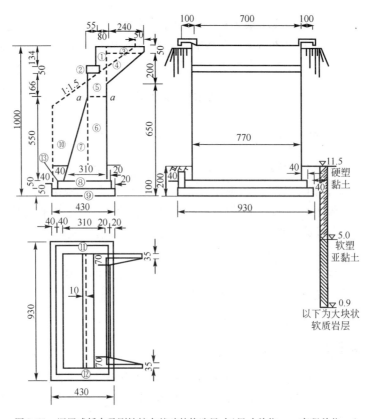

图 3-15　埋置式桥台及刚性扩大基础的构造尺寸(尺寸单位:cm;高程单位:m)

（二）设计要求

设计等级为公路-Ⅱ级，人群荷载为 $3.0kN/m^2$，设计安全等级为二级。

（三）材料

台帽、耳墙及截面 a-a 以上部分采用钢筋混凝土，$\gamma_1 = 25.00 \ kN/m^3$；台身（自截面 a-a 以下）用 M7.5 砂浆浆砌片、块石（面墙用块石，其他用片石，石料强度等级不小于 MU40），$\gamma_2 = 23.00kN/m^3$；基础用 C25 混凝土浇筑，$\gamma_3 = 24.00kN/m^3$；台后及溜坡填土 $\gamma_4 = 17.00kN/m^3$；填土的内摩擦角 $\varphi = 35°$，黏聚力 $c = 0$。

（四）水文、地质资料

设计洪水位高程离基底的距离为 6.5m（即在 a-a 截面处）。地基土的物理、力学性质指标见表3-14。

土工试验成果表 表3-14

取土深度 （自地面算起） （m）	含水率 w （%）	天然重度 γ （kN/m^3）	孔隙比 e	液限 w_L （%）	塑限 w_P （%）	塑性指数 I_P	液性指数 I_L	压缩系数 a_{1-2} （mm^2/N）	黏聚力 c （kN/m^2）	内摩擦角 φ（°）
3.2～3.6	26	19.70	0.50	44	24	20	0.1	0.11	55	20
6.4～6.8	28	19.10	0.75	34	19	15	0.6	0.18	20	16

二、拟定基础尺寸

如图3-15所示，基础分两层，每层厚度为 0.5m，襟边和台阶宽度相等，取 0.4m。基础混凝土强度等级 C25，混凝土的刚性角 $a_{max} = 40°$。现基础扩散角为：

$$\alpha = \tan^{-1} \frac{0.8}{1.0} = 38.66° < \alpha_{max} = 40°$$

所以基础的尺寸满足强度要求。

三、作用效应标准值计算

（一）结构重力及基础上土重计算

根据结构和基础上土的体积与相应材料的重度，即可得到结构重力及基础上土重标准值，详细计算过程略，现将其值列于表3-15中。

结构重力及基础上土重标准值计算表 表3-15

序号	竖直力 P（kN）	对基底中心的偏心距 e（m）	对基底中心的弯矩 M（kN·m）	备注
1	206.36	1.35	278.59	
2	129.94	1.075	139.69	

序 号	竖直力 $P(\text{kN})$	对基底中心的偏心距 $e(\text{m})$	对基底中心的弯矩 $M(\text{kN}\cdot\text{m})$	备 注
3	21.00	2.95	61.95	
4	63.00	2.55	160.65	
5	399.43	1.125	449.36	
6	1 217.56	1.125	1 369.76	符号规定:偏 心距:位于基 底中心右侧为
7	901.00	−0.12	−108.12	"+",左侧为
8	377.40	0.1	37.74	"−";弯矩:顺
9	479.88	0	0	时针方向为
10	1 420.56	−1.055	−1 498.70	"+",逆时针
11	682.09	−0.07	−47.74	方向为"−"
12	29.24	0	0	
13	28.90	−1.95	−56.36	
14	上部构造永久荷载:848.05	0.65	551.23	
	$\Sigma P = 6\,804.41$		$\Sigma M = 1\,338.05$	

(二)土压力计算

土压力按台背竖直、$\alpha = 0$、$\varphi = 35°$、台背与填土间外摩擦角 $\delta = \dfrac{\varphi}{2} = 17.5°$ 计算;台后填土为水平,$\beta = 0°$。

1. 台后填土表面无车辆荷载时的土压力

台后填土自重所引起的主动土压力计算式为:

$$E_a = \frac{1}{2}\gamma_4 H^2 B\mu_a$$

式中:$\gamma_4 = 17.00\text{KN/m}^3$;$B$ 为桥台宽度,取 7.70m;H 为基底到填土表面的距离,为 10.00m;μ_a 为主动土压力系数,计算如下:

$$\mu_a = \frac{\cos^2(\varphi - \alpha)}{\cos^2\alpha\cos(\alpha + \delta)\left[1 + \sqrt{\dfrac{\sin(\varphi + \delta)\sin(\varphi - \beta)}{\cos(\alpha + \delta)\cos(\alpha - \beta)}}\right]^2} = 0.247$$

所以,主动土压力为:

$$E_a = 1\,616.62\ \text{kN}$$

E_a 的水平方向的分力:

$$E_{ax} = -E_a\cos(\delta + \alpha) = -1\,616.62\cos 17.5° = -1\,541.80\ \text{kN}$$

E_{ax} 作用点距基底的距离为:

$$e_y = \frac{1}{3} \times 10 = 3.33\text{m}$$

E_{ax}对基底形心的弯矩为:
$$M_x = -1\ 541.80 \times 3.33 = -5\ 134.19\text{kN}\cdot\text{m}$$

E_a的竖直方向分力为:
$$E_{ay} = E_a\sin(\delta+\alpha) = 1\ 616.62\sin17.5° = 486.13\ \text{kN}$$

E_{ay}作用点距基底形心轴的水平距离为:
$$e_x = 2.15 - 0.4 = 1.75\text{m}$$

E_{ay}对基底形心的弯矩为:
$$M_y = 486.13 \times 1.75 = 850.72\ \text{kN}\cdot\text{m}$$

2. 台后填土表面有车辆荷载时的土压力

由车辆荷载换算的等代均布土层厚度为:
$$h = \frac{\Sigma G}{Bl_0\gamma}$$

式中:l_0 为破坏棱体长度,对于台背竖直时,$l_0 = H\tan\theta$。其中 $\tan\theta$ 的计算如下:
$$\tan\theta = \tan\omega + \sqrt{(\cot\varphi + \tan\omega)(\tan\omega - \tan\alpha)},\text{其中 } \omega = \varphi + \delta + \alpha = 52.5°$$

则:
$$\tan\theta = 0.583$$

所以,破坏棱体长度 l_0 为:
$$l_0 = 10 \times 0.583 = 5.83\text{m}$$

在破坏棱体长度范围内只能放车辆的两个轴(140 kN),因是双车道,故:
$$\Sigma G = (140 + 140) \times 2 = 560\ \text{kN}$$

所以,等代均布土层厚度为:
$$h = \frac{560}{7.7 \times 5.83 \times 17} = 0.734\text{m}$$

则台背在填土及车辆荷载作用下所引起的土压力为:
$$E_a = \frac{1}{2}\gamma H(2h + H)B\mu_a$$
$$= \frac{1}{2} \times 17.00 \times 10 \times (2 \times 0.734 + 10) \times 7.7 \times 0.247 = 1\ 853.93\text{kN}$$

E_a水平方向的分力为:
$$E_{ax} = -E_a\cos(\delta+\alpha) = -1\ 853.93 \times \cos17.5° = -1\ 768.12\ \text{kN}$$

E_{ax}作用点距基底的距离为:
$$e_y = \frac{H(H + 3h)}{3(H + 2h)} = \frac{10(10 + 3 \times 0.734)}{3(10 + 2 \times 0.734)} = 3.55\text{m}$$

E_{ax}对基底形心的弯矩为:
$$M_x = -1\ 768.12 \times 3.55 = -6\ 276.83\ \text{kN}\cdot\text{m}$$

E_a竖直方向的分力为:
$$E_{ay} = E_a\sin(\delta+\alpha) = 1\ 853.93\ \sin17.5° = 557.49\ \text{kN}$$

E_{ay}作用点离基底形心轴的距离为:
$$e_x = 2.15 - 0.4 = 1.75\text{m}$$

E_{ay}对基底形心的弯矩为:

$$M_y = 557.49 \times 1.75 = 975.61 \text{ kN} \cdot \text{m}$$

3. 台前溜坡填土自重对台前侧面的主动土压力

以基础前侧边缘垂线作为假想台背，由溜坡坡度为 1:1.5 算得土表面的倾斜度 $\beta = -33.69°$，则基础边缘至坡面的垂直距离为 $H' = 10 - \dfrac{3.9 + 1.9}{1.5} = 6.13\text{m}$，取 $\delta = \dfrac{1}{2}\varphi = 17.5°$，则主动土压力系数 μ_a 为：

$$\mu_a = \frac{\cos^2(\varphi - \alpha)}{\cos^2\alpha\cos(\alpha + \delta)\left[1 + \sqrt{\dfrac{\sin(\varphi + \delta)\sin(\varphi - \beta)}{\cos(\alpha + \delta)\cos(\alpha - \beta)}}\right]^2} = 0.182$$

则主动土压力为：

$$E'_a = \frac{1}{2}\gamma_4 H'^2 B\mu_a = \frac{1}{2} \times 17.00 \times 6.13 \times 7.7 \times 0.182 = 447.61 \text{ kN}$$

E'_a 水平方向的分力为：

$$E'_{ax} = E'_a\cos(\delta + \alpha) = 447.61\cos17.5° = 426.89\text{kN}$$

E'_{ax} 作用点离基底的距离为：

$$e'_y = \frac{1}{3} \times 6.13 = 2.04\text{m}$$

E'_{ax} 对基底形心的弯矩为：

$$M'_x = 426.89 \times 2.04 = 870.86 \text{ kN} \cdot \text{m}$$

E'_a 竖直方向的分力为：

$$E'_{ay} = E'_a\sin(\delta + \alpha) = 447.61\sin17.5° = 134.60\text{kN}$$

E'_{ay} 作用点离基底形心轴的距离为：

$$e'_x = -2.15\text{m}$$

E'_{ay} 对基底形心的弯矩为：

$$M'_y = -134.60 \times 2.15 = -289.39 \text{ kN} \cdot \text{m}$$

（三）汽车荷载支座反力计算

车道荷载的桥面布置如图 3-16 所示。《公路桥涵设计通用规范》（JTG D60—2004）规定：

对公路-I 级，均布荷载标准值 $q_k = 10.5$ kN/m；集中荷载标准值按以下规定选取：当计算跨径小于等于 5m 时，$P_k = 180$ kN，当计算跨径大于等于 50m 时，$P_k = 360$ kN。本设计计算跨径为 19.5m，取内插得 $P_k = 238$ kN。对公路-II级，q_k、P_k 的值按公路-I 级的车道荷载的 0.75 倍采用。

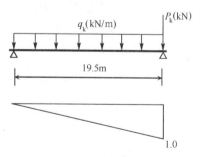

图 3-16　车道荷载的桥面布置图

由于重力式墩台不计由汽车荷载引起的冲击力，所以由汽车荷载引起的支座反力为：

$$R_1 = \left(238 \times 1 + 10.5 \times \frac{1}{2} \times 19.5 \times 1\right) \times 0.75 \times 2$$
$$= 510.56\text{kN}$$

支座中心距基底形心轴的距离为：

$$e_R = 2.15 - 1.5 = 0.65\text{m}$$

则汽车荷载支座反力对基底形心的弯矩为：

$$M_{R1} = 510.56 \times 0.65 = 331.86 \text{ kN} \cdot \text{m}$$

(四)汽车制动力计算

《公路桥涵设计通用规范》(JTG D60—2004)规定:一个设计车道上由汽车荷载产生的制动力标准值按车道荷载标准值在加载长度上计算的总重力的 10% 计算,但对公路-Ⅱ级汽车荷载的制动力标准值不得小于 90kN。

按上述规定,车道荷载标准值在加载长度上计算的总重力的 10% 为:$(10.5 \times 19.5 + 238) \times 10\% = 44.3 \text{ kN}$,小于 90 kN,所以汽车制动力取为 $T_1 = 90 \text{ kN}$。

简支梁摆动支座传递的制动力为:

$$T = 0.25 T_1 = 0.25 \times 90 = 22.5 \text{ kN}$$

制动力对基底形心的弯矩为:

$$M_T = 22.5 \times (10 - 1.34) = 194.85 \text{ kN} \cdot \text{m}$$

(五)人群荷载支座反力计算

人群荷载支座反力计算如下:

$$R_2 = \frac{1}{2}(19.5 \times 1 \times 3.0 \times 2) = 58.5 \text{ kN}$$

对基底形心的弯矩为:

$$M_{R2} = 58.5 \times 0.65 = 38.03 \text{ kN} \cdot \text{m}$$

(六)支座摩阻力计算

摆动支座摩擦系数取 $\mu = 0.05$,作用于支座上由上部结构产生的效应为 $W = 848.05 \text{kN}$,则支座摩阻力为:

$$F = \mu W = 0.05 \times 848.05 = 42.40 \text{kN}$$

F 对基底形心的弯矩为:

$$M_F = 42.40 \times (10 - 1.34) = 367.18 \text{kN} \cdot \text{m}$$

以上汽车制动力和支座摩阻力的计算结果表明,支座摩阻力大于汽车制动力,所以按支座摩阻力控制设计。

对于桥台,不计纵、横向风荷载。

将以上作用效应标准值计算结果列于表 3-16 中。

作用效应标准值汇总表

表 3-16

作 用 名 称		水平力(kN)	竖向力(kN)	弯矩(kN · m)
永久作用	结构及土重	0	6 804.41	1 338.05
	台后土压力	-1 541.80	486.13	-4 283.47
	台前土压力	426.89	134.60	581.47
可变作用	汽车荷载	0	510.56	331.86
	汽车引起的土压力	-226.32	71.36	-1 017.75
	人群荷载	0	58.50	38.03
	支座摩阻力	±42.40	0	±367.18

注:1. 水平力的符号规定:向右为"＋",向左为"－"。

2. 支座摩阻力的符号按不利情况选取。

四、作用效应组合情况

根据实际可能,可按以下四种情况进行作用效应组合。

1. 桥上无车道荷载和人群荷载,台后也无车辆荷载的情况

组合中应包括结构重力及基础上土重、台后填土表面无车辆荷载时的土压力、台前土压力以及支座摩阻力。

2. 桥上有车道荷载和人群荷载,台后无车辆荷载的情况

组合中应包括结构重力及基础上土重、台后填土表面无车辆荷载时的土压力、台前土压力、汽车及人群荷载支座反力、支座摩阻力。

3. 桥上有车道荷载和人群荷载,台后有车辆荷载的情况

组合中应包括结构重力及基础上土重、台后填土表面有车辆荷载时的土压力、台前土压力、汽车及人群荷载支座反力、支座摩阻力。

4. 桥上无车道荷载和人群荷载,台后有车辆荷载的情况

组合中应包括结构重力及基础上土重、台后填土表面有车辆荷载时的土压力、台前土压力、支座摩阻力。

5. 施工阶段(无上部构造时)

组合中应包括结构(上部结构除外)重力及基础上土重、台后填土表面无车辆荷载时的土压力、台前土压力。

为了验算的需要,将以上五种情况的作用标准值效应组合结果列于表3-17中。

作用标准值效应组合结果   表3-17

组合情况 \ 作用效应	水平力(kN)	竖向力(kN)	弯矩(kN·m)
1	−1 157.31	7 425.14	−2 731.13
2	−1 157.31	7 994.2	−2 361.24
3	−1 383.63	8 065.56	−3 378.99
4	−1 383.63	7 496.5	−3 748.88
5	−1 114.91	6 577.09	−2 915.18

五、地基承载力验算

(一)台前、台后填土对基底产生的附加应力计算

台前、台后填土对基底产生的附加应力计算公式为:

$$p_i = \alpha_i \gamma_i H_i$$

式中:α_i——竖向附加压应力系数,按基础埋置深度和填土高度查表得到;

γ_i——台后填土或锥坡填土重度;

H_i——原地面至路堤表面(或锥坡表面)的距离。

台后填土引起的附加应力:

后边缘处: $p'_1 = \alpha_1 \gamma_1 H_1 = 0.46 \times 17 \times 8 = 62.56 \text{kPa}$

前边缘处: $p''_1 = \alpha_1 \gamma_1 H_1 = 0.069 \times 17 \times 8 = 9.38 \text{kPa}$

台前溜坡引起的附加应力:

后边缘处：$\qquad p'_2 = 0$

前边缘处：$\qquad p''_2 = \alpha_2 \gamma_2 H_2 = 0.25 \times 17 \times 4.13 = 17.55 \text{ kPa}$

其中：H_2 近似取过基础前边缘的垂线与溜坡面交点的距离。

则基础后缘总的附加应力为：$\qquad p' = p'_1 + p'_2 = 62.56 \text{ kPa}$

基础前缘总的附加应力为：$\qquad p'' = p''_1 + p''_2 = 26.93 \text{ kPa}$

（二）基底压应力计算

按《公路桥涵地基与基础设计规范》（JTG D63—2007）规定，应采用正常使用极限状态的作用短期效应组合计算，且可变作用的频遇值系数均取为 1.0。

经比较可知，按情况 3 计算最不利，则：

$N = 6\ 804.41 + 486.13 + 71.36 + 134.6 + 510.56 + 58.5 = 8\ 065.56 \text{kN}$

$M = 1\ 338.05 - 4\ 283.47 - 1\ 017.75 + 581.47 + 331.86 + 38.03 - 367.18 = -3\ 378.99 \text{ kN} \cdot \text{m}$

由外荷载引起的基底压应力为：

$$p^{\max}_{\min} = \frac{N}{A} \pm \frac{M}{W} = \frac{8\ 065.56}{9.3 \times 4.3} \pm \frac{3\ 378.99}{\frac{1}{6} \times 9.3 \times 4.3^2} = \frac{319.60}{83.79} \text{ kPa}$$

综上，基底总的压应力为：

台前：$\qquad p_{\max} = 319.60 + 26.93 = 346.53 \text{ kPa}$

台后：$\qquad p_{\min} = 83.79 + 62.56 = 146.35 \text{ kPa}$

（三）地基承载力验算

1. 持力层承载力验算

根据土工试验资料，持力层为一般黏性土，$e = 0.5$，$I_L = 0.1$，查表得 $[f_{a0}] = 440 \text{ kPa}$，$k_1 = 0$。

又基础埋置深度 $h = 2.0 \text{m} < 3\text{m}$，取 $h = 3\text{m}$。

持力层承载力容许值为：

$$[f_a] = [f_{a0}] = 440 \text{kPa} > 346.53 \text{kPa}$$

基底最大压应力 $p_{\max} = 346.53 \text{ kPa}$，承载力容许值的抗力系数 $\gamma_R = 1.0$。可见：

$$p_{\max} < \gamma_R [f_a]$$

所以，持力层承载力满足要求。

2. 下卧层承载力验算

下卧层为一般黏性土，$e = 0.75$，$I_L = 0.6$，查表得 $[f_{a0}] = 250 \text{kPa}$，小于持力层的承载力 440kPa，所以为软弱下卧层，必须进行验算。

基底至土层 II 顶面处的距离为：

$$z = 11.5 - 2.0 - 5.0 = 4.5\text{m}$$

当 $l/b = 9.3/4.3 = 2.16$，$z/b = 4.5/4.3 = 1.05$ 时，查得附加应力系数 $\alpha = 0.469$。

因 $z/b > 1$，所以基底压应力取平均值，即 $p = (p_{\max} + p_{\min})/2 = (346.53 + 146.35)/2 = 246.44 \text{kPa}$。

则下卧层顶面处的总应力为：

$$p_z = 19.7 \times 6.5 + 0.469 \times (246.44 - 19.7 \times 2) = 225.15 \text{ kPa}$$

下卧层顶面处的容许承载力为：

$$[f_a] = [f_{a0}] + k_1\gamma_1(b-2) + k_2\gamma_2(h+z-3)$$

其中：查表得 $k_1 = 0$，$k_2 = 1.5$，所以：

$$[f_a] = 250 + 0 + 1.5 \times 19.7 \times (2 + 4.5 - 3) = 353.43\text{kPa}$$

承载力容许值的抗力系数 $\gamma_R = 1.0$。可见：

$$p_z < \gamma_R[f_a]$$

所以下卧层承载力满足要求。

六、基底合力偏心距验算

(一)桥台仅承受永久作用标准值效应组合(即情况1)

$$N = 6\,804.41 + 486.13 + 134.60 = 7\,425.14 \text{ kN}$$

$$M = 1\,338.05 - 4\,283.47 + 581.47 = -2\,731.13 \text{ kN·m}$$

$$e_0 = \frac{M}{N} = \frac{2\,731.13}{7\,425.14} = 0.37\text{m}$$

$$\rho = \frac{b}{6} = \frac{4.3}{6} = 0.72\text{m}$$

$$[e_0] = 0.75\rho = 0.75 \times 0.72 = 0.54\text{m}$$

可见：$e_0 < [e_0]$。

所以，基底合力偏心距满足要求。

(二)桥台承受作用标准值效应组合

经比较，按情况4计算最不利，则：

$$N = 6\,804.41 + 486.13 + 134.60 + 71.36 = 7\,496.5\text{kN}$$

$$M = 1\,338.05 - 4\,283.47 + 581.47 - 1\,017.75 - 367.18 = -3\,748.88 \text{ kN·m}$$

$$e_0 = \frac{M}{N} = \frac{3\,748.88}{7\,496.5} = 0.5\text{m}$$

$$[e_0] = \rho = 4.3/6 = 0.72\text{m}$$

可见：$e_0 < [e_0]$。

所以，基底合力偏心距满足要求。

七、基础稳定性验算

根据《公路桥涵地基与基础设计规范》(JTG D63—2007)的规定，应采用承载能力极限状态的基本组合验算，按稳定性验算要求，其中结构重要性系数 γ_0、分项系数和组合系数均取1.0，即按标准值作用效应组合。

按稳定性验算要求，应分别对使用阶段和施工阶段进行验算。

(一)使用阶段验算

1. 抗倾覆稳定性验算

经比较可知，按情况4计算最不利，即 $N = 7\,496.5\text{kN}$，$M = -3\,748.88 \text{ kN·m}$，则：

$$e_0 = \frac{M}{N} = \frac{3\,748.88}{7\,496.5} = 0.5\text{m}$$

又 $$s = b/2 = 4.3/2 = 2.15\text{m}$$

则抗倾覆稳定系数为：

$$k_0 = s/e_0 = 2.15/0.5 = 4.3 > 1.5$$

所以，抗倾覆稳定性满足要求。

2. 抗滑动稳定性验算

经比较可知，按情况4计算最不利，则：

$$N = 6\,804.41 + 486.13 + 134.60 + 71.36 = 7\,496.5\text{kN}$$

$$H = -1\,541.8 + 426.89 - 226.32 - 42.4 = -1\,383.63\ \text{kN}$$

根据基底土为黏性土且 $I_L = 0.1$ 的条件查表可得，基底摩擦系数 $\mu = 0.25$。

则抗滑动稳定系数计算为：

$$k_c = \mu N/H = 0.25 \times 7\,496.5/1\,383.63 = 1.35 > 1.3$$

所以，抗滑动稳定性满足要求。

(二)施工阶段验算

按情况5验算，则组合的荷载为：

$$N = 6\,804.41 - 848.05 + 486.13 + 134.6 = 6\,577.09\ \text{kN}$$

$$M = 1\,338.05 - 551.23 - 4\,283.47 + 581.47 = -2\,915.18\ \text{kN} \cdot \text{m}$$

$$H = -1\,541.8 + 426.89 = -1\,114.91\text{kN}$$

1. 抗倾覆稳定性验算

$$e_0 = \frac{M}{N} = \frac{2\,915.18}{6\,577.09} = 0.44\text{m}$$

则抗倾覆稳定系数为：

$$k_0 = s/e_0 = 2.15/0.44 = 4.85 > 1.2$$

所以，抗倾覆稳定性满足要求。

2. 抗滑动稳定性验算

抗滑动稳定系数为：

$$k_c = \mu N/H = 0.25 \times 6\,577.09/1\,114.91 = 1.47 > 1.2$$

所以，抗滑动稳定性满足要求。

八、沉 降 验 算

由于持力层以下的土层 II 为软弱下卧层，按其压缩系数为中压缩性土，对基础沉降影响较大，故应验算沉降。采用荷载长期效应组合，按分层总合法计算沉降。

计算过程从略。

第四节 天然地基上浅基础的施工

天然地基浅基础的施工采用明挖法进行，其施工工序和主要内容包括：基础定位放样、基坑开挖、基坑排水、基坑围护、基坑检验和基底土处理、基础砌筑及基坑的回填等。

基坑的开挖工作应尽量选择在枯水或少雨季节进行，且不宜间断。基坑开挖时应根据土质及开挖深度等对坑壁设置围护或不设围护。在开挖过程中有渗水时，则需进行基坑排水。

在水中开挖基坑时,通常需预先修筑临时性的挡水结构物(称为围堰)。基坑尺寸要比基底尺寸每边扩大 0.5～1.0m,以便设置排水沟及支立模板和砌筑等工作。

下面分别对旱地和水中浅基础施工进行叙述。

一、基础定位放样

基础定位放样就是将设计图纸上的结构物位置、形状和尺寸在实地上标定出来,它贯穿于整个施工过程。

在桥梁施工过程中,首先建立施工控制网;其次进行桥梁轴线标定和墩台中心定位;最后进行墩台施工放样,定出基础和基坑的各部分尺寸(图 3-17)。

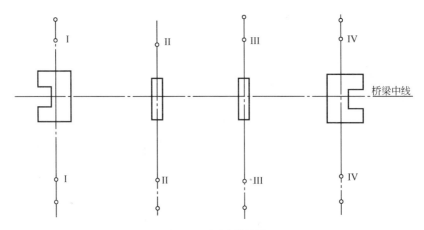

图 3-17 基础定位放样

桥梁的施工控制网除了用来测定桥梁长度外,还要用于各个位置控制,保证上部结构的正确连接。施工控制网常用三角控制网,其布设应根据总平面图设计和施工地区的地形条件来确定,并作为整个工程施工设计的一部分。布网时要考虑施工程序、方法以及施工场地的布置情况,可以用桥址地形图拟定布网方案。

桥梁轴线的位置是在桥梁勘测设计中根据路线的总走向、地形、地质、河床情况等选定的,在施工时必须现场恢复桥梁轴线位置,并进行墩台中心定位。中小桥梁一般采用直接丈量法标定桥轴线长度并定出墩台的中心位置,有条件的可以用测距仪或全站仪直接确定。

基础放样是根据实地标定的墩台中心位置为依据来进行的,在无水地点可直接将经纬仪安置在中心位置,用木桩准确固定基础纵横轴线和基础边缘。由于定位桩随着基坑开挖必将被挖去,所以必须在基坑开挖范围以外设置定位桩的保护桩,以备施工中随时检查基坑位置或基础位置是否正确,基坑外围通常用龙门板固定或在地上用石灰线标出,如图 3-18 所示。

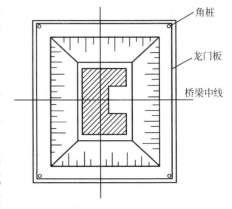

图 3-18 基坑放样

对于建筑物高程的控制,常将拟建建筑物区域附近设置的水准点引测到施工现场附近不受施工影响的地方,设置临时水准点。

二、旱地上浅基础的施工

(一)基坑的开挖

基坑的开挖主要以施工机械为主来进行,局部采用人工相配合。它不需要复杂的机具,常用的机械设备为挖掘机和抓土斗等,技术条件和施工方法较简单且易操作。当采用机械挖土挖至距设计高程约 0.3m 时,应采用人工修整,以保证地基土结构不被扰动破坏。

在基坑开挖过程中,应根据坑壁稳定与否,对坑壁不设围护或设置围护。

1. 不设围护的基坑

当基坑较浅,地下水位较低或渗水量较少,不影响坑壁稳定时,坑壁可不设置围护。此时可将坑壁挖成竖直或斜坡形。竖直坑壁只适宜在岩石地基或基坑较浅又无地下水的硬黏土中采用。在一般土质条件下开挖基坑时,应采用放坡开挖的方法。基坑的形式如图 3-19 所示。

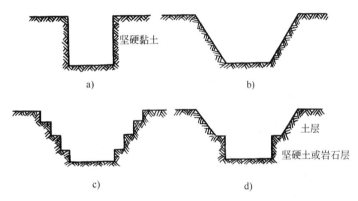

图 3-19　不设围护坑壁形式
a)垂直坑壁;b)斜坡坑壁;c)阶梯坑壁;d)上层斜坡下层垂直坑壁

当基坑深度在 5m 以内,施工期较短,地下水在基底以下,且土的湿度接近最佳含水率,土质构造又较均匀时,基坑坡度可参考表 3-18 选用。

无围护基坑坑壁坡度　　　　　　　　　　表 3-18

坑壁土类别	坑 壁 坡 度		
	基坑顶缘无荷载	基坑顶缘有静载	基坑顶缘有动载
砂类土	1:1	1:1.25	1:1.5
碎卵石类土	1:0.75	1:1	1:1.25
亚砂土	1:0.67	1:0.75	1:1
亚黏土、黏土	1:0.33	1:0.5	1:0.75
极软岩	1:0.25	1:0.33	1:0.67
软质岩	1:0	1:0.1	1:0.25
硬质岩	1:0	1:0	1:0

如地基土的湿度较大可能引起坑壁坍塌时,坑壁坡度应适当放缓。当基坑顶缘有动荷载

时,基坑顶缘与动荷载之间至少应留 1m 宽的护道。如地质水文条件较差,应增宽护道或采取加固等措施,以增加边坡的稳定性。基坑深度大于 5m 时,可将坑壁坡度适当放缓或加设平台。如图 3-20 所示。

必要时应在基坑顶缘四周适当距离处设置截水沟,以避免地表水冲刷坑壁,影响坑壁稳定性。还应经常注意观察坑边缘顶面土有无裂缝,坑壁有无松散塌落现象发生,以确保安全施工。

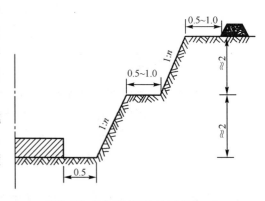

图 3-20　基坑放坡开挖(尺寸单位:m)

2. 设置围护的基坑

当基坑较深,坑壁土质松软,地下水影响较大,边坡不易稳定;或放坡开挖受到现场的限制;或放坡开挖造成土方量过大时,宜采用加设围护结构的竖直坑壁基坑,这样既保证了施工的安全,同时又可大量减少土方量。

基坑围护的方法很多,常用的基坑围护结构有:挡板、板桩墙、混凝土、临时挡土墙及桩体围护等。

1)挡板围护

挡板支撑适用于开挖面积不大,地下水位较低,挖基深度较浅的基坑。挡板的施工特点是先开挖基坑后设置挡板围护。挡板形式有木挡板、钢木结合挡板和钢结构挡板等。

(1)木挡板。根据具体情况,挡板可垂直设置[图 3-21a)]或水平横放[图 3-21b)]。挡板支撑由立木、横枋、顶撑及衬板组成。衬板厚度为 4~6cm,为便于挖基运土,顶撑应设置在同一竖直面内。

基坑开挖时,若坑壁土质密实,不会随挖随坍,可将基坑一次挖到设计高程,然后沿着坑壁竖向撑以衬板(密排或间隔排),再在衬板上压以横木,中间用顶撑撑住,如图 3-21a)所示。

若坑壁土质较差,或所挖基坑较深,坑壁土有随挖随坍可能时,则可用水平衬板支撑,分层开挖,随挖随撑,如图 3-21b)所示。

在路桥基础开挖施工中,除在特定条件下,木挡板现已较少采用。

(2)钢木结合围护。当基坑深度在 3m 以上,或基坑过宽由于支撑过多而影响基坑出土时,可沿基坑周围每隔 1.5m 左右打入一根型钢,至坑底面以下 1m 左右,并以钢拉杆把型钢上端锚固于锚桩上,随着基坑下挖设置水平衬板,并在型钢与衬板之间用木楔塞紧,如图 3-22 所示。

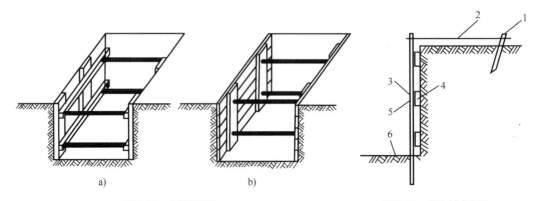

图 3-21　木挡板围护
a)竖直挡板;b)水平挡板

图 3-22　钢木结合围护
1-锚栓;2-拉杆;3-型钢;4-衬板;5-木楔;6-基坑底

（3）钢结构挡板。对于大型基坑，可采用定型钢模板作为挡板，用型钢作立木和纵横支撑。钢结构围护的优点是强度高，便于安装、拆卸，材料消耗少，有利于标准化、工业化生产，并可重复周转使用。

2）板桩墙围护

当基坑面积较大又较深，尤其是基坑底面在地下水位以下超过1m，涌水量较大，不宜采用挡板围护时，可采用板桩墙围护。板桩的施工方法与挡板不同，其施工特点是：在基坑开挖前先将板桩垂直打入土中至坑底以下一定深度，然后边挖边设支撑，开挖基坑过程中始终是在板桩支护下进行。

板桩材料有木板桩、钢筋混凝土板桩和钢板桩三种。

木板桩易于加工，但强度较低，长度受限制，现已很少采用。

钢筋混凝土板桩耐久性好，但制作复杂，重量大，运输和施工不便，防渗性能差，所以桥梁基础施工中也很少采用。

钢板桩的厚度较薄，质量轻，强度又大，能穿过较坚硬土层，施工方便。并且锁口紧密，不易漏水，还可以焊接接长，能重复使用。另外其断面形式较多（图3-23），可适应不同形状的基坑。上述这些特点使钢板桩应用较广泛，但价格较贵。

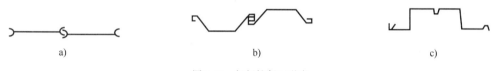

图3-23 钢板桩断面形式
a）一字形；b）槽形；c）Z字形

板桩墙分无支撑式［图3-24a)］、支撑式［图3-24b)、c)］和锚撑式［图3-24d)］。支撑式板桩墙按设置支撑的层数可分为单支撑板桩墙［图3-24b)］和多支撑板桩墙［图3-24c)］。由于板桩墙多应用于较深基坑的开挖，故多支撑板桩墙应用较多。

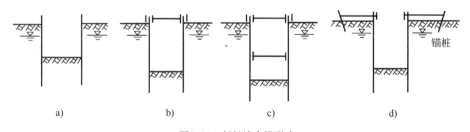

图3-24 板桩墙支撑形式
a）无支撑式；b）单支撑式；c）多支撑式；d）锚撑式

3）混凝土围护

混凝土围护适用于除流沙和流塑状态黏性土外的各类土的基坑开挖，对直径较大、较深的圆形或椭圆形土质基坑更宜采用。混凝土围护的施工可采用喷射或现浇混凝土的方法，一般是随挖随喷（浇），直至坑底。

（1）喷射混凝土围护。喷射混凝土围护，宜用于土质较稳定、渗水量不大、深度小于10m、直径为6～12m的圆形基坑。对于有流沙或淤泥夹层的土质，也有使用成功的实例。

喷射混凝土护壁的基本原理是以高压空气为动力，将搅拌均匀的砂、石、水泥和速凝剂干料,由喷射机经输料管吹送到喷枪,在通过喷枪的瞬间,加入高压水进行混合,自喷嘴射出,喷射在坑壁,形成环形混凝土护壁结构,以承受土压力。

采用喷射混凝土护壁时,坑壁可根据土质和渗水等情况接近陡立或稍有坡度。每开挖一层喷护一层,每层高度为1m左右,土层不稳定时应酌情减少,渗水较大时不宜超过0.5m。

混凝土的喷射顺序为:对无水、少量渗水坑壁可由下向上一环一环进行;对渗水较大坑壁,喷护应由上向下进行,以防新喷的混凝土被水冲流;对有集中渗出股水的基坑,可从无水或水小处开始,逐步向水大处喷护,最后用竹管将集中的股水引出。喷射作业应沿坑周分若干区段进行,区段长度一般不超过6m。

对极易坍塌的流沙、淤泥层,可先在坑壁上打入小木桩或在小木桩上缠绕竹篱等,在有大量流沙之处可塞入草袋,然后再喷射混凝土。

喷射混凝土厚度主要取决于地质条件,渗水量大小,基坑直径和基坑深度等因素。根据实践经验,对于不同土层,可取下列数值:一般黏性土、砂土和碎卵石类土层,如无渗水,厚度为3～8cm;如有少量渗水,厚度为5～10cm。对稳定性较差的土,如淤泥、粉砂等,如无渗水,厚度为10～15cm;如有少量渗水,厚度为15;当有大量渗水时,厚度为15～20cm。

一次喷射是否能达到规定的厚度,主要取决于混凝土与土之间的黏结力和渗水量大小。如一次喷射达不到规定的厚度,则应在混凝土终凝后再补喷,直至达到规定厚度为止。

喷射混凝土应当早强、速凝、有较高的不透水性,且其干料应能顺利通过喷射机。

经过对喷射混凝土试件进行抗压试验,7d后其抗压强度一般达13 700kPa,最高可达26 300kPa。

(2)现浇混凝土围护。喷射混凝土围护要求有熟练的技术工人和专门设备,对混凝土用料的要求也较严。现浇混凝土护壁则适应性较强,可以按一般混凝土施工,基坑深度可达15～20m,除流沙及呈流塑状态黏土外,可适用于其他各种土类。

现浇混凝土护壁也是用混凝土环形结构承受土压力,但其混凝土壁是现场浇筑的普通混凝土,壁厚较喷射混凝土大,一般为15～30cm,也可按土压力作用下环形结构计算。

采用现浇混凝土护壁时,基坑自上而下分层垂直开挖,开挖一层后随即灌注一层混凝土壁。为防止已浇筑的围圈混凝土施工时因失去支承而下坠,顶层混凝土应一次整体浇筑,以下各层均间隔开挖和浇筑,并将上下层混凝土纵向接缝错开。开挖面应均匀分布对称施工,及时浇筑混凝土壁支护,每层坑壁无混凝土壁支护总长度应不大于周长的一半。分层高度以垂直开挖面不坍塌为原则,一般顶层高2m左右,以下每层高1～1.5m。

现浇混凝土应紧贴坑壁灌筑,不用外模,内模可做成圆形或多边形。施工中注意使层、段间各接缝密贴,防止其间夹泥土和有浮浆等而影响围圈的整体性。现浇混凝土一般采用C15早强混凝土。为使基坑开挖和支护工作连续不间断地进行,一般在围圈混凝土抗压强度到达2 500kPa强度时,即可拆除模板,让它承受土压力。和喷射混凝土护壁一样,要防止地面水流入基坑,要避免在坑顶周围土的破坏棱体范围有不均匀附加荷载。

目前也有采用混凝土预制块分层砌筑来代替就地灌筑的混凝土,它的好处是省去现场混凝土灌筑和养护时间,使开挖与支护砌筑连续不间断进行,且混凝土质量容易得到保证。

4)桩体围护

在软弱土层中的较深基坑,也可以采用钻挖孔灌注桩或深层搅拌桩等,按密排或格框形布置成连续墙以形成支挡结构,如图3-25所示。这种围护形式较常用于市政工程、工业与民用建筑工程,桥梁工程也有使用。

图 3-25 挖孔桩支护

在一些基础工程施工中,对局部坑壁的围护也常因地制宜、就地取材采用灵活多样的围护方法。

(二)基坑排水

基坑如在地下水位以下,随着基坑的下挖,渗水将不断涌集基坑,因此施工过程中必须不断地排水,以保持基坑的干燥,便于基坑挖土和基础的砌筑与养护。目前常用的基坑排水方法有集水坑排水法和井点降低地下水位法两种。

1. 集水坑排水法

集水坑排水法也称表面排水法或明式排水法,是在基坑整个开挖过程及基础砌筑和养护期间,在基坑四周开挖集水沟汇集坑壁及基底的渗水,并引向一个或数个比集水沟挖得更深一些的集水坑,集水沟和集水坑应设在基础范围以外,在基坑每次下挖以前,必须先挖沟和坑,集水坑的深度应大于抽水机吸水龙头的高度,在吸水龙头上套竹筐或木笼围护,以防泥沙堵塞吸水龙头。

这种排水方法设备简单、费用低,一般土质条件下均可采用。但当地基土为饱和粉细砂土等黏聚力较小的细粒土层时,由于抽水会引起流沙现象,造成基坑的破坏和坍塌,因此,当基坑为这类土时,应避免采用表面排水法。

2. 井点降低地下水位法

对粉质土、粉砂类土等如采用表面排水极易引起流沙现象,影响基坑稳定,此时可采用井点法降低地下水位排水。根据使用设备的不同,主要有轻型井点、喷射井点、电渗井点和深井泵井点等多种类型,可根据土的渗透系数,要求降低水位的深度及工程特点选用。

轻型井点降水(图 3-26)是在基坑开挖前预先在基坑四周打入(或沉入)若干根井管,井管下端 1.5m 左右为滤管,上面钻有若干直径约 2mm 的滤孔,外面用过滤层包扎起来。各个井管用集水管(横管)连接并抽水。由于使井管两侧一定范围内的水位逐渐下

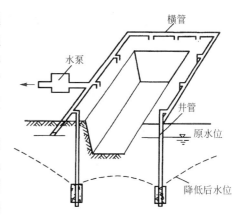

图 3-26 井点降低地下水位

降,各井管相互影响形成了一个连续的疏干区。在整个施工过程中保持不断抽水,以保证在基坑开挖和基础砌筑的整个过程中基坑始终保持着无水状态。

该法可以避免发生流沙和边坡坍塌现象,且由于流水压力对土层还有一定的压密作用。在滤管部分包有铜丝过滤网,以免带走过多的土粒而引起土层的潜蚀现象。

井点降低地下水位法适用于渗透系数为 $0.1 \sim 80 \mathrm{m/d}$ 的砂土。对于渗透系数小于 $0.1 \mathrm{m/d}$ 的淤泥、软黏土等则效果较差,需要采用电渗井点排水或其他方法。在采用井点法降低地下水位时,应将滤管尽可能设置在透水性较好的土层中。同时还应注意到在四周水位下降的范围内对临近建筑物的影响,因为由于水位的下降,土的自重应力的增加可能引起邻近结构物的附加沉降。

(三)基底检验与处理

1. 基底检验

挖好基坑后,在基础浇筑前应按规定对其进行检验,看其是否符合设计要求。

基底检验的主要内容包括:

(1)基底平面位置、尺寸大小和基底高程是否与原设计相符。按《桥涵施工技术规范》(JTJ 041—2000)的要求,基底平面位置允许偏差不得大于 $20 \mathrm{cm}$,基底高程不得超过 $\pm 5 \mathrm{cm}$ (土质)、$-20 \sim +5 \mathrm{cm}$ (石质)。

(2)基底土质是否与原设计相符,如有出入,应取样进行土质分析试验。

(3)基底地基承载力是否满足设计要求,如低于设计要求,可进行加固处理。

基底检验应根据桥涵大小、地基土质复杂情况(如溶洞、断层、软弱夹层、易熔岩等)、地基有无特殊要求等,按以下方法进行:

(1)小桥涵的地基,一般采用直观或触探方法,必要时进行土质试验。特殊设计的小桥涵对地基沉降有严格要求,且土质不良时,宜进行荷载试验。对经加固处理后的特殊地基,一般采用触探或做密实度检验等。

(2)大、中桥和填土 12m 以上涵洞的地基,一般由检验人员用直观、触探、挖试坑或钻探(钻深至少 4m)试验等方法,确定土质容许承载力是否符合设计要求。对地质特别复杂,或在设计文件中有特殊要求,或虽经加固处理又经触探、密实度检验后尚有疑问时,需进行荷载试验,确认符合设计要求后,方可进行基础结构物施工。

2. 基底处理

天然地基上的基础是直接靠基底土来承担荷载的,故基底土质状态的好坏,对基础及墩台结构的影响极大。所以,基底检验合格后,还应对基底进行处理。基底处理方法视基底土质而异,表 3-19 中汇总了一般的处理方法,可供参考。

基 底 处 理 方 法   表 3-19

基底土质	处 理 办 法
岩层	(1)未风化的岩层地基,应清除岩面碎石、石块、淤泥、苔藓等; (2)风化的岩层基底,开挖基坑尺寸要少留或不留富余量,灌筑基础圬工时,同时将坑底填满,封闭岩层; (3)岩层倾斜时,应将岩面凿平或凿成台阶,使承重面与重力线垂直,以免滑动; (4)砌筑前,岩层表面用水冲洗干净

基底土质	处理办法
碎石及砂类土壤	承重面应修理平整夯实,砌筑前铺一层2cm厚的浓稠水泥砂浆
黏土层	(1)铲平坑底时,不能扰动土壤天然结构,不得用土回填; (2)必要时加砌一层10cm厚的夯填碎石,碎石面不得高于基底设计高程; (3)基坑挖完处理后,应在最短期间砌筑基础,防止暴露过久变质
湿陷性黄土	(1)基底必须有防水措施; (2)根据土质条件,使用重锤夯实、换填、挤密桩等措施进行加固,改善土层性质; (3)基础回填不得使用砂、砾石等透水土壤,应用原土加夯封闭
软土层	(1)基底软土小于2m时,可将软土层全部挖除,换以中、粗砂,砾石,碎石等力学性质较好的填料分层填筑夯实; (2)软土层深度较大时,应布置砂桩(或砂井)穿过软土层,上层铺砂垫层
冻土层	(1)冻土基础开挖宜采用天然或人工冻结法施工,并应保持基底冻层不化; (2)基底设计高程以下,铺设一层10~30cm粗砂或10cm的贫混凝土垫层作为隔热层
溶洞	(1)暴露的溶洞应用浆砌片石、混凝土填充,或填砂、砾石后,压水泥浆充实加固; (2)检查有无隐蔽溶洞,在一定深度内钻孔检查; (3)有较深的溶洞时,也可用钢筋混凝土盖板或梁跨越,亦可改变跨径避开
泉眼	(1)插入钢管或木井,引入泉水使与圬工隔离,以后用水下混凝土填实; (2)在坑底凿成暗沟,上放盖板,将水引出至基础以外的汇水井中抽出,圬工硬化后,停止抽水

软土及软弱地基为沉积的软弱饱和黏土层,承压力小、沉降量大,进行处理时,可根据软土的厚度及其物理力学性质、承载力大小、施工期限、施工机具和材料供应等因素,因地制宜、就地取材,采取换填土、砂砾垫层、砂桩、砂井、生石灰桩、真空预压或搅拌法等处理方法。

(四)基础的砌筑与基坑的回填

通常基础施工可分为无水砌筑、排水砌筑及水下灌注三种情况。为了方便施工和保证施工质量,基础的砌筑应尽可能在干燥无水的状况下进行。当基坑渗漏很小时,可采用排水砌筑。只有当渗水量很大,排水很困难时,才采用水下灌注混凝土的方法。基础结构物的用料应在挖基完成前准备好,以保证及时浇砌基础,避免基底土质变差。

排水砌筑施工时,应确保在无水状态下砌筑圬工;禁止带水作业及用混凝土将水赶出模板外的灌注方法;基础边缘部分应严密隔水;水下部分圬工必须待水泥砂浆或混凝土终凝后才允许浸水。

基础圬工的水下灌注分为水下封底和水下直接灌注基础两种方法。前者封底后仍要排水再砌筑基础,封底只是起封闭渗水的作用,其混凝土只作为地基而不作为基础本身,适用于板桩围堰开挖的基坑。

水下灌注混凝土广泛采用的是垂直移动导管法,如图3-27所示。混凝土经导管输送至坑底,并迅速将导管下端埋没,随后混凝土不断地输送到被埋没的导管下端,从而迫使先前输送到的但尚未凝结的混凝土向上和向四周推移。随着基底混凝土的上升,导管亦缓慢地向上提升,直至达到要求的封底厚度时,则停止灌入混凝土,并拔出导管。当封底面积较大时,宜用多根导管同时或逐根灌注,按先低处后高处、先周围后中部的次序并保持大致相同的高程进行,以保证混凝土充满基底全部范围。导管的根数及在平面上的布置,可根据封底面积、障碍物情况、导管作用半径等因素确定。导管的有效作用半径则因混凝土的坍落度大小和导管下口超压力大小而异。导管作用半径与超压力的关系参见表3-20。

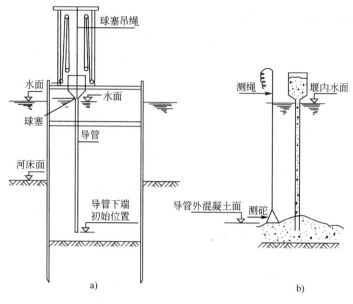

图 3-27　垂直导管法灌注水下混凝土
a)灌注混凝土前;b)开始灌注混凝土

导管作用半径与超压力关系 表 3-20

导管作用半径(m)	最小超压力(kPa)	导管作用半径(m)	最小超压力(kPa)
4.0	250	3.0	100
3.5	150	<2.5	75

对于大体积的封底混凝土,可分层分段逐次灌注。对于强度要求不高的围堰封底水下混凝土,也可以一次由一端逐渐灌注到另一端。

在正常情况下,所灌注的水下混凝土仅其表面与水接触,其他部分的灌注状态与空气中灌注无异,从而保证了水下混凝土的质量。至于与水接触的表层混凝土,可在排干水而外露时予以凿除。

采用导管法灌注水下混凝土要注意以下问题:

(1)导管应试拼装,球塞应试验通过,施工时严格按试拼的位置安装。导管试拼后,应封闭两端,充水加压,检查导管有无漏水现象。导管各节的长度不宜过大,联结应可靠又便于装拆,以保证拆卸时中断灌注时间最短。

(2)为使混凝土有良好的流动性,粗集料粒径以 20~40mm 为宜。坍落度应不小于 18cm,一般倾向于用大一些。水泥用量比空气中灌注时同等级的混凝土增加 20%。

(3)必须保证灌注工作的连续性,在任何情况下不得中断灌注。在灌注过程中应经常测量混凝土表面的高程,正确掌握导管的提升量。导管下端务必埋入混凝土内,埋入深度一般不应小于 0.5m。

(4)水下混凝土的流动半径,要综合考虑到对混凝土质量的要求、水头的大小、灌注面积的大小、基底有无障碍物以及混凝土拌和机的生产能力等因素来决定。通常,流动半径在 3~

4m 范围内是能够保证封底混凝土的表面不会有较大的高差,并具有可靠的防水性。

浇筑基础时,应做好与墩(台)身的接缝联结,一般要求:

(1)混凝土基础与混凝土墩(台)身的接缝,周边应预埋直径不小于 16mm 的钢筋或其他铁件,埋入与露出的长度不应小于钢筋直径的 30 倍,间距不大于钢筋直径的 20 倍。

(2)混凝土或浆砌片石基础与浆砌片石墩台身的接缝,应预埋片石作榫,片石厚度不应小于 15cm,片石的强度要求不低于基础或墩(台)身混凝土或砌体的强度。施工后的基础平面尺寸,其前后、左右边缘与设计尺寸的容许误差不大于 ±50mm。

基础砌筑完成后,应检验其质量和各部位尺寸是否符合设计要求,如无问题,即可进行基坑回填。基坑宜用原土或好土及时回填,每层回填厚度不大于 30cm,并应分层夯实。

三、水中浅基础的施工

在水中修筑桥梁基础时,开挖基坑前需在基坑周围先修筑一道防水围堰,把围堰内水排干后,再开挖基坑修筑基础。如排水较困难时,也可在围堰内进行水下挖土,挖至预定高程后先灌注水下封底混凝土,然后再抽干水继续修筑基础。在围堰内不但可以修筑浅基础,也可以修筑桩基础等。

水中围堰的种类有土围堰、草(麻)袋围堰、钢板桩围堰、双壁钢围堰和地下连续墙围堰等。围堰所用类型应根据当地水文、地质条件、材料来源及基础形式而定。但不论哪种类型的围堰,均需满足下列基本要求:

(1)围堰顶面高程应高出施工期间可能出现的最高水位 0.70m 以上,最低不能小于0.50m,有风浪时应适当加高,用于防御地下水的围堰宜高出水位或地面 20~40cm。

(2)修筑围堰将压缩河道断面,使流速增大引起冲刷,或堵塞河道影响通航,因此要求河道断面压缩一般不超过流水断面积的 30%。对两边河岸河堤或下游建筑物有可能造成危害时,必须采取有效防护措施。

(3)围堰内面积应满足基础施工要求,并留有适当工作面积,由基坑边缘至堰脚距离一般不少于 1m。

(4)围堰结构应能承受施工期间产生的土压力、水压力以及其他可能发生的荷载,满足强度和稳定要求。

(5)围堰应具有良好的防渗性能,以减轻排水工作。

(一)土围堰和草袋围堰

在水深较浅(2m 以内),流速缓慢,河床渗水较小的河流中修筑基础可采用土围堰(图 3-28)或草袋围堰(图 3-29)。

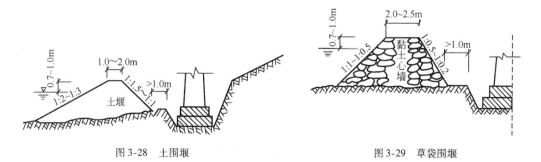

图 3-28　土围堰　　　　　　　　　　图 3-29　草袋围堰

土围堰可用任意土料筑成,但以黏土或砂类黏土填筑最好,无黏性土时,也可用砂土类填筑,但须加宽堰身以加大渗流长度,砂土颗粒越大堰身越要加厚。围堰断面应根据使用土质条件,渗水程度及水压力作用下的稳定性确定。若堰外流速较大时,可在外侧用草袋防护。

此外,还可以采用竹笼片石围堰和木笼片石围堰,其结构由内外两层装片石的竹(木)笼中间填黏土心墙组成。黏土心墙厚度不应小于2m。为避免片石笼对基坑顶部压力过大,并为必要时变更基坑边坡留有余地,片石笼围堰内侧一般应距基坑顶缘3m以上。

(二)钢板桩围堰

当水较深时,可采用钢板桩围堰。它具有材料强度高、防水性能好、穿透土层能力强、堵水面积小,并可重复使用的优点。钢板桩围堰一般适用于河床为砂土、碎石土和半干硬性黏土,并可嵌入风化岩层。围堰内抽水深度最大可达20m左右。

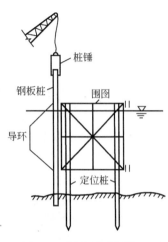

图3-30 围圂法打钢板桩

钢板桩围堰的支撑(一般为万能杆件构架,也采用浮箱拼装)和导向(由槽钢组成内外导环)框架结构系统称为"围圂"或"围笼"(图3-30)。在深水中进行钢板桩围堰施工时,先在岸边或驳船上拼装围圂,然后运到基础位置定位,在围圂中打定位桩,将围圂固定在定位桩上作为施工平台,撤除驳船。接着在施工平台上沿导环插打钢板桩。

插桩顺序应能保证钢板桩在流水压力作用下紧贴围圂,一般自上游靠主流一角开始分两侧插向下游合龙,并使靠主流侧所插桩数多于另一侧。插打能否顺利合龙在于桩身是否垂直和围堰周边能否为钢板桩数所均分。插打合龙后再将钢板桩打至设计高程。打桩顺序应由合龙桩开始分两边依次进行。如钢板桩垂直度较好,可一次打桩至要求的深度,若垂直度较差,宜分两次施打,即先将所有桩打入约一半深度后,再第二次打到要求深度。

为加速打桩进度并减少锁口渗漏,宜事先将2~3块钢板桩拼成一组。要求组拼后的钢板桩两端都平齐,误差不大于3mm,每组上下宽度一致,误差不大于30mm。

钢板桩围堰在使用过程中应防止围堰内水位高于围堰外水位,一般可在低于低水位处设置连通管,到围堰内抽水时,再予以封闭。

围堰内除土一般采用空气吸泥机进行,吸泥达到预计高程就可清底并灌注水下混凝土封底,然后抽出围堰内的水,清除封底混凝土顶面的浮浆和污泥,修筑基础及墩身,墩身出水后就可拆除钢板桩围堰,继续周转使用。

围堰使用完毕,拔除钢板桩时,应先将钢板桩与导梁间焊接物切除,再在围堰内灌水至高出围堰外水位1~1.5m使钢板桩较易与水下混凝土脱离。再在下游选择一组或一块较易拔除的钢板桩,先略锤击振动后拔高1~2m,然后依次将所有钢板桩均拔高1~2m,使其都松动后,再从下游开始分两侧向上游依次拔除。

在深水中修筑钢板桩围堰,为确保围堰不透水,或基坑范围大不便设置支撑时,可采用双层钢板桩围堰(图3-31)。

(三)套箱围堰

套箱围堰适用于无覆盖层或覆盖层比较薄的水中基础。

如图 3-32 所示,套箱为无底的围套,内部设木或钢支撑,组成支架。木板套箱在支架外面钉装两层企口木板,用油灰捻缝以防漏水。钢套箱则设焊接或铆合而成的钢板外壁。

木套箱采用浮运就位,然后加重下沉。钢套箱利用船运起吊就位下沉。在下沉套箱之前,应清理河床覆盖层并整平岩层。套箱沉至河底后,宜在箱脚外侧填以黏土或用装土草(麻)袋护脚。

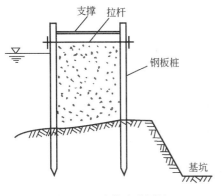

图 3-31 双层钢板桩围堰

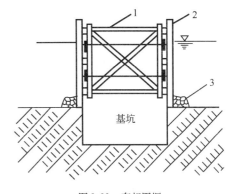

图 3-32 套相围堰
1-套相支架;2-套相外壁;3-土袋护脚

思考题

1. 天然地基上刚性浅基础的设计内容包括哪些?

2. 什么是刚性基础? 刚性基础的特点和常见形式有哪些?

3. 刚性基础的构造怎样? 在砌筑材料方面有哪些要求?

4. 基础埋置深度如何确定?

5. 什么是襟边? 有何作用?

6. 什么是刚性角? 它与材料强度有何关系?

7. 刚性基础的形状和尺寸如何拟定?

8. 刚性基础为何要验算基底合力偏心距?

9. 在哪些条件下应验算桥梁基础的沉降?

10. 刚性浅基础的施工内容包括哪些?

11. 刚性浅基础的基坑围护形式有哪些?

12. 水中基础施工如何进行?

13. 什么是围堰? 常用的围堰形式有哪些?

习题

某实体桥墩刚性扩大基础,一个支座承受的作用效应标准值如下:梁跨结构重 $P_1 = 1\ 010\text{kN}$;一跨布载时:汽车荷载 $P_2 = 593.2\text{kN}$,人群荷载 $P_3 = 90\text{kN}$;两跨布载时:汽车荷载 $P_4 = 376.8\ \text{kN}$,人群荷载 $P_5 = 90.0\ \text{kN}$;汽车制动力:$T_1 = 22\text{kN}$。

桥墩及基础自重 $P_6 = 5\ 480\text{kN}$,设计水位以下墩身及基础浮力 $F = 1\ 200\text{kN}$,墩帽与墩身风荷载分别为:$T_2 = 2.1\text{kN}$、$T_3 = 16.8\text{kN}$。

结构尺寸及地质、水文资料如图 3-33 所示。地基第一层为中密粉砂,重度为 $\gamma = 20.5\ \text{kN/m}^3$;

下层为黏土,重度为 $\gamma = 19.5\mathrm{kN/m^3}$,孔隙比 $e = 0.8$,液性指数 $I_L = 1.0$;基底宽 3.1m,长 9.5m。要求验算:地基承载力、基底合力偏心距和基础稳定性。

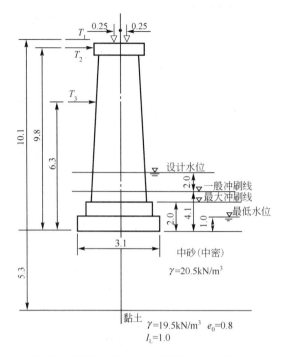

图 3-33　结构尺寸及地质、水文资料图(尺寸单位:m)

第四章

桩 基 础

学习目标

1. 解释桩基础的组成、适用条件及类型；

2. 解释基桩的基本构造；

3. 按规范经验公式计算单桩轴向容许承载力；

4. 按单桩轴向容许承载力公式计算桩长；

5. 利用公式计算桩在地面(或最大冲刷线)处的位移和桩顶位移,计算桩身最大弯矩及其截面位置,进行桩身配筋和强度验算；

6. 解释多排桩的计算过程；

7. 描述各种灌注桩、沉桩、钻孔埋置桩及桩底后压浆的施工方法,重点是钻孔灌注桩的施工。

第一节 概 述

一、桩基础的组成

桩基础是常用的桥梁基础类型,是埋于地基土中的若干根桩及将所有桩联成一个整体的承台(或盖梁)两部分所组成的一种基础形式,如图 4-1a)所示。桩身可以全部或部分埋入地基土中,当桩身外露在地面上较高时,在桩之间还应加横系梁,以加强各桩之间的横向联系。

若干根桩在平面上可排列为一排或几排,所有桩的顶部由承台联成一整体,在承台上修筑桥墩、桥台及上部结构。桩可以先预制好,再将其运至现场沉入土中;也可以就地钻孔(或人工挖孔),然后在孔中浇筑水泥混凝土或置入钢筋骨架后再浇筑混凝土而成桩。

二、桩基础的作用原理

桩基础的作用是将承台以上结构物传来的外力通过承台,由桩传到较深的地基持力层

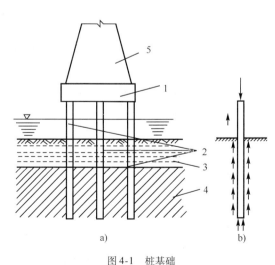

图 4-1 桩基础

1-承台;2-基桩;3-松软土层;4-持力层;5-墩身

中去。

承台将外力传递给各桩并箍住桩顶使各桩共同承受外力。

各桩所承受的荷载由桩通过桩侧土的摩阻力及桩端土的抵抗力将荷载传递到地基土中，如图 4-1b)所示。

三、桩基础的特点

桩基础如设计正确,施工得当,它具有如下特点:

(1)承载力高、稳定性好、沉降量小而均匀。当地基浅层土质不良时,它能穿越浅层土发挥地基深层土承载力的作用,以满足桥梁上部结构物荷载的要求。

(2)在深水河道中施工要比其他基础形式简便。桩基础可以借桩群穿过水流将荷载传到地基中,避免(或减少)水下工程,简化施工设备和技术要求,加快施工速度并改善劳动条件。

(3)与其他深基础形式相比耗用材料少。

(4)具有较好的适应性。目前,桩基础的类型多种多样,成桩机具种类繁多,施工工艺完善,施工经验成熟,施工方法灵活,所以,可以采用不同类型的桩基础和施工方法以适应不同的水文地质条件、荷载性质和上部结构特征。

四、桩基础的适用条件

桩基础是一种深基础,主要适用于下列条件:

(1)荷载较大,地基上部土层软弱,适宜的地基持力层位置较深,采用浅基础或人工地基在技术上、经济上不合理时。

(2)河床冲刷较大,河道不稳定或冲刷深度不易计算正确,如采用浅基础施工困难或不能保证基础安全时。

(3)当地基计算沉降过大或结构物对不均匀沉降敏感时,采用桩基础穿过松软(高压缩性)土层,将荷载传到较坚实(低压缩性)土层,减少结构物沉降并使沉降较均匀。

(4)当施工水位或地下水位较高时,采用桩基础可以减少施工困难。

(5)在地震区可液化地基中,采用桩基础穿越可液化土层,可消除或减轻地震对结构物的危害,增强结构物的抗震能力。

以上情况也可以采用其他形式的深基础,但桩基础由于具有耗用材料少、自重轻、施工简便等优点,往往是优先考虑的深基础方案。总之,当采用浅基础无法满足结构物对地基强度、变形和稳定性方面的要求时,常常采用桩基础。

当上层软弱土层很厚,桩底不能达到坚实土层时,就需要用较多、较长的桩来传递荷载,这时的桩基础稳定性较差,沉降量也较大;当覆盖层很薄时,桩的稳定性也有问题。此时,桩基础就不一定是最佳的基础形式。

因此,在考虑采用桩基础时,必须根据上部结构特征与使用要求,认真分析研究建桥地点的工程地质与水文地质资料,考虑不同桩基类型特点和施工环境条件,经过多方面的技术经济比较分析,来选择确定合理可行的方案。

五、桩基础的设计要求

桩基础设计计算中,一般也需要考虑强度和变形两方面的问题。前者包括荷载作用下桩基础中每根桩应有足够的承载力和桩基础下地基应有足够的强度,后者要求桩基础的变位

（包括基础沉降、墩台顶的水平位移和转角）不影响上部结构的正常使用。为此，桩基础设计计算中，主要需解决两个问题：

（1）单桩承载力和荷载作用下基础中各桩的实际受力和变位。

（2）对某些桩基础，有时还要考虑桩基础整体的承载力问题。

由于桩与土之间的作用比较复杂，所以现在采用的计算方法都带一定的近似性，有待进一步研究和完善。

第二节　桩和桩基础的类型

为满足结构物的要求，适应地基的特点，随着科学技术的发展，在工程实践中已形成了多种类型的桩基础，它们在本身构造上和桩土相互作用性能上都具有各自的特点。学习桩和桩基础的分类及其构造，目的是掌握其特点以使设计和施工时能更好地发挥桩基础的作用。

一、按成桩挤土效应分类

大量工程实践表明，成桩挤土效应对桩的承载力、成桩质量控制和环境等有很大影响，因此，根据成桩方法和成桩过程的挤土效应，将桩分为非挤土桩、部分挤土桩和挤土桩（排土桩）三大类。

1. 非挤土桩

也称为置换桩，施工时，用钢筋混凝土或钢材将与桩基体积相同的土置换出来，因此桩身下沉对周围土体很少扰动，但缺点是有应力松弛现象。包括钻（挖）孔灌注桩、抓斗抓掘成孔桩等。

2. 部分挤土桩

在成桩过程中，周围土体仅受到轻微挤压扰动，土体原状结构及工程性质没有大的变化，包括冲孔灌注桩、挤扩孔灌注桩、预钻孔沉桩、打入式敞口桩和敞口预应力混凝土管桩等。

3. 挤土桩（排土桩）

在成桩过程中，桩周围的土被挤密或挤开，桩周围的土受到严重的扰动，土的原始结构遭到破坏，土的工程性质发生很大变化。这类桩主要包括各种沉桩，如锤击、静压、振动沉入的预制桩及闭口预应力混凝土管桩等。

在饱和软土中设置挤土桩，如设计和施工不当，就会产生明显的挤土效应，导致未初凝的灌注桩桩身缩小乃至断裂、桩上涌和移位、地面隆起等，从而降低桩的承载力；有时还会损坏邻近建筑物；桩基施工后，还可能因饱和软土中孔隙水压力消散，土层产生再固结沉降，使桩产生负摩阻力，降低桩基承载力，增大桩基沉降。挤土桩只有设计和施工得当，才可收到良好的技术经济效果。

在非饱和松散土中采用挤土桩，其承载力明显高于非挤土桩。因此，正确地选择成桩方法和工艺，是桩基设计中的重要环节。

二、按承载性状分类

按桩的承载性状可分为摩擦型桩和端承型桩。

1. 摩擦型桩

摩擦型桩又分为摩擦桩和端承摩擦桩。

摩擦桩指在极限承载力状态下桩顶荷载由桩侧阻力承受的桩,如图 4-2a)所示。在极限承载力状态下,桩顶荷载主要由桩侧阻力承受,桩端阻力很小,这种桩称为端承摩擦桩,如图 4-2b)所示。

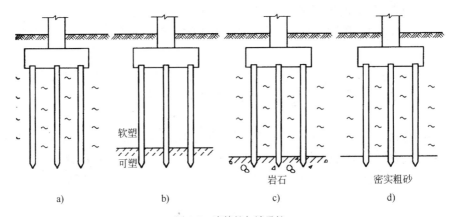

图 4-2　摩擦桩与端承桩
a)摩擦桩;b)端承摩擦桩;c)端承桩;d)摩擦端承桩

2. 端承型桩

端承型桩又分为端承桩和摩擦端承桩。

端承桩指在极限承载力状态下,桩顶荷载由桩端阻力承受的桩。例如通过软弱土层桩端嵌入基岩的桩,桩的承载力由桩的端部承受,桩侧摩擦阻力很小,不予考虑,如图 4-2c)所示。

摩擦端承桩在极限承载力状态下,桩顶荷载主要由桩端阻力承受,桩侧摩擦力很小。例如图 4-2d)所示的预制桩,桩周土为流塑状态黏性土,桩端土为密实状态粗砂,桩侧摩擦力约占单桩承载力的 20% 。

通常端承桩承载力较大,基础沉降小,较安全可靠。但若岩层埋置很深,沉桩困难时,则可采用其他几种类型的桩。

摩擦桩的沉降一般大于端承桩的沉降,为防止桩基产生不均匀沉降,在同一桩基中,不宜同时采用摩擦桩和端承桩。在同一桩基中,采用不同直径、不同材料和桩端深度相差过大的桩,不仅设计复杂,而且施工中也易产生差错,故不宜采用。

三、按承载类别分类

按桩的承载类别分为竖向抗压桩、竖向抗拔桩、水平受荷桩和复合受荷桩。

1. 竖向抗压桩

主要承受上部结构传来的竖向荷载,绝大部分建筑桩基都为竖向抗压桩。竖向抗拔桩主要承受竖向拉拔荷载,如高耸结构物、地下抗浮结构及板桩墙后的锚桩等。

2. 水平受荷桩

如基坑支护、港口码头等工程中的各种支护桩主要承受水压力、土压力等水平荷载,其垂直荷载很小。

3. 复合受荷桩

如高耸建筑(构造)物的桩基,既要承受很大的垂直荷载,又要承受很大的水平荷载(风荷载和地震力)。

四、按桩轴方向分类

按桩轴方向可分为竖直桩和斜桩(单向斜桩和多向斜桩),如图4-3所示。斜桩的特点是能承受较大的水平荷载,但需要有相应的施工设备和工艺。因此,在桩基础中是否需设斜桩和确定怎样的斜度,应根据荷载的具体情况和施工的设备条件而定。

一般来说,当作用于承台板底面处的水平外力和外力力矩不大,或桩的自由长度不长,或桩身截面较大时,可考虑采用竖直桩桩基础,反之宜采用带有斜桩的桩基础。

对于拱桥墩台等推力体系结构物的桩基础,一般应设置斜桩,以承受上部结构传来的较大水平推力,减小桩身弯矩、剪力和整个基础的侧向位移。

目前,我国桥梁钻、挖孔灌注桩由于施工设备和工艺问题,斜桩用得很少,只有预制桩才采用斜桩。

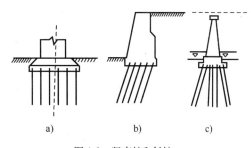

图4-3 竖直桩和斜桩
a)竖直桩;b)单向斜桩;c)多向斜桩

五、按桩的断面尺寸分类

按桩的断面尺寸可分为小直径桩、中等直径桩和大直径桩。

(1)小直径桩:$d \leqslant 250mm$,适用于中小型工程和基础加固。

(2)中等直径桩:$250mm < d < 800mm$,工程中采用最多。

(3)大直径桩:$d > 800mm$,通常用于高层建筑、重型设备基础,并可实现一柱一桩的结构形式。大直径桩每一根桩的施工质量都必须切实保证,要求对每一根桩作施工记录,桩孔成孔后,应有专业人员下孔底检验桩端持力层土质是否符合设计要求,并将虚土清除干净再下钢筋笼,用混凝土一次浇筑完成,不得留施工缝。

六、按承台位置分类

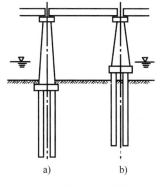

图4-4 高桩承台和低桩承台
a)低桩承台;b)高桩承台

根据桩基承台底面位置的不同可将桩基础分为低承台桩基础和高承台桩基础。

低承台桩基础的承台底面位于地面(或局部冲刷线)以下,基桩全部埋入土中,低承台桩基础受力性能好,能承受较大的水平外力,如图4-4a)所示。

高承台桩基础的承台底面位于地面(或局部冲刷线)以上,基桩部分埋入土中,部分外露在地面以上,如图4-4b)所示。

高桩承台基础由于承台位置较高或设在施工水位以上,可减少墩台圬工数量,可避免或减少水下作业,施工较为方便。但高桩承台在水平力作用下,由于承台及基桩露出地面的一段自由长度周围无土体来共同承受水平外力,基桩的受力情况较为不利,桩身内力和位移都将大于在同样水平外力作用下的低桩承台,在稳定性方面低桩承台也较高桩承台要好。

一般对旱桥和季节性河流或冲刷深度较小的河床上的桥梁大多采用低桩承台;对常年有

水且水位较高,施工时不宜排水或冲刷较深的河床上的桥梁,则多采用高桩承台。近年来由于大直径钻孔灌注桩的采用,桩的刚度、强度都较大,因而高桩承台在桥梁基础工程中已得到广泛采用。

七、按施工方法分类

桩的施工方法种类较多,但基本方法为沉入法和成孔灌注法。所以,按桩的施工方法可将桩分为沉桩(预制桩)、灌注桩两种基本类型,另外还有管柱和钻孔埋置桩等类型。

(一)沉桩(预制桩)

沉桩的施工方法为将各种预制桩以不同的沉入方式(设备)沉入地基内达到所需要的深度。

预制桩是按设计要求预先制作好的桩。长桩可在桩端设置钢板、法兰盘等接桩构造分节制作,施工时再接长。预制桩的桩体质量高,可大量工厂化生产,加速施工进度。

预制桩按材料的不同分为钢筋混凝土桩、预应力混凝土桩、钢桩、木桩和组合材料桩等,其中组合材料桩由两种以上的材料组成,如钢管混凝土桩或上部为钢管下部为混凝土的桩;按截面形状的不同分为方形(实心)和圆形(实心或空心管)桩两种。

预制桩适用于一般土地基,但较难沉入坚实地层。沉桩有明显的排挤土体作用,应考虑对邻近结构(包括邻近基桩)的影响。在运输、吊装和沉桩过程中应注意避免损坏桩身。

沉桩可以采用斜桩来抵抗较大的水平力,在某些情况下要比采用竖直的钻孔桩有利。当桩数量较多,而现场又有打桩设备和搬移桩架等有利条件,可以考虑采用沉桩。在有严重流沙的河床内,若采用钻孔桩施工比较困难,也可以采用沉桩。碎、卵石类土地基可采用射水沉桩方法施工。

按不同的沉桩方式,沉桩又可分为下列几种类型:

1. 打入桩(锤击桩)

打入桩是通过锤击(或以高压射水辅助)将预制桩沉入地基。

这种施工方法适用于桩径较小(一般直径在0.6m以下,但国内最大管桩直径已达1m),地基土质为可塑状黏性土、砂性土、粉土、细砂以及松散的不含大卵石或漂石的碎卵石类土的情况。打入桩伴有较大的振动和噪声,在城市建筑密集地区施工,须考虑对环境的影响。

2. 振动下沉桩

振动法沉桩是将大功率的振动打桩机安装在桩顶,一方面利用振动以减小土对桩的阻力,另一方面用向下的振动力使桩沉入土中。

振动下沉桩适用于可塑状的黏性土和砂土,用于土的抗剪强度受振动时有较大降低的砂土等地基和自重不大的钢桩,其效果更为明显。沉桩困难时可采用射水辅助振动沉桩。

3. 静力压桩

静力压桩是借助桩架自重及桩架上的压重,通过液压或滑轮组提供的静反力(图4-5)将预制桩压入土中的桩。

它适用于较均质的可塑状黏性土地基,对于砂土及其他较坚硬土层,由于压桩阻力大而不宜采用。

静力压桩在施工过程中无振动、无噪声,并能避免锤击时桩顶及桩身的损伤,但较长桩分节压入时受压桩架高度的限制,使接头变多会影响压桩的效率。

(二)灌注桩

灌注桩是在现场地基中按一定方法成孔,然后浇筑钢筋混凝土或混凝土而成的桩,如图4-6所示。

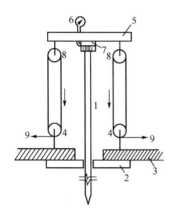

图 4-5　滑轮组压桩法示意图
1-桩身;2-锚梁;3-压桩架底梁;4-定滑轮;5-压梁;
6-压力表;7-测力计;8-动滑轮;9-接绞车钢丝绳

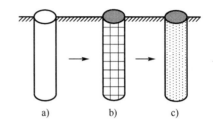

图 4-6　灌注桩成桩过程示意图
a)成孔;b)下放钢筋骨架;c)灌注混凝土成桩

灌注桩有多种不同的成孔设备和施工方法,进而可以适用于各种类型的地基土,并可做成较大直径以提高桩的承载力。

在施工时可避免或减轻预制桩沉桩时对周围土体的挤压影响及产生的振动和噪声。但在成孔成桩过程中应采取相应的措施和方法保证孔壁的稳定和提高桩体的质量。

根据成孔方法的不同,可以将灌注桩分为泥浆护壁钻(冲)孔灌注桩、干作业成孔灌注桩和沉管灌注桩等几大类。

1. 泥浆护壁钻(冲)孔灌注桩

泥浆护壁钻(冲)孔灌注桩系指用钻(冲)孔机具钻(冲)进土中,边破碎土体边排出土渣而成孔,然后在孔内放入钢筋骨架,灌注混凝土而形成的桩。桩的直径一般为 0.8~1.5m。

在成孔过程中,为防止孔壁坍塌和顺利成孔,需采用泥浆护壁和灌注水下混凝土等相应的施工工艺和方法。

钻孔灌注桩的施工设备简单,操作方便。它适用于各种黏性土、砂性土以及碎、卵石类土和岩层。对于易坍孔土质及可能发生流沙或有承压水的地基,施工难度较大,施工前应做试桩以取得经验。

目前,国内钻孔灌注桩的应用日益广泛,我国施工的钻孔灌注桩最大深度已达百余米。由于泥浆的排放处理,在城市中的应用有时会受到一定的限制。

2. 干作业成孔灌注桩

干作业成孔灌注桩不需要泥浆护壁,而是直接利用机械或人工在无水状态下成孔,然后下放钢筋笼,浇筑混凝土成桩。它适用于地下水位以上的黏性土、粉土、填土、中等密实以上的砂土及风化岩层等,而不适于有地下水的土层和淤泥质土。

按成孔机具设备和工艺方法的不同,常用的干作业成孔灌注桩有:干作业钻孔灌注桩、人工挖孔灌注桩及扩底灌注桩等。

1）干作业钻孔灌注桩

干作业钻孔灌注桩是利用钻孔机具成孔，钻孔机具可以采用人工推钻、螺旋钻、回转斗成孔机、全套管成孔机等。

螺旋钻钻孔是干作业钻孔的常用方法，如图4-7所示，它是通过动力旋转钻杆，使钻头的螺旋叶片旋转削土，土沿螺旋叶片提升并排出孔外。螺旋钻钻孔直径一般不超过1.0m，钻孔深度一般在30m以内。

回转斗成孔机的回转斗是一个直径与桩径相同的圆斗，斗底装有切土刀，斗内可容纳一定量的土。工作时，回转斗旋转切削土体，并将土装入斗内，然后提升回转斗卸土，再将回转斗放下进行下一次作业。回转斗成孔直径最大可达3m，但成孔深度因受伸缩钻杆的限制，一般只能达50m左右。

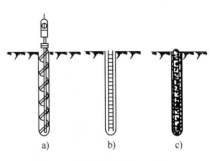

图4-7　螺旋钻钻孔过程示意图
a）钻孔；b）下放钢筋笼；c）灌注混凝土

为防止坍孔，也可采用全套管成孔机作业。施工时边下沉钢套管，边利用回转斗或抓土斗在套管内取土，成孔后灌注混凝土，同时逐步将套管拔出。这种方法适应的土质范围广，桩径较大，一般在0.6～2.5m，孔深最大可达50m，但成孔速度较慢。

2）挖孔灌注桩

依靠人工（用部分机械配合）或机械在地基中挖出桩孔，然后浇筑钢筋混凝土或混凝土所形成的桩称为挖孔灌注桩。

它的特点是不受设备限制，施工方法简单，桩径较大（一般大于1.4m），但挖孔深度不宜太深，为增大桩底支承力，可用开挖或爆破等办法扩大桩底。这种挖孔方法能直接检验孔壁和孔底土质，所以能够保证桩的质量。

挖孔灌注桩一般适用于无水或渗水量小的地层，对可能发生流沙或含较厚的软黏土层地基，施工较为困难，需要加强孔壁支撑，以确保孔壁稳定和施工安全。

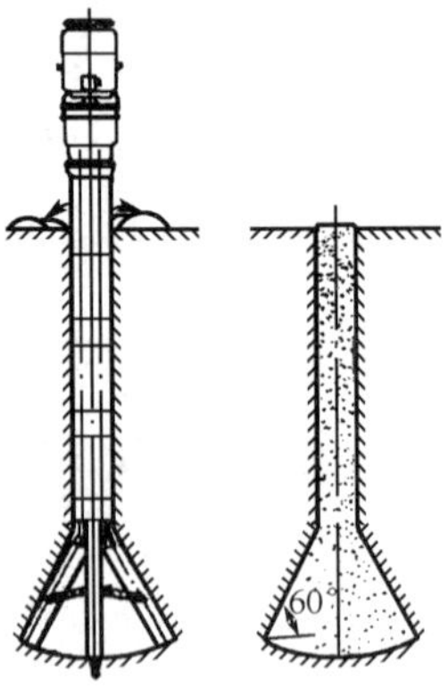

3）扩底灌注桩

扩底灌注桩是用普通成孔机械成孔后，为了提高灌注桩的承载能力，再使用扩孔钻头在孔底部分进行扩孔，使孔底形成喇叭形状，增加桩底部的承载面积，如图4-8所示。

扩孔也可采用爆扩的方法进行，即先就地成孔，然后用炸药爆炸扩大孔底，浇灌混凝土而成桩，其施工程序如图4-9所示。

爆扩桩宜用于持力层较浅、在黏土中成型并支承在坚硬密实土层上的情况。

3. 沉管灌注桩

沉管灌注桩系指采用锤击或振动的方法把带有钢筋混凝土的桩尖或带有活瓣式桩尖（沉管时桩尖闭合，拔管时活瓣张开）的钢套管沉入土层中成孔，然后在套管内放置钢筋笼，并边灌注混凝土边拔套管而形成的灌注桩。它适用于黏性土、砂性土地基。

图4-8　扩孔桩

沉管灌注桩是在钢管内无水的环境中沉放钢筋笼和浇灌混凝土的，使得桩身混凝土的质量得到充分的保障。由于采用了套管，可以避免钻孔灌注桩施工中可能产生的流沙、坍孔的危害和由泥浆护壁所带来的排渣等弊病。但桩的直径较小，常用的尺寸在0.6m以下，桩长常在

20m 以内。

在软黏土中,由于沉管的挤压作用对邻桩有挤压影响,可能使混凝土尚未结硬的邻桩被剪断,且挤压时产生的孔隙水压力易使拔管时出现混凝土桩缩颈现象。所以宜采取"跳打"顺序施工,待混凝土强度足够时再在它的近旁施打相邻桩。

(三)管柱

它是将预制的大直径(直径 1 ~ 5m)钢筋混凝土或预应力混凝土或钢管柱(实质上是一种巨型分节装配的管桩,每节长度根据施工条件决定,一般采用 4m、8m 和 10m,接头用法兰盘和螺栓连接),用大型的振动桩锤沿导向结构振动下沉到基岩(一般以高压射水和吸泥机配合帮助下沉),然后在管内钻岩成孔,下放钢筋笼骨架,灌注混凝土,将管柱嵌固于岩层,如图 4-10 所示。

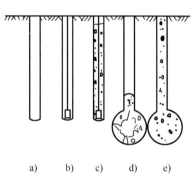

图 4-9　爆扩桩的施工程序

a)成孔;b)放炸药;c)浇灌第一次混凝土;d)爆炸扩孔;e)第二次浇筑混凝土成桩

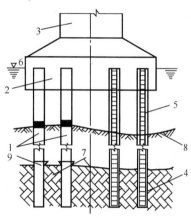

图 4-10　管柱基础

1-管柱;2-承台;3-墩身;4-嵌固于岩层;5-钢筋骨架;6-低水位;7-岩层;8-覆盖层;9-钢管靴

管柱适用于大跨径桥梁的深水基础,或岩面起伏不平的河床上的基础。管柱基础可以在深水及各种覆盖层条件下进行,没有水下作业和不受季节限制,但施工需要有振动沉桩锤、凿岩机、起重设备等大型机具,动力要求也高,所以在一般的公路桥梁中较少采用。

(四)钻孔埋置桩

钻孔埋置桩是一种先钻孔然后再插入预制桩而成的桩,适用于穿过硬层或深置于硬层内的桩基础。钻孔直径宜稍大于预制桩直径,且预制空心桩的最下一节桩桩底应设底板,中心应设压浆管。当预制桩放好后,通过压浆管实施后压浆,以改善桩端阻力和桩侧摩阻力的受力状态,提高单桩承载力。

第三节　桩与桩基础的构造

不同材料、不同类型的桩基础具有不同的构造特点和性能,为了保证桩的质量和充分发挥桩基础的工作能力,在桩基础设计计算时首先应满足其构造的基本要求。现就目前国内桥梁中最常用的桩的构造特点与要求简述如下。

一、各种基桩的构造

(一)就地灌注钢筋混凝土桩的构造

1. 桩的设计直径

桩的直径应根据受力大小、桩基形式和施工条件等综合因素确定。钻孔桩设计直径不宜小于0.8m,一般情况下,钻孔灌注桩的设计直径宜采用0.8~3.2m;挖孔桩直径或最小边宽度不宜小于1.2m。

2. 桩身混凝土强度等级和配筋

钻(挖)孔桩混凝土强度等级不应低于C25。钻(挖)孔桩应按桩身内力大小分段配筋,当内力计算表明不需配筋时,应在桩顶3.0~5.0m内设构造钢筋,如图4-11所示。

桩内主筋直径不应小于16mm,每根桩的主筋数量不应少于8根,其净距不应小于80mm且不应大于350mm。

如配筋较多,可采用束筋。组成束筋的单根钢筋直径不应大于36mm,组成束筋的单根钢筋根数,当其直径不大于28mm时不应多于3根,当其直径大于28mm时应为2根。束筋成束后等代直径为$d_e = \sqrt{n}d$(式中:n为单束钢筋根数,d为单根钢筋直径)。

受压主筋最小配筋率不小于0.5%,当混凝土强度C50及以上时不应小于0.6%。同时,一侧钢筋的配筋百分率不应小于0.2%。

为防止因骨架移动发生露筋现象,主筋保护层净距不应小于60mm。

闭合式箍筋或螺旋筋直径不应小于主筋直径的1/4,且不应小于8mm,其中距不应大于主筋直径的15倍且不应大于300mm。为增加吊装时的骨架刚度,一般沿钢筋笼骨架上每隔2.0~2.5m设置直径16~32mm的加劲箍一道(图4-11)。

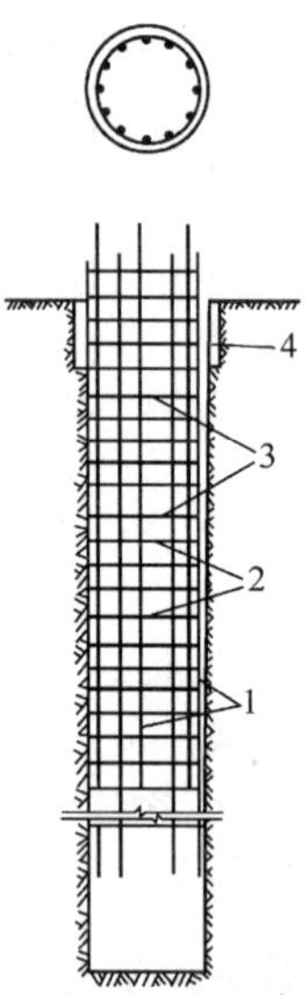

钢筋笼四周应设置突出的定位钢筋、定位混凝土块,或采用其他定位措施。钢筋笼底部的主筋宜稍向内弯曲,作为导向。

图4-11　就地灌注钢筋混凝土桩
1-主筋;2-箍筋;3-加劲箍;4-护筒

(二)钢筋混凝土预制桩

钢筋混凝土预制桩有实心的圆桩和方桩(少数为矩形桩),有空心的管桩,另外还有管柱(用于管柱基础)。

1. 钢筋混凝土实心桩

1)桩的截面、长度和接头

桩的截面常采用方形,因其生产、制作、运输和堆放均较为方便。普通实心方桩的截面边长一般为0.3~0.5m。就地预制桩的长度取决于沉桩设备,一般在25~30m以内,工厂预制桩的分节长度一般不超过12m,沉桩时在现场连接到所需长度。

现场接桩时,桩的接头的可靠性是很重要的,必须保证接头有足够的强度。钢筋混凝土桩一般采用焊接钢板接头,如图4-12所示。当预制桩采用静压桩方式沉桩时,有时可采用硫磺胶泥接头,将上节桩伸出的锚筋插入下节桩的锚孔,并灌入熔化的硫磺胶泥,冷却后即牢固黏结。这种接头结构简单,较为经济,但其现场拌制质量受人为因素影响大,长期效果也待检验。对受力较大较重要的桥梁桩基宜用钢板接头。

2)桩身混凝土强度等级和配筋

桩身混凝土强度等级不低于 C25。桩身应按起吊、运输、沉桩和使用各阶段的内力要求通长配筋,如图 4-13 和图 4-14 所示。

受力主筋直径不宜小于 12mm,净距不应小于 50mm 且不应大于 350mm。最小配筋率不小于 0.5%,当混凝土强度 C50 及以上时不应小于 0.6%,同时,一侧钢筋的配筋百分率不应小于 0.2%。

闭合式箍筋或螺旋筋直径不应小于主筋直径的 1/4,且不应小于 8mm,其中距不应大于主筋直径的 15 倍且不应大于 300mm。

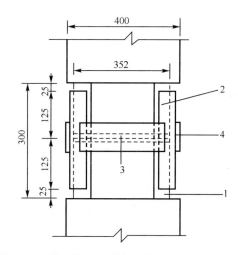

图 4-12　钢筋混凝土桩焊接钢板接头(尺寸单位:mm)
1-预埋角钢;2-现焊角钢;3-顶板;4-现焊连接钢板

桩的两端和接桩区箍筋或螺旋筋的间距须加密,其值可取 40~50mm。由于桩尖穿过土层时直接受到正面阻力,应在桩尖处把所有的主筋弯在一起并焊在一根蕊棒上[图 4-14a)]。桩头直接受到锤击,故在桩顶需设钢筋网加固,以增加桩头强度[图 4-14b)]。

桩内需预埋直径为 20~25mm 的钢筋吊环(图 4-13),吊点位置通过计算确定。

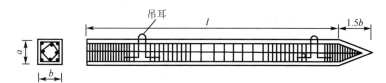

图 4-13　钢筋混凝土方桩

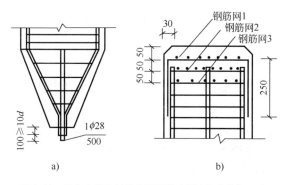

图 4-14　桩尖主筋和桩头钢筋网的布置(尺寸单位:cm)
a)桩尖主筋;b)桩头钢筋网

2. 钢筋混凝土管桩和管柱

1)管桩

管桩由预制工厂以离心旋转机生产,有普通钢筋混凝土和预应力混凝土两种,目前大直径管桩多采用预应力混凝土管桩。

钢筋混凝土管桩直径一般采用0.4~0.8m,管壁最小厚度不宜小于80mm。国内生产的定型产品直径为400mm、550mm、600mm、800mm、1000mm,管壁厚度分为80mm、100mm、110mm、130mm。

钢筋混凝土管桩每节长度为4~15m,两端装有连接法兰盘以供现场用螺栓连接(也有采用焊接接头)。最下一节管桩底端一般设置桩尖,桩尖内部可预留圆孔,以便安装射水管辅助沉桩。

混凝土的强度等级为C25~C40,管桩填芯混凝土的强度等级不应低于C15。配筋可参照钢筋混凝土实心桩进行,如图4-15所示。

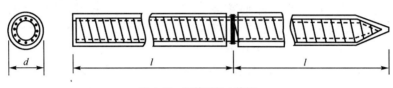

图4-15　钢筋混凝土管桩

桩端嵌入非饱和状态强风化岩的预应力混凝土敞口管桩,应采取有效的预防渗水软化桩端持力层的措施。

2)管柱

管柱实质上是一种大直径、薄壁钢筋混凝土或预应力混凝土圆管节,在工厂分节制成,沉桩时逐节用螺栓接长。管柱的组成部分是法兰盘、主钢筋、螺旋箍筋、管壁(混凝土的强度等级不低于C25、厚为100~140mm),最下端的管柱具有钢刃脚,用薄钢板制成。我国常用的管柱直径为1.50~5.80m,当入土深度较大时,一般采用预应力混凝土管柱。

钢筋混凝土预制桩的分节长度应根据施工条件决定,并应尽量减少接头数量。接头强度不应低于桩身强度,接头法兰盘不应突出于桩身之外,在沉桩时和使用过程中接头不应松动和开裂。

(三)钢桩

随着经济和施工技术的发展,钢桩越来越多地被应用于建筑工程。

1. 钢桩的特点

钢桩具有如下优点:

(1)钢桩的强度高,能承受强大的冲击力和获得较高的承载力。

(2)钢桩的壁厚,桩径选择范围大,便于割接,桩长容易调节,其设计的灵活性大。

(3)钢桩轻便,易于搬运,沉桩时贯入能力强、速度较快,可缩短工期。

(4)钢桩施工时对土的排挤量小,对邻近建筑影响小,也便于小面积内密集的打桩施工。

钢桩的主要缺点是用钢量大,成本昂贵,在大气和水土中易受腐蚀。由于工程所处环境、水质和气候等条件不同,钢材腐蚀的特点亦有所不同,设计时应综合考虑。耐腐蚀特种钢,因价格较贵,选用时应慎重。钢桩的选材在满足使用和安全的前提下,应注意经济合理。

2. 钢桩的形式

钢桩的形式很多,主要的有钢管型和H形钢桩,常用的是钢管桩。其材质应符合现行国家有关规范、标准规定。

钢桩的端部形式,应根据桩所穿越的土层、桩端持力层性质、桩的尺寸、挤土效应等因素综合考虑确定。

钢管桩的桩端型式可分为敞口、半闭口和闭口三类，如图 4-16 所示。开口钢管桩穿透土层的能力较强，但沉桩过程中桩底端的土将涌入钢管内腔形成土芯。当土芯的自重和惯性力及其与管内壁间的摩阻力之和超过底面土反力时，将阻止进一步涌入而形成"土塞"，此时开口桩就像闭口桩一样贯入土中，土芯长度也不再增长。开口桩进入砂层时的闭塞效应较明显，宜选择砂层作为开口桩的持力层，并使桩底端进入砂层一定深度。

H 形钢桩的桩端形式有带端板和不带端板两类。

钢管桩出厂时，两端应有防护圈，以防坡口受损。对 H 形桩，因其刚度不大，若支点不合理，堆放层数过多，均会造成桩体弯曲，影响施工。

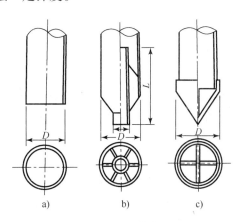

图 4-16　钢管桩的端部构造形式
a) 开口式；b) 半闭口式；c) 闭口式

3. 钢桩的设计尺寸和接头

钢管桩的分段长度按施工条件确定，不宜超过 12 ~ 15m，常用直径为 400 ~ 1 000mm。

分节钢桩应采用焊接连接，选择焊条或焊丝的型号应与构件钢材的强度相适应，采用等强度连接。若要提高钢管桩承受桩锤冲击力和穿透或进入坚硬地层的能力，可在桩顶和桩底端管壁设置加强箍。

钢管桩的设计厚度由有效厚度和腐蚀厚度两部分组成。

有效厚度为管壁在外力作用下所需要的厚度，可按使用阶段的应力计算确定。

腐蚀厚度为建筑物在使用年限内管壁腐蚀所需要的厚度，可通过钢桩的腐蚀情况实测和调查确定。年平均腐蚀速度可参见《公路桥涵地基与基础设计规范》（JTG D63—2007）的规定。

钢桩防腐处理可采用外表涂防腐层、增加腐蚀余量及阴极保护等方法。当钢管桩内壁同外界隔绝时，可不考虑内壁防腐。

二、桩的布置和间距

(一)桩的排列布置

桩的排列应根据受力大小和施工条件等确定，一般群桩的布置宜采用对称排列；若承台面积不大，桩数较多，则可采用梅花形或环形排列，如图 4-17 所示。

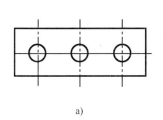
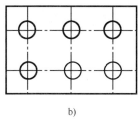
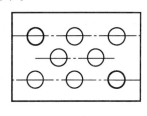

图 4-17　桩的平面布置
a)单排式；b)对称式；c)梅花式

(二)桩的间距

1. 摩擦桩

摩擦桩的群桩中距,从受力考虑最好是使各桩端平面处压力分布范围不相重叠,以充分发挥其承载能力。根据这一要求,经试验测定,中距定为6d(d为直径或边长,下同)。但桩距如采用6d就需要很大面积的承台,故一般采用的群桩中距均小于6d。为了使桩端平面处相邻桩作用于土的压力重叠不致太多,以致因土体挤密而使桩打不下去,故根据经验规定如下:

锤击、静压沉桩,在桩端平面处的中距不小于3d;振动下沉桩,因土的挤压更为显著,所以规定在桩端平面处中距不小于4d;桩在承台底面处的中距均不应小于1.5d。

钻孔桩不存在沉桩过程中相互影响或打不下去的现象,为减小承台面积,其中距可以适当减小,但中距过小会使桩间土体与桩侧间的摩擦支承作用降低,故规定钻孔桩的中距不小于2.5d。挖孔桩可参照钻孔桩采用。

2. 端承桩

端承桩因桩尖处不发生压力重叠现象,只要施工许可,其中距可比摩擦桩适当减小。

支承或嵌固在基岩中的钻(挖)孔桩的中距,不应小于2.0d。钻(挖)孔扩底灌注桩的中距不应小于1.5倍的扩底直径或扩底直径加1.0m,取较大者。

边桩(或角桩)外侧至承台边缘的距离,应保证桩顶主筋弯成喇叭形后还有足够的保护层,同时在桩顶弯矩及横向力的作用下承台边缘圬工不致破裂。所以规定,边桩(或角桩)外侧与承台边缘的距离,对于直径(或边长)小于或等于1.0m的桩,不应小于0.5d,并不应小于250mm;对于直径大于1.0m的桩,不应小于0.3d,并不应小于500mm。

三、承台的构造

(一)承台的平面形状和尺寸

承台的平面形状和尺寸,应根据上部结构(墩、台身)底部尺寸和形状,以及基桩的平面布置而定,一般采用矩形、圆形和圆端形。排架桩式墩台盖梁的平面形状一般为矩形,平面尺寸应根据支座尺寸及布置情况而定。

(二)承台厚度、配筋和混凝土强度等级

一般应按受力确定。但承台受力情况比较复杂,目前还没有较成熟的计算方法,按现有的设计经验,承台的厚度宜为桩直径的1.0倍及以上,且不宜小于1.5m,混凝土强度等级不应低于C25。

承台计算可按照现行《钢筋混凝土及预应力混凝土桥涵设计规范》(JTG D62—2004)的有关章节进行。

四、桩与承台及横系梁的连接

(一)桩与承台的连接

桩与承台的连接方式有两种,即:桩顶主筋伸入承台连接和桩顶直接埋入承台连接,应符合下列要求:

1. 桩顶主筋伸入承台连接

钻、挖孔灌注桩现都采取桩顶主筋伸入承台连接的方式,如图4-18所示。桩身嵌入承台内的深度可采用100mm,伸入承台内的桩顶主筋可做成喇叭形(与竖直线夹角大约为15°)。伸入承台内的主筋长度,光圆钢筋不应小于30倍钢筋直径(设弯钩),带肋钢筋不应小于35倍钢筋直径(不设弯钩)。若受构造限制,主筋也可不做成喇叭形。

管桩与承台连接时,伸入承台内的纵向钢筋如采用插筋,插筋数量不应少于4根,直径不应小于16mm,锚入承台长度不宜少于35倍钢筋直径,插入管桩顶填芯混凝土长度不宜小于1.0m。

2. 桩顶直接埋入承台连接

对于不受轴向拉力的沉桩,可不破桩头,将桩直接埋入承台内,如图4-19所示。当桩径(或边长)小于0.6m时,埋入长度不应小于2倍桩径(或边长);当桩径(或边长)为0.6~1.2m时,埋入长度不应小于1.2m;当桩径(或边长)大于1.2m时,埋入长度不应小于桩径(或边长)。

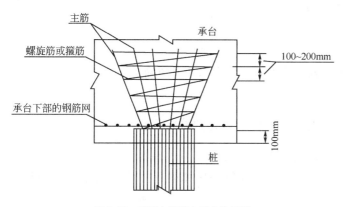

图4-18 桩顶主筋伸入承台的连接

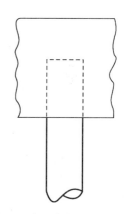

图4-19 桩顶直接埋入承台连接

(二)承台钢筋网的布置

承台的受力情况比较复杂,为了使承台受力较均匀,并防止承台因桩顶荷载作用发生破裂,应在承台内桩顶平面上设置一层或两层钢筋网。

当桩顶主筋伸入承台时,钢筋网须在桩顶整个承台平面内布设[图4-20a)],每米内(按每一方向)设钢筋网$1200 \sim 1500mm^2$,钢筋直径采用$12 \sim 16mm$,此项钢筋网须全长通过桩顶且不应截断,并与桩的主筋绑扎在一起,以防止承台受拉区裂缝开展。

当桩顶不破头直接埋入承台内时,钢筋网应局部按带状布设[图4-20b)]。钢筋直径不小于12mm,钢筋网每边长度不小于桩径的2.5倍,网孔为$100mm \times 100mm \sim 150mm \times 150mm$。

承台的顶面和侧面应设置表层钢筋网,每个面在两个方向的截面面积均不宜小于$400mm^2/m$,钢

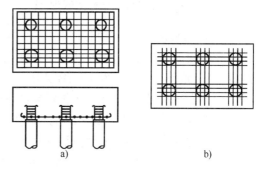

图4-20 承台内桩顶钢筋网的布置
a)整个承台平面内布设;b)桩顶局部布设

73

筋间距不应大于 400mm。

(三)桩和横系梁的连接

对于大直径灌注桩,当采用一柱一桩时,为了加强横向联系与稳定,可设置横系梁连接。横系梁的主钢筋应伸入桩内,其长度不小于 35 倍主筋直径。

横系梁的高度可取为 0.8~1.0 倍桩的直径,宽度可取为 0.6~1.0 倍桩的直径。混凝土的强度等级不应低于 C25。纵向钢筋不应少于横系梁截面面积的 0.15%。箍筋直径不应小于 8mm,其间距不应大于 400mm。横系梁的构造钢筋按不小于其横截面面积的 0.15% 设置。

第四节 单桩容许承载力的确定

在桩基础设计中,一旦确定了桩的类型,接下来就需要确定桩的长度、截面尺寸和数量,这就需要先确定单根桩的承载力并进行验算。

单桩容许承载力是指单桩在外荷载作用下,桩土共同作用,地基土和桩本身的强度和稳定性均能得到保证,且变形在容许范围内所能承受的最大荷载。

根据桩所受荷载方向的不同,相应的有轴向容许承载力和横轴向容许承载力之分。一般桩主要受轴向力作用,所以本节主要叙述单桩轴向容许承载力的确定,而对横轴向容许承载力只作简单介绍。

一、单桩轴向容许承载力的确定

单桩在轴向压力作用下,如压力过大,可能会出现以下两种情况:

(1)因桩本身强度不够而被压坏,端承桩、超长摩擦桩和桩身材料有缺陷的桩有可能发生这种情况。

(2)由于土对桩的阻力不够而使桩发生过大的沉降,不能符合使用要求,这种情况多见于摩擦桩。

因此,单桩轴向容许承载力取决于土对桩的阻力和桩身材料强度两方面,在确定并验算单桩轴向容许承载力时,须从这两个方面分别加以考虑。设计时一般是先按土对桩的阻力进行验算,然后再进行桩身强度设计,按桩身材料强度进行验算。

(一)单桩轴向承载力的构成原理

1. 桩的轴向荷载传递机理与单桩轴向承载力的构成

在轴向荷载作用下,桩身将发生弹性压缩,同时桩顶部分荷载通过桩身传递到桩底,致使桩底土层发生压缩变形,这两者之和构成桩顶轴向位移。桩与桩周土体紧密接触,当桩相对于土产生向下位移时,土对桩产生向上作用的桩侧摩阻力,同时,桩底土对桩底产生桩端阻力(图 4-21)。在桩顶荷载沿桩身向下传递的过程中,必须不断地克服这种阻力,桩通过桩侧阻力和桩端阻力将荷载传递给土体。或者说,土对桩的支承力是由桩侧阻力和桩端阻力两部分组成的。桩的极限承载力就等于桩侧极限摩阻力和桩端极限阻力之和。桩的极限承载力考虑一定的安全储备后即可作为桩的承载力。

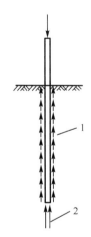

图 4-21 桩的轴向荷载传递
1-桩侧摩阻力;
2-桩端阻力

2. 桩侧极限摩阻力和桩端极限阻力

桩侧摩阻力和桩端阻力的发挥程度与桩土间的变形性态有关,并且各自达到极限值时所需要的位移量是不同的。

桩侧摩阻力是桩土相对位移的函数,只要桩土间有不太大的位移就能得到充分发挥,桩侧摩阻力达到极限值时所需的桩土相对位移值与土的类别有关,根据试验资料,一般黏性土约为 $4 \sim 6mm$,砂土约为 $6 \sim 10mm$。

桩端阻力的发挥不仅滞后于桩侧阻力,而且达到极限值时所需的桩底位移值比桩侧摩阻力达到极限值所需的桩土相对位移值大得多,试验表明,在黏性土中约为桩底直径的 25%,在砂性土中约为 8% ~ 10%。

在工作状态下,单桩桩端阻力的安全储备一般大于桩侧阻力的安全储备。此外,桩长对荷载的传递也有着重要的影响。当桩长较大(例如 $l/d > 25$)时,因桩身压缩变形大,桩端反力尚未发挥,桩顶位移已超过实际所要求的范围,此时传递到桩端的荷载极为微小。因此,很长的桩实际上总是摩擦桩,用扩大桩端直径来提高承载力是徒劳的。

(二)单桩轴向容许承载力的确定方法

单桩轴向容许承载力的确定方法有多种,考虑到地基土具有多变性、复杂性和地域性等特点,往往需选用几种方法进行综合考虑和分析,从而合理地确定单桩轴向容许承载力。

单桩轴向容许承载力的确定方法一般有:静载试验法、规范经验公式法、静力触探法、锤击贯入法、波动方程法以及理论公式法等。

1. 用静载试验确定单桩轴向容许承载力

确定单桩轴向容许承载力时采用垂直静载试验,垂直静载试验法即在桩顶逐级施加轴向荷载,直至桩达到破坏状态为止,并在试验过程中测量每级荷载下不同时间的桩顶沉降,根据沉降与荷载及时间的关系,分析确定单桩轴向容许承载力。

试验时可以将基础中已经筑好的基桩作为试桩,也可在现场现做试桩。考虑到试验场地的差异性及试验的离散性,试桩数目不应少于 3 根。试桩的施工方法以及试桩的材料和尺寸、入土深度均应与设计桩相同。

1)试验装置

锚桩法试验装置是常用的一种加荷装置,主要设备由锚桩梁、横梁和油压千斤顶组成,如图 4-22 所示。

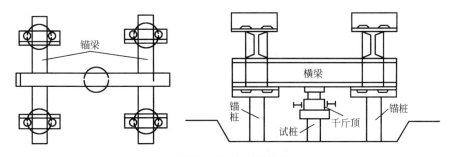

图 4-22 锚桩法试验装置

锚桩可根据需要布设 4 ~ 6 根,锚桩的入土深度等于或大于试桩的入土深度。锚桩与试桩的间距应大于试桩桩径的 3 倍,以减小对试桩的影响。桩顶沉降常用百分表或位移计量测。

观测装置的固定点(如基准桩)应与试锚桩保持适当距离以避免受到试锚桩位移的干扰。

2)测试方法

试桩加载可按预估极限承载力的 1/10 ~ 1/15 分级施加。每级加荷后,第一个小时内按间隔 10min、10min、10min、15min、15min,以后为每隔半小时测读一次沉降。当在连续两小时内,每小时的沉降量小于 0.1mm 时,则认为已趋稳定,可加下一级荷载。

当出现下列情况之一时,可终止加载:

(1)沉降 s 急骤增大,荷载—沉降(p-s)曲线上有可判定极限承载力的陡降段,且沉降量超过 0.04d(d 为承压板直径)。

(2)在某级荷载下,24h 内沉降速率不能达到稳定。

(3)本级沉降量大于前一级沉降量的 5 倍。

(4)当持力层土层坚硬,沉降量很小时,最大加载量不小于设计要求的 2 倍。

3)承载力基本容许值的确定

(1)当 p-s 曲线上有比例界限时,取该比例界限所对应的荷载值。

(2)满足上述前三条终止加载条件之一时,其对应的前一级荷载定为极限荷载;当该值小于对应比例界限的荷载值的 2 倍时,取极限荷载值的一半。

(3)不能按上述两款要求确定时,可取 s/d = 0.01 ~ 0.015 所对应的荷载值,但其值应不大于最大加载量的一半。

同一土层参加统计的试验点不应少于 3 点。当试验实测值的极差不超过平均值的 30% 时,取此平均值作为该土层的地基承载力基本容许值[f_{a0}]。

采用静载试验法确定单桩容许承载力比较符合实际情况,是较可靠的方法,但需费较多的人力、物力和较长的试验时间。《公路桥涵地基与基础设计规范》(JTG D63—2007)规定,对于具有下列情况的大桥、特大桥,应通过静载试验确定单桩承载力:

(1)桩的入土深度远超过常用桩;

(2)地质情况复杂,难以确定桩的承载力;

(3)有其他特殊要求的桥梁用桩。

另外,利用静载试验配合其他测试设备,它还能较直接了解桩的荷载传递特征,提供有关资料,因此也是桩基础研究分析常用的试验方法。

2. 按规范经验公式确定单桩轴向容许承载力

规范中根据大量的静载试验及其他原位测试资料,经过理论分析和统计整理,给出了不同类型桩的轴向容许承载力经验公式,应用较简便。下面介绍《公路桥涵地基与基础设计规范》(JTG D63—2007)给出的经验公式。

1)摩擦桩单桩轴向受压承载力容许值[R_{a}]

(1)钻(挖)孔灌注桩的容许承载力:

$$[R_{a}] = \frac{1}{2}u\sum_{i=1}^{n} q_{ik}l_{i} + A_{p}q_{r} \tag{4-1}$$

$$q_{r} = m_{0}\lambda\{[f_{a0}] + k_{2}\gamma_{2}(h - 3)\} \tag{4-2}$$

式中:[R_{a}]——单桩轴向受压承载力容许值(kN),桩身自重与置换土重(当自重计入浮力时,置换土重也计入浮力)的差值作为荷载考虑;

u——桩身周长(m);

A_{p}——桩端截面面积(m^{2}),对于扩底桩,取扩底截面面积;

n——土的层数；

l_i——承台底面或局部冲刷线以下各土层的厚度(m)，扩孔部分不计；

q_{ik}——与 l_i 对应的各土层与桩侧的摩阻力标准值(kPa)，宜采用单桩摩阻力试验确定，当无试验条件时按表4-1选用；

q_r——桩端处土的承载力容许值(kPa)，当持力层为砂土、碎石土时，若计算值超过下列值，宜按下列值采用：粉砂 1 000kPa；细砂 1 150kPa；中砂、粗砂、砾砂 1 450kPa；碎石土 2 750kPa；

$[f_{a0}]$——桩端处土的承载力基本容许值(kPa)；

h——桩端的埋置深度(m)，对于有冲刷的桩基，埋深由一般冲刷线起算；对无冲刷的桩基，埋深由天然地面线或实际开挖后的地面线起算；h 的计算值不大于40m，当大于40m时，按40m进行计算；

k_2——容许承载力随深度的修正系数，根据桩端处持力层土类按表3-10选用；

γ_2——桩端以上各土层的加权平均重度(kN/m)，若持力层在水位以下且不透水时，不论桩端以上土层的透水性如何，一律取饱和重度；当持力层透水时则水中部分土层取浮重度；

λ——修正系数，按表4-2选用；

m_0——清底系数，按表4-3选用。

钻孔桩桩侧土的摩阻力标准值 q_{ik}

表4-1

土 类		q_{ik}(kPa)
中密炉渣、粉煤灰		40~60
黏性土	流塑 $I_L>1$	20~30
	软塑 $0.75<I_L \leqslant 1$	30~50
	可塑、硬塑 $0<I_L \leqslant 0.75$	50~80
	坚硬 $I_L \leqslant 0$	80~120
粉土	中密	30~55
	密实	55~80
粉砂、细砂	中密	35~55
	密实	55~70
中砂	中密	45~60
	密实	60~80
粗砂、砾砂	中密	60~90
	密实	90~140
圆砾、角砾	中密	120~150
	密实	150~180
碎石、卵石	中密	160~220
	密实	220~400
漂石、块石	—	400~600

注：挖孔桩的摩阻力标准值可参照本表采用。

l/d 桩端土情况	$4 \sim 20$	$20 \sim 25$	>25
透水性土	0.70	$0.70 \sim 0.85$	0.85
不透水性土	0.65	$0.65 \sim 0.72$	0.72

t/d	$0.3 \sim 0.1$
m_0	$0.7 \sim 1.0$

注:1. t、d 为桩端沉渣厚度和桩的直径。

    2. $d \leqslant 1.5\text{m}$ 时,$t \leqslant 300\text{mm}$;$d > 1.5\text{m}$ 时,$t \leqslant 500\text{mm}$,且 $0.1 < t/d < 0.3$。

(2)沉桩的容许承载力:

$$[R_a] = \frac{1}{2}\left(u\sum_{i=1}^{n}\alpha_i l_i q_{ik} + \alpha_r A_p q_{rk}\right) \tag{4-3}$$

式中:$[R_a]$——单桩轴向受压承载力容许值(kN),桩身自重与置换土重(当自重计入浮力时,

               置换土重也计入浮力)的差值作为荷载考虑;

     u——桩身周长(m);

     n——土的层数;

     l_i——承台底面或局部冲刷线以下各土层的厚度(m);

     q_{ik}——与 l_i 对应的各土层与桩侧摩阻力标准值(kPa),宜采用单桩摩阻力试验确定或

            通过静力触探试验测定,当无试验条件时按表 4-4 选用;

     q_{rk}——桩端处土的承载力标准值(kPa),宜采用单桩试验确定或通过静力触探试验测

            定,当无试验条件时按表 4-5 选用;

     α_i、α_r——分别为振动沉桩对各土层桩侧摩阻力和桩端承载力的影响系数,按表 4-6 采

            用;对于锤击、静压沉桩其值均取为 1.0。

土 类	状 态	摩阻力标准值 q_{ik}(kPa)
黏性土	$1.5 \geqslant I_L \geqslant 1$	$15 \sim 30$
	$1 > I_L \geqslant 0.75$	$30 \sim 45$
	$0.75 > I_L \geqslant 0.5$	$45 \sim 60$
	$0.5 > I_L \geqslant 0.25$	$60 \sim 75$
	$0.25 > I_L \geqslant 0$	$75 \sim 85$
	$0 > I_L$	$85 \sim 95$
粉土	稍密	$20 \sim 35$
	中密	$35 \sim 65$
	密实	$65 \sim 80$
粉、细砂	稍密	$20 \sim 35$
	中密	$35 \sim 65$
	密实	$65 \sim 80$

土　类	状　态	摩阻力标准值 q_{ik}(kPa)
中砂	中密	55～75
	密实	75～90
粗砂	中密	70～90
	密实	90～105

注:表中土的液性指数 I_L,系按76g平衡锥测定的数值。

沉桩桩端处土的承载力标准值 q_{rk}　　　　表4-5

土　类	状　态	桩端承载力标准值 q_{rk}(kPa)		
黏性土	$I_L \geqslant 1$	1 000		
	$1 > I_L \geqslant 0.65$	1 600		
	$0.65 > I_L \geqslant 0.35$	2 200		
	$0.35 > I_L$	3 000		
		桩尖进入持力层的相对深度		
		$1 > \dfrac{h_c}{d}$	$4 > \dfrac{h_c}{d} \geqslant 1$	$\dfrac{h_c}{d} \geqslant 4$
粉土	中密	1 700	2 000	2 300
	密实	2 500	3 000	3 500
粉砂	中密	2 500	3 000	3 500
	密实	5 000	6 000	7 000
细砂	中密	3 000	3 500	4 000
	密实	5 500	6 500	7 500
中、粗砂	中密	3 500	4 000	4 500
	密实	6 000	7 000	8 000
圆砾石	中密	4 000	4 500	5 000
	密实	7 000	8 000	9 000

注:表中 h_c 为桩端进入持力层的深度(不包括桩靴);d 为桩的直径或边长。

系　数 α_i、α_r 值　　　　表4-6

系数 α_i、α_r ＼ 土类 桩径或边长 d(m)	黏　土	粉质黏土	粉　土	砂　土
$0.8 \geqslant d$	0.6	0.7	0.9	1.1
$2.0 \geqslant d > 0.8$	0.6	0.7	0.9	1.0
$d > 2.0$	0.5	0.6	0.7	0.9

当采用静力触探试验测定时,沉桩承载力容许值计算中的 q_{ik} 和 q_{rk} 取为:

$$q_{ik} = \beta_i \overline{q_i}$$
$$q_{ik} = \beta_r \overline{q_r}$$

式中：$\overline{q_i}$——桩侧第 i 层土由静力触探试验测得的局部侧摩阻力的平均值（kPa），当 $\overline{q_i}$ 小于 5kPa 时，采用5kPa；

$\overline{q_r}$——桩端（不包括桩靴）高程以上和以下各 $4d$（d 为桩的直径或边长）范围内静力触探端阻的平均值（kPa）；若桩端高程以上 $4d$ 范围内端阻的平均值大于桩端高程以下 $4d$ 的端阻平均值时，则取桩端以下 $4d$ 范围内端阻的平均值；

β_i、β_r——分别为侧摩阻和端阻的综合修正系数，其值按下面判别标准选用相应的计算公式。

当土层的 $\overline{q_r}$ 大于 2 000kPa，且 $\overline{q_i} / \overline{q_r}$ 小于或等于 0.014 时：

$$\beta_i = 5.067(\overline{q_i})^{-0.45}$$

$$\beta_r = 3.975(\overline{q_r})^{-0.25}$$

如不满足上述 $\overline{q_r}$ 和 $\overline{q_i} / \overline{q_r}$ 条件时：

$$\beta_i = 10.045(\overline{q_i})^{-0.55}$$

$$\beta_r = 12.064(\overline{q_r})^{-0.35}$$

上列综合修正系数计算公式不适合城市杂填土条件下的短桩，综合修正系数用于黄土地区时，应做试桩校核。

2）支承在基岩上或嵌入基岩内的钻（挖）孔桩、沉桩的单桩轴向受压承载力容许值 $[R_a]$

单桩轴向受压承载力容许值可按下式计算：

$$[R_a] = c_1 A_p f_{rk} + u \sum_{i=1}^{m} c_{2i} h_i f_{rki} + \frac{1}{2} \zeta_s u \sum_{i=1}^{n} l_i q_{ik} \tag{4-4}$$

式中：$[R_a]$——单桩轴向受压承载力容许值（kN），桩身自重与置换土重（当自重计入浮力时，置换土重也计入浮力）的差值作为荷载考虑；

c_1——根据清孔情况、岩石破碎程度等因素而定的端阻发挥系数，按表4-7采用；

A_p——桩端截面面积（m²），对于扩底桩，取扩底截面面积；

f_{rk}——桩端岩石饱和单轴抗压强度标准值（kPa），黏土质岩取天然湿度单轴抗压强度标准值，当 f_{rk} 小于 2MPa 时按摩擦桩计算（f_{rki} 为第 i 层的 f_{rk} 值）；

c_{2i}——根据清孔情况、岩石破碎程度等因素而定的第 i 层岩层的侧阻发挥系数，按表4-7采用；

u——各土层或各岩层部分的桩身周长（m）；

m——岩层的层数，不包括强风化层和全风化层；

ζ_s——覆盖层土的侧阻力发挥系数，根据桩端 f_{rk} 确定：当 $2MPa \leqslant f_{rk} < 15MPa$ 时，$\zeta_s = 0.8$；当 $15MPa \leqslant f_{rk} < 30MPa$ 时，$\zeta_s = 0.5$；当 $f_{rk} > 30MPa$ 时，$\zeta_s = 0.2$；

l_i——各土层的厚度（m）；

q_{ik}——桩侧第 i 层土的侧阻力标准值（kPa），宜采用单桩摩阻力试验值，当无试验条件时，对于钻（挖）孔桩按表4-1选用，对于沉桩按表4-4选用；

n——土层的层数，强风化和全风化岩层按土层考虑；

h_i——桩嵌入各岩层部分的厚度（m），不包括强风化层和全风化层；当河床岩层有冲刷时，桩基须嵌入基岩，嵌岩桩按桩底嵌固设计。其应嵌入基岩中的深度，可按下列公式计算，同时不应小于0.5m：

圆形桩：

$$h = \sqrt{\frac{M_H}{0.065\ 5\beta f_{rk} d}} \tag{4-5}$$

矩形桩：
$$h = \sqrt{\dfrac{M_{\mathrm{H}}}{0.083\,3\beta f_{\mathrm{rk}}b}} \tag{4-6}$$

以上两式中：M_{H}——在基岩顶面处的弯矩（$kN \cdot m$）；

$\qquad f_{\mathrm{rk}}$——岩石饱和单轴抗压强度标准值（kPa），黏土质岩取天然湿度单轴抗压强度标准值；

$\qquad \beta$——系数，$\beta = 0.5 \sim 1.0$，根据岩层侧面构造而定，节理发育的取小值；节理不发育的取大值；

$\qquad d$——桩身直径（m）；

$\qquad b$——垂直于弯矩作用平面桩的边长（m）。

系数 c_1、c_2 值   表4-7

岩石层情况	c_1	c_2
完整、较完整	0.6	0.05
较破碎	0.5	0.04
破碎、极破碎	0.4	0.03

注：1. 当入岩深度小于或等于 0.5m 时，c_1 乘以 0.75 的折减系数，$c_2 = 0$。

 2. 对于钻孔桩，系数 c_1、c_2 值应降低 20% 采用；

  桩端沉渣厚度 t 应满足以下要求：$d \leqslant 1.5m$ 时，$t \leqslant 50mm$；$d > 1.5m$ 时，$t \leqslant 100mm$。

 3. 对于中风化层作为持力层的情况，c_1、c_2 应分别乘以 0.75 的折减系数。

3）桩端后压浆灌注桩单桩轴向受压承载力容许值

桩端后压浆灌注桩单桩轴向受压承载力容许值应通过静载试验确定。在符合压浆技术规定的条件下，后压浆单桩轴向受压承载力容许值可按下式计算：

$$[R_{\mathrm{a}}] = \frac{1}{2}u\sum_{i=1}^{n}\beta_{\mathrm{si}}q_{\mathrm{ik}}l_i + \beta_{\mathrm{p}}A_{\mathrm{p}}q_{\mathrm{r}} \tag{4-7}$$

式中：$[R_{\mathrm{a}}]$——桩端后压浆灌注桩的单桩轴向受压承载力容许值（kN），桩身自重与置换土重（当自重计入浮力时，置换土重也计入浮力）的差值作为荷载考虑；

$\qquad \beta_{\mathrm{si}}$——第 i 层土的侧阻力增强系数，可按表4-8取值，当在饱和土层中压浆时，仅对桩端以上 $8.0 \sim 12.0m$ 范围的桩侧阻力进行增强修正；当在非饱和土层中压浆时，仅对桩端以上 $4.0 \sim 5.0m$ 的桩侧阻力进行增强修正；对于非增强影响范围，$\beta_{\mathrm{si}} = 1$；

$\qquad \beta_{\mathrm{p}}$——端阻力增强系数，可按表4-8取值。

桩端后压浆侧阻力增强系数 β_{s}、端阻力增强系数 β_{p} 表4-8

土层名称	黏性土、粉土	粉 砂	细 砂	中 砂	粗 砂	砾 砂	碎石土
β_{s}	1.3 ~ 1.4	1.5 ~ 1.6	1.5 ~ 1.7	1.6 ~ 1.8	1.5 ~ 1.8	1.6 ~ 2.0	1.5 ~ 1.6
β_{p}	1.5 ~ 1.8	1.8 ~ 2.0	1.8 ~ 2.1	2.0 ~ 2.3	2.2 ~ 2.4	2.2 ~ 2.4	2.2 ~ 2.5

4）单桩轴向受压承载力容许值的抗力系数

按《公路桥涵地基与基础设计规范》（JTG D63—2007）规定，按上述方法计算的单桩轴向受压承载力容许值应根据桩的受荷阶段及受荷情况乘以表4-9规定的抗力系数。

单桩轴向受压承载力的抗力系数 表 4-9

受 荷 阶 段	作 用 效 应 组 合		抗 力 系 数
使用阶段	短期效应组合	永久作用与可变作用组合	1.25
		结构自重、预加力、土重、土侧压力和汽车、人群组合	1.00
	作用效应偶然组合(不含地震作用)		1.25
施工阶段	施工荷载效应组合		1.25

5）摩擦桩单桩轴向受拉承载力容许值

摩擦桩应根据桩承受作用的情况决定是否允许出现拉力。当桩的轴向力由结构自重、预加力、土重、土侧压力、汽车荷载和人群荷载短期效应组合所引起时,桩不允许受拉;当桩的轴向力由上述荷载并与其他作用组成的短期效应组合或荷载效应的偶然组合(地震作用除外)所引起时,则桩允许受拉。

摩擦桩单桩轴向受拉承载力容许值按下列公式计算:

$$[R_t] = 0.3u\sum_{i=1}^{n}\alpha_i l_i q_{ik} \tag{4-8}$$

式中:$[R_t]$——单桩轴向受拉承载力容许值(kN);

$\quad u$——桩身周长(m),对于等直径桩,$u = \pi d$;对于扩底桩,自桩端起算的长度 $\sum l_i \le 5d$ 时,取 $u = \pi D$;其余长度均取 $u = \pi D$(其中 D 为桩的扩底直径,d 为桩身直径);

$\quad \alpha_i$——振动沉桩对各土层桩侧摩阻力的影响系数,按表 4-6 采用;对于锤击、静压沉桩和钻孔桩,$\alpha_i = 1$。

计算作用于承台底面由外荷载引起的轴向力时,应扣除桩身自重值。

【例 4-1】 某桥墩基础采用钻孔灌注桩,设计直径 1.0m,桩长 20m,桩穿过土层情况如图 4-23 所示,按土的阻力求单桩轴向受压容许承载力。

解:单桩轴向受压容许承载力计算公式为:

$$[R_a] = \frac{1}{2}u\sum_{i=1}^{n}q_{ik}l_i + A_p m_0 \lambda \{[f_{a0}] + k_2\gamma_2(h-3)\}$$

式中:

桩身周长:$u = \pi \times 1.0 = 3.14$ m;

桩端截面积:$A_p = \dfrac{1}{4}\pi \times (1.0)^2 = 0.79$ m²;

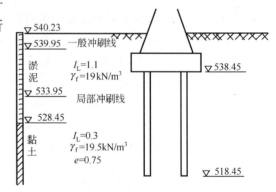

图 4-23 例题 4-1(高程单位:m)

各土层与桩侧的摩阻力可由表 4-1 查得:

淤泥土 $I_L = 1.1 > 1$,取 $q_{1k} = 25$kPa;黏土 $I_L = 0.3$,取 $q_{2k} = 68$kPa;

最大冲刷线以下各土层厚度为:

$$l_1 = 533.95 - 528.45 = 5.5\text{m}; l_2 = 528.45 - 518.45 = 10\text{m}$$

根据表 4-3 可取清孔系数 $m_0 = 0.8$;

由 $l/d = (533.95 - 518.45)/1.0 = 15.5$,且桩底土不透水,查表 4-2 可得修正系数 $\lambda = 0.65$。

桩底为黏土，$I_L = 0.3, e = 0.75$，查表 3-8 可得 $[f_{a0}] = 305\text{kPa}$，查表 3-10 可得 $k_2 = 2.5$；桩端埋深由一般冲刷线算起，$h = 539.95 - 518.45 = 21.5\text{m}$；则单桩轴向受压容许承载力为：

$$R_a = \frac{1}{2} \times 3.14 \times (5.5 \times 25 + 10 \times 68) +$$

$$0.79 \times 0.8 \times 0.65 \times \left[305 + 2.5 \times \frac{11.5 \times 19 + 10 \times 19.5}{11.5 + 10} \times (21.5 - 3)\right]$$

$$= 1\ 774.18\ \text{kN}$$

【例 4-2】 如图 4-24 所示，某桥墩基础采用钻孔灌注桩，设计直径 1.0m，桩身重度为 25 kN/m³。河底土质为密实细砂土，土的饱和重度为 $\gamma_{sat} = 21.6\text{kN/m}^3$。按作用短期效应组合（可变作用的频遇值系数均取 1.0）计算得到单桩桩顶所受轴向压力为 $P = 2\ 120.66\ \text{kN}$，求桩长。

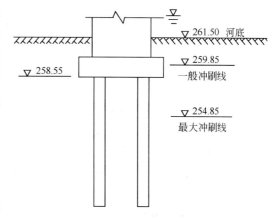

图 4-24　例题 4-2 示意图（高程单位：m）

解：由于地基土层单一，所以可按单桩轴向受压容许承载力与单桩轴向受力相等的关系反算桩长。

设桩端埋入最大冲刷线以下深度为 l，一般冲刷线以下深度为 h，$h = l + 5$。

单桩轴向受压容许承载力为：

$$\left[R_a\right] = \frac{1}{2} u \sum_{i=1}^{n} q_{ik} l_i + A_p m_0 \lambda \left\{\left[f_{a0}\right] + k_2 \gamma_2 (h - 3)\right\}$$

式中：桩身周长 $u = \pi \times 1.0 = 3.14\ \text{m}$；

桩端截面积 $A_p = \frac{1}{4} \pi \times (1.0)^2 = 0.79\ \text{m}^2$；

土层与桩侧的摩阻力按表 4-1 取 $q_{1k} = 63\text{kPa}$；

根据表 4-3 可取清孔系数 $m_0 = 0.8$；

桩底为密实细砂土，查表 3-5 可得 $[f_{a0}] = 300\text{kPa}$，查表 3-10 可得 $k_2 = 4.0$。

因为持力层（细砂）透水，所以桩侧土的重度 γ_2 应取浮重度，即 $\gamma_2 = 21.6 - 10 = 11.6\ \text{kN/m}^3$；先假定 $l/d = 4 \sim 20$，即 $l = 4 \sim 20\text{m}$，又因桩底土透水，所以由表 4-2 可得修正系数 $\lambda = 0.7$。则单桩轴向受压容许承载力为：

$$\left[R_a\right] = \frac{1}{2} \times 3.14 \times 63 \times l + 0.79 \times 0.8 \times 0.7 \times \left[300 + 4 \times 11.6 \times (l + 5 - 3)\right]$$

$$= 119.44l + 173.77$$

单桩轴向受力计算：

桩顶轴向受力 $P = 2\ 120.66\ \text{kN}$。

根据相关规范规定，应按作用短期效应组合计算，且桩身自重与置换土重的差值作为荷载考虑。

所以，单桩轴向受力为：

$$N = 2\ 120.66 + (258.55 - 254.85 + l) \times \frac{\pi \times 1.0^2}{4} \times \left[(25 - 10) - (21.6 - 10)\right]$$

$$= 2.67l + 2\ 134.89$$

令 $N = \left[R_\mathrm{a} \right]$

解得:$l = 16.8 m$,可取 $l = 17.0 m$,符合假定条件。

则桩底高程为 237.85,桩身长度为 258.55 − 237.85 = 20.7m。

3. 其他方法简介

1)静力触探法

静力触探法是借触探仪的探头贯入土中时的贯入阻力与受压单桩在土中的工作状况有相类似的特点,将探头压入土中测得探头的贯入阻力,取得资料与试桩结果进行比较,通过大量资料的积累和分析研究,建立经验公式确定轴向受压单桩容许承载力。

至今国内外已提出了许多这类计算桩的轴向承载力公式,但由于研究地区范围的局限和所采用的触探仪的类型不同,这些经验公式都具有一定的局限性和经验性,可参照《公路桥涵地基与基础设计规范》(JTG D63—2007)的规定采用。

静力触探方法简捷,应用它预估桩的承载力有一定的实用价值。不断地积累资料,开展这方面的对比试验和研究,可使它得到更广泛地应用。

2)锤击贯入法(简称锤贯法)

预制桩在锤击沉桩过程中,桩的入土难易程度可以反映土对桩阻力的大小。施工中一般将锤击一次桩的下沉深度称为贯入度。当桩刚插入土中时,往往不加锤击,只靠桩的自重就可下沉数米。开始锤击时,桩的贯入度较大;随着桩入土深度的增加,桩的贯入度将逐渐减少;且当桩周土达到极限状态而破坏后,则贯入度将有较大增大。如打桩方法、桩身和入土深度都相同,则在硬土中所得的贯入度要比在软土中所得的贯入度小。这说明贯入度愈小,土对桩的阻力就愈大,桩的承载力就愈大。可见桩的贯入度与桩的承载力间存在一定的关系,一般把这种关系的表达式称为动力公式或打桩公式。锤贯法就是根据这一原理,通过不同落距的锤击试验来建立单桩承载力公式。

目前国内外已有的许多繁简不一的打桩公式,均引进一些大概的经验数值或假设,所以用打桩公式来确定桩的承载力,其精确度不高,在桩基设计中已很少运用。目前打桩公式的运用主要以其概念用最后贯入度控制施工,保证桩基承载力满足设计要求的质量,或用作对同一地质区或同一个工程内各桩承载力的相对比较的标志。

3)波动方程法

波动方程法是将打桩锤击看成是杆件的撞击波传递问题来研究,运用波动方程的方法分析打桩时的整个力学过程,编成计算机程序计算,可预测打桩应力及单桩承载力。这种方法是确定单桩轴向容许承载力较为先进的动测方法,但在分析计算中还有不少桩土参数仍靠经验决定,尚待进一步做好理论分析和取得更多的实际经验。

4)理论公式法

理论公式法是根据土的极限平衡理论和土的强度,计算桩底极限阻力和桩侧极限摩阻力,也即利用土的强度指标计算桩的极限承载力,然后将其除以安全系数从而确定单桩容许承载力。

二、桩的负摩阻力

1. 负摩阻力的概念及产生原因

在一般情况下,桩受轴向荷载作用后,桩相对于桩侧土体产生向下位移,使土对桩产生向上的摩阻力,称正摩阻力。当由于某种原因使桩周土相对桩产生向下位移时,土对桩则产生向下的摩阻力,称为负摩阻力。桩的负摩阻力的发生将使桩侧土的部分重力传递给桩,成为施加在桩上的外荷载,使基桩的支撑作用减小。

在下列条件下,当桩周土层产生的沉降超过基桩沉降时,应考虑桩侧负摩阻力:

(1)桩周存在软弱土层,邻近桩侧地面承受局部较大的长期荷载,或地面大面积堆载(包括填土)时。

(2)由于降低地下水位,使桩周土中有效应力增大,并产生显著压缩沉降时。

(3)穿越较松散填土、自重湿陷性黄土、欠固结土层进入相对较硬土层时。

(4)桩数很多的密集群桩打桩时,使桩周土中产生很大的超孔隙水压力,打桩停止后桩周土的再固结作用引起下沉。

当桩穿过软弱高压缩性土层而支撑在坚硬的持力层上时,最易发生负摩阻力。

2. 中性点及其位置的确定

桩身负摩阻力一般不发生于整个软弱压缩土层中,产生负摩阻力的范围是桩侧土层相对于桩产生下沉的范围。它与桩侧土层的压缩、桩身弹性压缩变形和桩底下沉直接有关。桩侧土层的压缩决定于地表作用荷载(或土的自重)和土的压缩性质,并随深度逐渐减小;桩在荷载作用下,由桩底下沉引起桩身各截面的位移都是定值,而桩身压缩变形引起的截面沉降随埋深逐渐减少。因此,桩侧土下沉量有可能在某一深度处与桩身的位移量相等,在此深度以上桩侧土下沉大于桩的位移,桩身受到向下作用的负摩阻力;在此深度以下,桩的位移大于桩侧土的下沉,桩身受到向上作用的正摩阻力。摩阻力为零的位置,称为中性点。

中性点的位置在初期随着桩沉降的增大逐渐上移,当沉降趋于稳定时,中性点也稳定在某一深度 l_n 处。中性点深度随持力层的强度和桩身刚度的增大而增加。要按照桩周土沉降与桩的沉降相等的条件,精确地计算出中性点位置是比较麻烦和困难的,目前可按表4-10给定的经验值确定。

中性点深度 l_n 的确定 表4-10

持力层性质	黏性土、粉土	中密以上砂	砾石、卵石	基　岩
中性点深宽比 l_n/l_0	0.5 ~ 0.6	0.7 ~ 0.8	0.9	1.0

注:1. l_n、l_0 分别为中性点深度和桩周沉降变形土层下限深度。

2. 桩穿过自重湿陷性黄土层时,按表列值增大10%(持力层为基岩者除外)。

关于单桩负摩阻力的计算,可按《公路桥涵地基与基础设计规范》(JTG D63—2007)提供的方法进行,在此从略。

三、单桩横向容许承载力的确定

桩的横向承载力系指桩在与桩轴线垂直方向受力时的承载力。桩在横向力(包括弯矩)作用下的工作情况较轴向受力时要复杂些。但在分析和确定桩的容许承载力时,仍然要保证桩身材料和地基的强度与稳定性,保证桩顶水平位移满足使用要求,限制位移大小在容许范围以内。

(一)桩在横向荷载作用下的工作性状

桩在横向力(包括弯矩)作用下,桩身必产生横向位移或挠曲,并与桩侧土共同变形,相互影响。其工作性状通常有下列两种情况：

第一种情况，当桩径较大，入土深度较小或周围土层较松软，即桩的刚度远大于土层刚度，桩的相对刚度较大时，受横向力作用桩身挠曲变形不明显，如同刚体一样围绕桩轴某一点而转动，如图4-25a)所示。如果不断增大横向荷载，则可能由于桩侧土强度不够而失稳，使桩丧失承载能力或破坏。因此，基桩的横向容许承载力可能由桩侧土的强度决定。

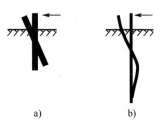

图4-25 桩在横向力作用下变形示意
a)刚性桩；b)弹性桩

第二种情况，当桩径较小，入土深度较大或周围土层较坚实，即桩的相对刚度较小时，由于桩侧有足够大的抗力，桩身发生挠曲变形，其侧向位移随着入土深度增大而逐渐减小，以至达到一定深度后几乎不受荷载影响，形成一端嵌固的地基梁，桩的变形呈图4-25b)所示的波状曲线。如果不断增大横向荷载，可使桩身在较大弯矩处发生断裂或使桩发生过大的侧向位移超过了桩或结构物的容许变形值。因此，基桩的横向容许承载力将由桩身材料的抗弯强度或侧向变形条件决定。

以上是桩顶自由的情况，桩顶在承台中嵌固的条件；对桩在横向力作用下的抗弯及变形性状是有利的。

(二)单桩横向容许承载力的确定方法

确定单桩横向容许承载力有横向静载试验和分析计算法两种途径。

1. 横向静载试验

桩的横向静载试验是确定桩的横向承载力的较可靠的方法，也是常用的研究分析试验方法。试验是在现场条件下进行，所确定的单桩水平承载力和地基土的水平抗力系数最符合实际情况。如果预先已在桩身埋有量测元件，则可测定出桩身应力变化，并由此求得桩身弯矩分布。

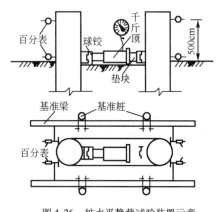

图4-26 桩水平静载试验装置示意

其试验装置如图4-26所示。试验是采用千斤顶施加横向荷载，其施力点位置宜放在实际受力点位置。在千斤顶与试桩接触处宜安置一球形铰座，以保证千斤顶作用力能水平通过桩身轴线。桩的水平位移宜采用大量程百分表测量。固定百分表的基准桩宜打设在试桩侧面靠位移的反方向，与试桩的净距不小于1倍试桩直径。试验的基本原理同垂直静载试验，只是力的作用方向不同。通过试验求得极限承载力，用极限承载力除以安全系数(一般取2)即得桩的横向容许承载力。

2. 分析计算法

此法是根据某些理论(如弹性地基梁理论)，计算桩在横向荷载作用下，桩身内力与变位及桩对土的作用力，验算桩身材料和桩侧土的强度与稳定性以及桩顶或墩台顶位移等，从而可评定桩的横向容许承载力。

关于桩的内力与变位计算的详细内容见本章第五节，有关桩身材料强度验算的内容见下面内容。

四、按桩身材料强度确定并验算单桩承载力

桩除了按土对桩的阻力确定并验算单桩承载力外,还应按桩身材料强度验算单桩承载力,也就是进行单桩强度设计和验算。验算方法应按现行《公路钢筋混凝土及预应力混凝土桥涵设计规范》(JTG D62—2004)有关章节的规定进行,具体内容如下:

(一)轴向受压情况

桩在进行轴心受压构件计算时,需考虑由于构件长细比增大产生的附加效应,长细比增大构件承载力会降低,验算时需要考虑稳定系数 φ。

(1)钢筋混凝土轴心受压桩,当采用普通箍筋时(图4-27),截面强度按下式验算:

$$\gamma_0 N_d \leq N_u = 0.9\varphi(f_{cd}A + f'_{sd}A'_s) \tag{4-9}$$

式中:N_d——轴向力组合设计值;

φ——轴心受压构件稳定系数,按表4-11取用;

A——构件毛截面积;当纵向钢筋配筋率 $\rho' = \dfrac{A'_s}{A} > 3\%$ 时,式

中 A 应改用混凝土截面净面积 A_n,$A_n = A - A'_s$;

A'_s——全部纵向钢筋截面面积;

f_{cd}——混凝土轴心抗压强度设计值;

f'_{sd}——纵向普通钢筋抗压强度设计值。

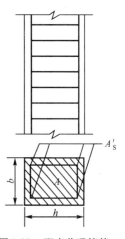

图4-27 配有普通箍筋的钢筋混凝土轴心受压构件截面图

钢筋混凝土轴心受压构件的稳定系数 φ 表4-11

l_0/b	≤8	10	12	14	16	18	20	22	24	26	28
$l_0/2r$	≤7	8.5	10.5	12	14	15.5	17	19	21	22.5	24
l_0/i	≤28	35	42	48	55	62	69	76	83	90	97
φ	1.0	0.98	0.95	0.92	0.87	0.81	0.75	0.70	0.65	0.60	0.56
l_0/b	30	32	34	36	38	40	42	44	46	48	50
$l_0/2r$	26	28	29.5	31	33	34.5	36.5	38	40	41.5	43
l_0/i	104	111	118	125	132	139	146	153	160	167	174
φ	0.52	0.48	0.44	0.40	0.36	0.32	0.29	0.26	0.23	0.21	0.19

注:1. 表中 l_0 为构件计算长度,b 为矩形截面短边尺寸,r 为圆形截面半径,i 为截面最小回转半径。

2. 构件计算长度 l_0 的确定,两端固定为 $0.5l$;一端固定,一端为不移动的铰为 $0.7l$;两端均匀不移动的铰为 l;一端固定,一端自由为 $2l$;l 为构件支点间长度。

(2)钢筋混凝土轴心受压桩,当采用螺旋箍筋或焊接环式箍筋时(图4-28),按螺旋箍筋柱设计,其截面强度按下式验算:

$$\gamma_0 N_d \leq N_u = 0.9(f_{cd}A_{cor} + kf_{sd}A_{s0} + f'_{sd}A'_s) \tag{4-10}$$

$$A_{s0} = \frac{\pi d_{cor}A_{so1}}{S} \tag{4-11}$$

式中:A_{cor}——构件核芯截面面积;

A_{s0}——螺旋式或焊接环式间接钢筋的换算截面面积;

d_{cor}——构件截面的核心直径；$d_{cor} = d - 2c$，d 为桩的直径；c 为纵向钢筋至柱截面边缘的径向混凝土保护层厚度；

k——间接钢筋影响系数，混凝土强度等级 C50 及以下时，取 $k = 2.0$；C50 ~ C80 取 $k = 2.0 ~ 1.70$，中间值直线插入取用；

A_{sol}——单根间接钢筋的截面面积；

S——沿构件轴线方向间接钢筋的螺距或间距。

其他符号意义同式(4-9)。

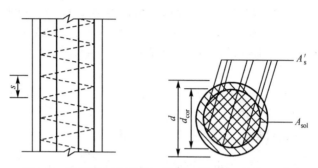

图 4-28　配有螺旋式箍筋的钢筋混凝土轴心受压构件截面图

《公路钢筋混凝土及预应力混凝土桥涵设计规范》(JTG D62—2004)规定，为防止保护层过早产生剥落，影响正常使用，按螺旋箍筋计算的抗压承载力不应大于按普通箍筋柱计算的抗压承载力的 1.5 倍。

在以下情况不考虑螺旋箍筋的作用：

①对长细比过大柱，螺旋箍筋的约束作用得不到有效发挥。圆形截面柱长细比 l_0/d 大于 12 时；

②混凝土保护层较厚时，按普通箍筋柱计算的承载力大于按螺旋箍筋柱计算的承载力；

③螺旋箍筋的换算面积 A_{s0} 小于全部纵筋 A'_s 面积的 25%。

(二)偏心受压情况

1. 强度验算

1) 偏心距增大系数

计算偏心受压构件正截面承载力时，对长细比 $l_0/i > 17.5$、l_0/h(矩形截面)> 5、l_0/d(圆形截面)> 4.4 的构件，应考虑构件作用平面内的挠曲对轴向力偏心距的影响。此时，应将轴向力对截面重心轴的偏心距 e_0 乘以偏心距增大系数 η。

T 形、I 形和圆形截面偏心受压构件的偏心距增大系数可按下列公式计算：

$$\eta = 1 + \frac{1}{1\,400 e_0/h_0}\left(\frac{l_0}{h}\right)^2 \zeta_1\zeta_2 \tag{4-12}$$

$$\zeta_1 = 0.2 + 2.7\frac{e_0}{h_0} \leqslant 1.0 \tag{4-13}$$

$$\zeta_2 = 1.15 - 0.01\frac{l_0}{h} \leqslant 1.0 \tag{4-14}$$

式中：l_0——构件的计算长度，按表(4-11)注取用或按工程经验确定；

e_0——轴向力对截面重心轴的偏心矩，$e_0 = M_d/N_d$；

M_{d}——相应于轴向力 N_{d} 的弯矩组合设计值;

h_0——截面有效高度,对圆形截面取 $h_0 = r + r_{\mathrm{s}}$;

h——截面高度,对圆形截面取 $h = 2r$,r 为圆形截面半径;

ζ_1——荷载偏心率对截面曲率的影响系数;

ζ_2——构件长细比对截面曲率的影响系数。

2)圆形截面偏心受压构件基本计算公式

$$\gamma_0 N_{\mathrm{d}} \leqslant N_{\mathrm{u}} = Ar^2 f_{\mathrm{cd}} + C\rho r^2 f'_{\mathrm{sd}} \qquad (4\text{-}15)$$

$$\gamma_0 N_{\mathrm{d}} (\eta e_0) \leqslant M_{\mathrm{u}} = Br^3 f_{\mathrm{cd}} + D\rho g r^3 f'_{\mathrm{sd}} \qquad (4\text{-}16)$$

式中: ρ——纵向钢筋配筋率;

g——钢筋半径相对系数,即纵向钢筋所在圆周的半径 r_{s} 与圆截面半径 r 之比,$g = r_{\mathrm{s}}/r$;

A、B、C、D——圆形截面偏心受压构件正截面抗压承载力计算系数,可查《公路钢筋混凝土及预应力混凝土桥涵设计规范》(JTG D62—2004)中的计算用表取值。

3)计算方法

(1)当对构件进行配筋设计时,由公式(4-15)和(4-16)相除整理得截面配筋率:

$$\rho = \frac{f_{\mathrm{cd}}}{f'_{\mathrm{sd}}} \cdot \frac{Br - A(\eta e_0)}{C(\eta e_0) - Dgr} \qquad (4\text{-}17)$$

计算步骤如下(采用试算法进行计算):

①由已知条件求 ηe_0,确定 g、r 等值;

②假设 ξ 值,查得相应的系数 A、B、C、D;

③代入公式(4-17)求 ρ;

④将 ρ、A、C 代入公式(4-15)求 N_{u},若与已知基本相符,允许误差在 2% 以内,则假定的 ξ 值及依此计算的 ρ 值即为设计用值,若两者不符,则重新假定 ξ 值,重复以上步骤,直至相符为止;

⑤按最后确定的 ρ 值计算 A_{s}:

$$A_{\mathrm{s}} = \rho \pi r^2 \qquad (4\text{-}18)$$

(2)当对截面强度进行复核验算时,由公式(4-15)和(4-16)相除整理得:

$$\eta e_0 = \frac{Bf_{\mathrm{cd}} + D\rho g f'_{\mathrm{sd}}}{Af_{\mathrm{cd}} + C\rho f'_{\mathrm{sd}}} r \qquad (4\text{-}19)$$

计算步骤如下(采用试算法进行计算):

①由已知条件求 ηe_0,确定 g,r 等值;

②假设 ξ 值,查得相应的系数 A、B、C、D;

③代入公式(4-19)求 ηe_0,若与已知条件计算的 ηe_0 基本相符,允许误差在 2% 以内,则假定的 ξ 值即为设计用值。若两者不符,则重新假定 ξ 值,重复以上步骤,直至相符为止;

④按确定的 ξ 值及其所相应的系数 A、B、C、D 代入基本公式(4-15)、(4-16),验算截面承载力是否合格。

2. 最大裂缝宽度验算

偏心受压的钢筋混凝土桩为压弯构件,它除了需要进行承载能力极限状态的计算外,还需要采用正常使用极限状态法验算桩的裂缝宽度,使其限制在容许的范围之内,即

$$W_{\mathrm{fk}} \leqslant [W_{\mathrm{fk}}] \qquad (4\text{-}20)$$

《公路钢筋混凝土及预应力混凝土桥涵设计规范》(JTG D62—2004)规定:圆形截面钢筋混凝土偏心受压构件的最大缝宽度 W_{fk} 可按下列公式计算:

$$W_{fk} = C_1 C_2 \left[0.03 + \frac{\sigma_{ss}}{E_s} \left(0.004 \frac{d}{\rho} + 1.52C \right) \right] (\text{mm}) \qquad (4\text{-}21)$$

$$\sigma_{ss} = \left[59.42 \frac{N_s}{\pi r^2 f_{cu,k}} \left(2.80 \frac{\eta_s e_0}{r} - 1.0 \right) - 1.65 \right] \cdot \rho^{-\frac{2}{3}} (\text{MPa}) \qquad (4\text{-}22)$$

$$\eta_s = 1 + \frac{1}{4\,000 e_0 / (r + r_s)} \left(\frac{l_0}{2r} \right)^2 \qquad (4\text{-}23)$$

式中：C_1——钢筋表面形状系数,对光面钢筋 $C_1 = 1.4$;对带肋钢筋,$C_1 = 1.0$;

C_2——作用(或荷载)长期效应影响系数,$C_2 = 1 + 0.5 \dfrac{N_l}{N_s}$,其中 N_l 和 N_s 分别为按作用(或荷载)长期效应组合和短期效应组合计算的内力值(弯矩或轴向力);

σ_{ss}——截面受拉区最外缘钢筋应力(MPa),当按公式(4-22)计算的 $\sigma_{ss} \leqslant 24\text{MPa}$ 时,可不必验算裂缝宽度;

N_s——按作用(或荷载)短期效应组合计算的轴向力(N);

r——构件截面半径(mm);

$f_{cu,k}$——边长为150mm的混凝土立方体抗压强度标准值,设计时取混凝土强度等级(MPa);

η_s——使用阶段的偏心矩增大系数,按公式(4-23)计算,当 $l_0 / 2r \leqslant 14$ 时,可取 $\eta_s = 1.0$;

e_0——轴向力 N_s 的偏心距(mm);

r_s——构件截面纵向钢筋所在圆周的半径(mm);

l_0——构件的计算长度,按表(4-11)注及工程经验确定;

d——纵向钢筋直径(mm);

ρ——截面配筋率;

C——混凝土保护层厚度(mm)。

钢筋混凝土构件计算的最大裂缝宽度不应超过规定的限值。钢筋混凝土构件,在Ⅰ类和Ⅱ类环境下算得的裂缝宽度不应超过 0.20mm;Ⅲ类和Ⅳ类环境不应超过 0.15mm。

第五节　桩的内力和变位计算

本节将主要介绍桩与桩侧土共同抵抗外荷载作用时桩身的内力计算,从而解决桩的强度问题,重点是桩受横轴向力作用时的内力计算问题。

桩在横轴向荷载作用下桩身的内力和变位计算,国内外学者提出了许多方法。目前较为普遍的是弹性地基梁法,即将桩作为弹性地基上的梁,采用文克尔假定,通过求解挠曲微分方程,再结合力的平衡条件,求出桩身各部位的内力和位移。

以文克尔假定为基础的弹性地基梁法从土力学观点看是不够严密的,但其基本概念明确,方法简单,所得结果一般较安全,在国内外工程界得到广泛应用。我国公路、铁路在桩基础的设计中常用的"m"法就属此种方法,本节将主要介绍"m"法。

一、基 本 概 念

(一)土的弹性抗力

1. 土的弹性抗力的概念及定义式

桩基础在荷载(包括轴向荷载、横轴向荷载和力矩)作用下产生变位(包括竖向位移、水平位移及转角),使桩挤压桩侧土体,桩侧土必然对桩产生一横向的抗力 σ_{zx},称之为土的弹性抗力,它起抵抗外力和稳定桩基础的作用。土抗力的大小取决于土的性质、桩身刚度、桩的入土深度、桩的截面形状、桩距及作用荷载等因素。

按照文克尔假定:梁(桩)身任一点的土抗力和该点的位移成正比,则土的弹性抗力可表示为:

$$\sigma_{zx} = Cx_z \tag{4-24}$$

式中:σ_{zx}——横向土抗力(kPa);

$\quad C$——地基系数(kN/m^3);

$\quad x_z$——深度 Z 处桩的横向位移(m)。

2. 地基系数的概念及确定方法

地基系数 C 表示单位面积土在弹性限度内产生单位变形时所需施加的力。其大小与地基土的类别和物理力学性质有关。

地基系数 C 值是通过对试桩在不同类别土质及不同深度进行实测 x_z 及 σ_{zx} 后反算得到。大量的试验表明,地基系数 C 值不仅与土的类别及其性质有关,而且也随着深度而变化。由于实测的客观条件和分析方法不尽相同等原因,所采用的 C 值随深度的分布规律也各有不同,常采用的地基系数分布规律如图4-29所示。相应于不同的地基系数分布规律,也就产生了不同的基桩内力和位移的计算方法。

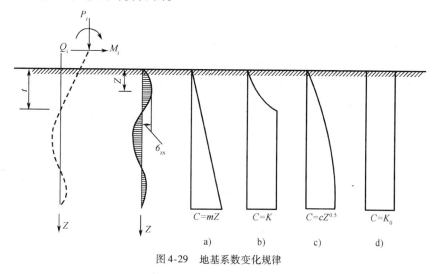

图4-29 地基系数变化规律

现将桩的几种有代表性的弹性地基梁计算方法概括在表4-12中。

桩的弹性地基梁法的典型　　　　　　　　　　　　　　　　表4-12

计算方法	图 号	地基系数随深度分布	地基系数 C 表达式	说 明
m 法	4-29a)	与深度成正比	$C = mZ$	m 为非岩石地基土比例系数
K 法	4-29b)	桩身第一挠曲零点以上呈抛物线变化,以下不随深度变化	$C = K$	K 为常数
C 值法	4-29c)	与深度呈抛物线变化	$C = cZ^{0.5}$	c 为地基土比例系数
张有龄法	4-29d)	沿深度均匀分布	$C = K_0$	K_0 为常数

上述四种方法的地基系数随深度分布规律各不相同,其计算结果也是有差异的。实验资料分析表明,宜根据土质特性来选择恰当的计算方法。桥梁桩基础的桩一般较长,内力与变位计算常采用《公路桥涵地基与基础设计规范》(JTG D63—2007)中推荐的"m"法。

3. 地基土比例系数的确定

按"m"法计算时,对于非岩石地基土,地基土的比例系数 m 和 m_0 值可根据试验实测确定,无实测数据时可按照表4-13中的数值选用。m 为水平向比例系数,m_0 为竖向比例系数,当计算竖向抗力时,竖向抗力系数为 $C_0 = m_0 \times h$(当 $h < 10\text{m}$ 时,取 $C_0 = 10 \times m_0$)。

非岩石类土的 m 值和 m_0 值　　　　　　表4-13

土的名称	m 和 m_0(kN/m^4)	土的名称	m 和 m_0(kN/m^4)
流塑性黏土 $I_L > 1.0$,软塑黏性土 $1.0 \geq I_L > 0.75$,淤泥	3 000~5 000	坚硬、半坚硬黏性土 $I_L \leq 0$,粗砂,密实粉土	20 000~30 000
可塑黏性土 $0.75 \geq I_L > 0.25$,粉砂,稍密粉土	5 000~10 000	砾砂、角砾、圆砾、碎石、卵石	30 000~80 000
硬塑黏性土 $0.25 \geq I_L \geq 0$,细砂,中砂,中密粉土	10 000~20 000	密实卵石夹粗砂,密实漂、卵石	80 000~120 000

注:1. 本表用于基础在地面处位移最大值不应超过 6mm 的情况,当位移较大时,应适当降低。

　2. 当基础侧面设有斜坡或台阶,且其坡度(横:竖)或台阶总宽与深度之比大于 1:20 时,表中 m 值应减小 50% 取用。

当基础侧面地面或最大冲刷线以下 $h_m = 2(d + 1)(\text{m})$(当 $h < 2.5\text{m}$ 时,取 $h_m = h$)深度内有两层土时(图4-30),应将两层土的比例系数换算成一个 m 值,作为整个深度的 m 值。

换算公式如下:

$$m = \gamma m_1 + (1 - \gamma) m_2 \qquad (4-25)$$

$$\gamma = \begin{cases} 5(h_1/h_m)^2 & h_1/h_m \leq 0.2 \\ 1 - 1.25(1 - h_1/h_m)^2 & h_1/h_m > 0.2 \end{cases}$$
$$(4-26)$$

对于岩石的地基系数 C_0,认为不随岩层面的埋藏深度而变,而只与单轴饱和抗压强度有关,可按表4-14采用。

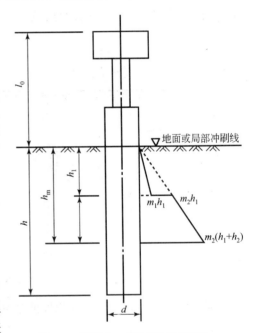

图4-30　两层土 m 值换算计算示意图

岩石地基抗力系数 C_0　　　　　　表4-14

编　号	f_{rk}(kPa)	C_0(kN/m^4)
1	1 000	300 000
2	≥25 000	15 000 000

注:f_{rk} 为岩石的单轴饱和抗压强度标准值。对于无法进行饱和的试样,可采用天然含水率单轴抗压强度标准值;当 $1 000 < f_{rk} < 25 000$ 时,可用直线内插法确定 C_0。

(二)桩的计算宽度

桩侧土产生横向抗力的范围,总是大于桩的侧向尺寸,且与桩的横截面形状、大小和相邻桩的间距等因素有关。为了简化计算并反映桩侧土的实际作用条件,计算时并不是直接采用桩的设计宽度(直径),而是将桩的设计宽度(直径)换算成相当于桩侧土实际作用范围的矩形截面桩的宽度 b_1,b_1 称为桩的计算宽度。

根据《公路桥涵地基与基础设计规范》(JTG D63—2007)规定,桩的计算宽度可按下式计算:

当 $d \geq 1.0\text{m}$ 时:

$$b_1 = k\, k_f(d + 1) \tag{4-27}$$

当 $d < 1.0\text{m}$ 时:

$$b_1 = k\, k_f(1.5d + 0.5) \tag{4-28}$$

对单排桩或 $L_1 \geq 0.6h_1$ 的多排桩:

$$k = 1.0 \tag{4-29}$$

对 $L_1 < 0.6h_1$ 的多排桩:

$$k = b_2 + \frac{1 - b_2}{0.6} \cdot \frac{L_1}{h_1} \tag{4-30}$$

上述各式中:b_1——桩的计算宽度(m);

$\quad d$——垂直于水平外力 H 作用方向桩的宽度或直径;

$\quad k_f$——形状换算系数,视水平力作用面(垂直于水平力作用方向)而定,其值见表 4-15;

$\quad k$——平行于水平力方向的桩间相互影响系数;

$\quad L_1$——平行于水平力方向的桩间净距(图4-31);当桩布置为梅花形时,若相邻两排桩中心矩 c 小于 $(d+1)$(m)时,可按水平力作用面各桩间的投影距离计算(图4-32);

$\quad h_1$——地面或局部冲刷线以下桩的计算埋入深度,可取 $h_1 = 3(d+1)$(m);但不得大于桩的入土深度 h;

$\quad b_2$——与平行于水平力方向的所验算的一排桩的桩数 n 有关的系数,当 $n=1$ 时,$b_2 = 1$;当 $n=2$ 时,$b_2 = 0.6$;当 $n=3$ 时,$b_2 = 0.5$;当 $n \geq 4$ 时,$b_2 = 0.45$。

计算宽度的形状换算系数 k_f 表4-15

名　称	符号	基　础　形　状			
形状换算系数	k_f	1.0	0.9	$1 - 0.1\dfrac{d}{B}$	0.9

在桩基础平面布置中,若平行于水平力作用方向的各排桩数不等,并且相邻桩中心距等于或大于 $(d+1)$ 时,可按桩数最多的一排桩计算其相互影响系数 k 值,并且各桩可采用同一 k 值。

为了不致使桩的计算宽度发生重叠现象,要求以上综合计算得出的 $b_1 \leqslant 2d$。

另外,桩基础中每一排桩的计算总宽度 nb_1 不得大于 $(B'+1)$,当 nb_1 大于 $(B'+1)$ 时,取 $(B'+1)$。B' 为边桩外侧边缘之间的距离。

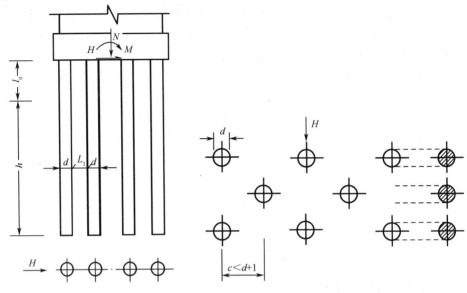

图 4-31 相互影响系数计算   图 4-32 梅花形布置时桩间净距 L_1 的确定

(三)弹性桩与刚性桩

为计算方便起见,按照桩与土的相对刚度,将桩分为刚性桩和弹性桩。

1. 桩的变形系数 α

为了便于区分弹性桩与刚性桩及桩的内力和变位计算,引入桩的变形系数 α,如下式所示:

$$\alpha = \sqrt[5]{\frac{mb_1}{EI}} \tag{4-31}$$

$$EI = 0.8E_cI \tag{4-32}$$

式中:m——地基土比例系数(kN/m^4);

$\quad b_1$——桩的计算宽度(m);

$\quad E$、I——桩的弹性模量(MPa)和截面惯性矩(m^4);

$\quad E_c$——桩身混凝土抗压弹性模量(MPa)。

2. 弹性桩

当桩的入土深度 $h > \dfrac{2.5}{\alpha}$ 时,这时桩的相对刚度小,必须考虑桩的实际刚度,按弹性桩来计算。一般沉桩和灌注桩多属这一类。

3. 刚性桩

当桩的入土深度 $h \leqslant \dfrac{2.5}{a}$ 时,则桩的相对刚度较大,须按刚性桩计算。一般沉井、大直径管柱及其他实体深基础均属这一类。

二、桩顶受力计算

计算基桩内力与变位之前,首先应该根据作用在承台底面的外力 N、H、M,计算出作用在

每根桩桩顶的荷载 P_i、Q_i、M_i 值。桩的排列形式不同，桩顶的受力及计算方法也不相同。所以分为单排桩和多排桩两种情况分别计算。

（一）单桩及垂直于验算方向的单排桩[图4-33a)、b)]

若验算方向上作用于承台底面中心的荷载为 N、H、M_y[图4-34a)]，则当 N 在单排桩方向无偏心时，可以假定它们是平均分布在各桩上的，即：

$$P_i = \frac{N}{n}; Q_i = \frac{H}{n}; M_i = \frac{M_y}{n} \qquad (4-33)$$

式中：P_i、Q_i、M_i——分别为作用在桩顶的竖向力、水平力和弯矩；

$\qquad n$——桩的根数。

很显然，对于单根桩来说，上部荷载全部由它承担。

当竖向力 N 在单排桩方向有偏心距 e 时[图4-34b)]，每根桩顶所受的竖向力可按偏心受压计算，即：

$$P_i = \frac{N}{n} \pm \frac{M_x y_i}{\sum y_i^2} \qquad (4-34)$$

式中：M_x——竖向力 N 在单排桩方向对承台底面中心所产生的弯矩，$M_x = Ne$；

$\qquad y_i$——计算桩与承台底面中心的距离；

$\qquad$其他符号意义同式（4-33）。

桩顶所受的其他力（Q_i、M_i）仍按式（4-33）确定。

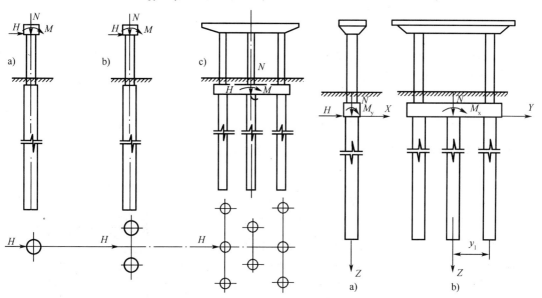

图4-33　单桩、单排桩及多排桩　　　　　　　图4-34　单排桩的计算

（二）垂直于验算方向的多排桩[图4-33c)]

这类桩基础实际上是一个超静定的平面或空间刚架，其内力分析和变位计算需用超静定方法求解，因此，各桩顶上的作用力就不能直接应用上述公式计算，一般可用结构力学中的位移法另行计算。

对单排桩作横桥向验算时也属此情况。

三、弹性单排桩的内力与变位计算

(一)假定条件及符号规定

1. 假定条件
考虑到桩与土共同承受外荷载的作用,为便于和简化计算,在基本理论中作如下的假定:

(1)将土视为弹性变形介质,它具有随深度成比例增长的地基系数(即 $C = mz$)。

(2)土的应力应变关系符合文克尔假定(即 $\sigma_{zx} = Cx_z$)。

(3)不考虑桩与土之间的摩擦力和黏结力。

(4)桩与桩侧土在受力前后始终密贴。

(5)将桩作为一弹性构件(即 $\alpha h > 2.5$)。

2. 符号规定
在公式推导和计算中,对力和变位的符号作如下规定(图4-35):

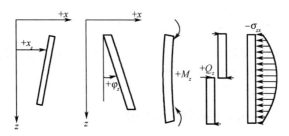

图4-35 x_z、φ_z、M_z、Q_z 的符号规定

(1)横向位移:顺 x 轴正方向为正值。

(2)转角:逆时针方向转动为正值。

(3)弯矩:当左侧纤维受拉时为正值。

(4)横向力:顺 x 轴正方向为正值。

(二)桩的挠曲微分方程及桩的内力和变位基本计算公式

1. 桩的挠曲微分方程

如图4-36所示,桩的计算宽度为 b_1,桩顶受力为水平力 Q 和弯矩 M,桩在地面(或最大冲刷线)处的作用力为水平荷载 Q_0 及弯矩 M_0,此时桩将发生弹性挠曲,桩侧土将产生横向抗力 σ_{zx}。通常把图示单桩视为弹性地基梁,只是把梁的位置改为竖直方向。从材料力学中可知,梁的挠度与梁上分布荷载 q 之间的关系式,即梁的挠曲微分方程为:

$$EI \frac{d^4 x_z}{dz^4} = -q \qquad (4-35)$$

由于梁的挠度(即桩的横向位移 x_z)与相应点的分布荷载(即桩侧土的横向抗力 σ_{zx})符号相反,所以式(4-35)中等号右边为"$-$"。

将式(4-35)展开得到桩的挠曲微分方程为:

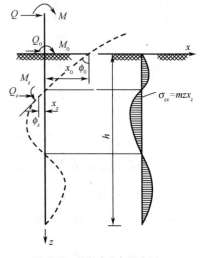

图4-36 桩的内力与变位图

$$EI \frac{d^4 x_z}{dz^4} = -q = -\sigma_{zx} \cdot b_1 = -mzx_z \cdot b_1$$

整理得:

$$\frac{d^4 x_z}{dZ^4} + \frac{mb_1}{EI} zx_z = 0$$

或

$$\frac{d^4 x_z}{dZ^4} + \alpha^5 zx_z = 0 \tag{4-36}$$

式中: x_z——桩在深度 z 处的横向位移(即桩的挠度);

α——桩的变形系数或称桩的特征值, $\alpha = \sqrt[5]{\frac{mb_1}{EI}}$;

m——地基土比例系数;

b_1——桩的计算宽度;

E、I——分别为桩的弹性模量及截面惯矩。

从桩的挠曲微分方程中不难看出,桩的横向位移与截面所在深度、桩的刚度(包括桩身材料和截面尺寸)以及桩周土的性质等有关。

2. 桩的内力和变位基本计算公式

利用材料力学中有关梁的挠度 x_z 与转角 φ_z、弯矩 M_z 和剪力 Q_z 之间的关系,即:

$$\left.\begin{array}{l} \varphi_z = \dfrac{dx_z}{dz} \\[2mm] M_z = EI \dfrac{d^2 x_z}{dz^2} \\[2mm] Q_z = EI \dfrac{d^3 x_z}{dz^3} \end{array}\right\} \tag{4-37}$$

同时根据边界条件,即地面($z=0$)处,桩的水平位移、转角、弯矩和剪力分别为 x_0、φ_0、M_0 和 Q_0,则可求得桩的挠曲微分方程(式4-36)的解,即桩身任一截面的水平位移 x_z 的表达式为:

$$x_z = x_0 A_1 + \frac{\varphi_0}{\alpha} B_1 + \frac{M_0}{EI\alpha^2} C_1 + \frac{Q_0}{\alpha^3 EI} D_1 \tag{4-38}$$

利用式(4-38),对 x_z 求导计算,并通过归纳整理后,便可求得桩身任意截面的转角 φ_z、弯矩 M_z 及剪力 Q_z 的计算公式:

$$\frac{\varphi_z}{\alpha} = x_0 A_2 + \frac{\varphi_0}{\alpha} B_2 + \frac{M_0}{\alpha^2 EI} C_2 + \frac{Q_0}{\alpha^3 EI} D_2 \tag{4-39}$$

$$\frac{M_Z}{\alpha^2 EI} = x_0 A_3 + \frac{\varphi_0}{\alpha} B_3 + \frac{M_0}{\alpha^2 EI} C_3 + \frac{Q_0}{\alpha^3 EI} D_3 \tag{4-40}$$

$$\frac{Q_Z}{\alpha^3 EI} = x_0 A_4 + \frac{\varphi_0}{\alpha} B_4 + \frac{M_0}{\alpha^2 EI} C_4 + \frac{Q_0}{\alpha^3 EI} D_4 \tag{4-41}$$

根据土抗力的基本假定 $\sigma_{zx} = Cx_z = mzx_z$,可求得桩侧土抗力的计算公式:

$$\sigma_{zx} = mzx_z = mz\left(x_0 A_1 + \frac{\varphi_0}{a} B_1 + \frac{M_0}{a^2 EI} C_1 + \frac{Q_0}{a^3 EI} D_1 \right) \tag{4-42}$$

以上公式(4-38)、公式(4-39)、公式(4-40)、公式(4-41)为《公路桥涵地基与基础设计规范》(JTG D63—2007)中给出的计算公式,其中 A_i、B_i、C_i、$D_i(i=1\sim4)$ 为 16 个无量纲系数,可根据不同的换算深度 $\bar{z}=\alpha z$,由相关规范提供的表格查取。当 $\alpha z>4.0$ 时,按 $\alpha z=4.0$ 计算。

以上求算桩的内力、位移和土抗力的基本公式中均含有 x_0、φ_0、M_0、Q_0 4 个参数。其中 M_0、Q_0 可由已知的桩顶受力根据静力平衡条件确定。而另外两个参数 x_0、φ_0,则需根据不同类型桩的桩底边界条件确定。

3. 桩在地面(或最大冲刷线)处的水平位移 x_0 和转角 φ_0 的确定

根据不同类型桩的桩底边界条件,经推导求得不同类型桩的 x_0 和 φ_0 的计算公式如下:

$$
\left.
\begin{aligned}
x_0 &= \frac{Q_0}{\alpha^3 EI}A_{x0} + \frac{M_0}{\alpha^2 EI}B_{x0} \\
\varphi_0 &= -\left(\frac{Q_0}{\alpha^2 EI}A_{\varphi0} + \frac{M_0}{\alpha EI}B_{\varphi0}\right)
\end{aligned}
\right\}
\tag{4-43}
$$

1)对于摩擦桩和端承桩

$$
A_{x0} = \frac{(B_3 D_4 - B_4 D_3) + k_h(B_2 D_4 - B_4 D_2)}{(A_3 B_4 - A_4 B_3) + k_h(A_2 B_4 - A_4 B_2)}
$$

$$
B_{x0} = \frac{(B_3 C_4 - B_4 C_3) + k_h(B_2 C_4 - B_4 C_2)}{(A_3 B_4 - A_4 B_3) + k_h(A_2 B_4 - A_4 B_2)}
$$

$$
A_{\varphi0} = \frac{(A_3 D_4 - A_4 D_3) + k_h(A_2 D_4 - A_4 D_2)}{(A_3 B_4 - A_4 B_3) + k_h(A_2 B_4 - A_4 B_2)}
$$

$$
B_{\varphi0} = \frac{(A_3 C_4 - A_4 C_3) + k_h(A_2 C_4 - A_4 C_2)}{(A_3 B_4 - A_4 B_3) + k_h(A_2 B_4 - A_4 B_2)}
$$

$$
k_h = \frac{C_0 I_0}{\alpha EI}
$$

式中:C_0——基底土的竖向地基系数,$C_0 = m_0 h$;

    E——桩的弹性模量;

    I、I_0——分别为地面(或局部冲刷线)以下桩身截面及桩端截面惯性矩;

    α——桩的变形系数。

对于 $\alpha h>2.5$ 的摩擦桩或 $\alpha h\geqslant3.5$ 的端承桩,取 $k_h=0$。

2)对于嵌岩桩

$$
A_{x0} = \frac{(B_2 D_1 - B_1 D_2)}{(A_2 B_1 - A_1 B_2)}
$$

$$
B_{x0} = \frac{(B_2 C_1 - B_1 C_2)}{(A_2 B_1 - A_1 B_2)}
$$

$$
A_{\varphi0} = \frac{(A_2 D_1 - A_1 D_2)}{(A_2 B_1 - A_1 B_2)}
$$

$$
B_{\varphi0} = \frac{(A_2 C_1 - A_1 C_2)}{(A_2 B_1 - A_1 B_2)}
$$

求得 x_0、φ_0 后,便可连同已知的 M_0、Q_0 一起代入式(4-38)~(4-42),从而求得桩在地面以下任一深度的内力、位移及桩侧土抗力。

(三)地面(或最大冲刷线)以下桩身任一截面的内力和变位的简化计算方法

按上述方法,用基本公式(4-38)、公式(4-39)、公式(4-40)、公式(4-41)计算 x_z、φ_z、M_z、

Q_z,其计算工作量相当繁重。当桩的支承条件入土深度符合一定要求时,可利用比较简捷计算方法来计算,即所谓的无量纲法。因为 x_0、φ_0 都是 Q_0、M_0 的函数,代入基本公式整理后,无须再计算 x_0、φ_0,而直接由已知的 Q_0、M_0 求得 x_z、φ_z、M_z、Q_z。

将式(4-43)代入式(4-38)~(4-41),经过整理归纳,即可得出桩的内力和变位的简化计算公式如下:

1. $\alpha h > 2.5$ 的摩擦桩与 $\alpha h \geqslant 3.5$ 的端承桩的内力和变位公式

$$x_z = \frac{Q_0}{\alpha^3 EI}A_x + \frac{M_0}{\alpha^2 EI}B_x \tag{4-44a}$$

$$\varphi_z = \frac{Q_0}{\alpha^2 EI}A_\varphi + \frac{M_0}{\alpha EI}B_\varphi \tag{4-44b}$$

$$M_z = \frac{Q_0}{\alpha}A_m + M_0 B_m \tag{4-44c}$$

$$Q_z = Q_0 A_Q + \alpha M_0 B_Q \tag{4-44d}$$

2. $\alpha h > 2.5$ 的嵌岩桩的内力和变位公式

$$x_z = \frac{Q_0}{\alpha^3 EI}A_x^0 + \frac{M_0}{\alpha^2 EI}B_x^0 \tag{4-45a}$$

$$\varphi_z = \frac{Q_0}{\alpha^2 EI}A_\varphi^0 + \frac{M_0}{\alpha EI}B_\varphi^0 \tag{4-45b}$$

$$M_z = \frac{Q_0}{\alpha}A_m^0 + M_0 B_m^0 \tag{4-45c}$$

$$Q_z = Q_0 A_Q^0 + \alpha M_0 B_Q^0 \tag{4-45d}$$

式(4-44)、式(4-45)即为桩在地面(或最大冲刷线)以下位移及内力的无量纲法计算公式,其中 A_x、B_x、A_φ、B_φ、A_m、B_m、A_Q、B_Q 及 A_x^0、B_x^0、A_φ^0、B_φ^0、A_m^0、B_m^0、A_Q^0、B_Q^0 为无量纲系数,均为 αh 和 αz 的函数,已将其制成表格供查用。本书摘录了一部分,见附表 1~12。

使用时,应根据不同的桩底支承条件,选择不同的计算公式,然后再按 αh、αz 查出相应的无量纲系数,再将这些系数代入式(4-44)或式(4-45),就可以求出所需的未知量。

当 $\alpha h > 4$ 时,按 $\alpha h = 4$ 采用,此时,无论采用哪一个公式及相应的系数来计算,其计算结果都是接近的。

由式(4-44)和式(4-45)可简捷地求得桩身各截面的水平位移、转角、弯矩和剪力,进而便可进行桩身强度设计与验算以及桩侧土抗力和墩台位移验算等。

(四)桩身最大弯矩及其截面位置的确定

计算桩身各截面处弯矩 M_z 的目的,主要是进行配筋设计和检验桩的截面强度(关于配筋的设计和强度验算方法,见本章第四节第四部分)。为此,要找出最大弯矩值 M_{max} 及其所在的截面位置 $Z_{M\,max}$。一般可将各深度 Z 处的 M_z 值求出后绘制 $Z - M_z$ 图,从图中求得。也可用数解法求得 $Z_{M\,max}$ 及 M_{max} 值如下。

在最大弯矩截面处,其剪力 Q 等于零,因此 $Q_z = 0$ 处的截面即为最大弯矩所在位置 $Z_{M\,max}$。

根据式(4-44d):令 $Q_z = Q_0 A_Q + \alpha M_0 B_Q = 0$

则

$$\left.\begin{array}{l} \dfrac{\alpha M_0}{Q_0} = \dfrac{-A_Q}{B_Q} = C_Q \\[3mm] \dfrac{Q_0}{\alpha M_0} = \dfrac{-B_Q}{A_Q} = D_Q \end{array}\right\} \qquad (4\text{-}46)$$

式中：C_Q 及 D_Q 也为与 αZ 有关的系数，当 $\alpha h \geqslant 4.0$ 时，可按附表 13 采用。当 C_Q 或 D_Q 值按式 (4-46)求得后，即可从附表 13 中求得相应的 $\bar{Z} = \alpha Z$ 值，因为 $\alpha = \sqrt[5]{\dfrac{mb_1}{EI}}$ 为已知，所以最大弯矩所在的位置 $Z = Z_{M\max}$ 即可求得。

由式(4-46)可得：

$$\dfrac{Q_0}{\alpha} = M_0 D_Q \ \text{或}\ M_0 = \dfrac{Q_0}{\alpha} C_Q \qquad (4\text{-}47)$$

将式(4-47)代入(4-44c)则得：

$$\left.\begin{array}{l} M_{\max} = M_0 D_Q A_{\mathrm m} + M_0 B_{\mathrm m} = M_0 K_{\mathrm m} \\[3mm] M_{\max} = \dfrac{Q_0}{\alpha} A_{\mathrm m} + \dfrac{Q_0}{\alpha} B_{\mathrm m} C_Q = \dfrac{Q_0}{\alpha} K_Q \end{array}\right\} \qquad (4\text{-}48)$$

式中：$K_{\mathrm m} = A_{\mathrm m} D_Q + B_{\mathrm m}$；$K_Q = A_{\mathrm m} + B_{\mathrm m} C_Q$。

由上式可知 $K_{\mathrm m}$ 与 K_Q 为 αZ 与 αh 的函数，当 $\alpha h \geqslant 4.0$ 时，可按附表 13 采用。根据 $\alpha Z_{M\max}$ 由附表 13 查出 $K_{\mathrm m}$(或 K_Q)，代入式(4-48)即可得最大弯矩 $M_{\max}$ 值，当 $\alpha h < 4.0$ 时，可另查有关设计手册。

（五）桩顶变位的计算

1. 基本计算公式（叠加法）

如图 4-37 所示，已知桩露出地面长度为 l_0，桩顶为自由端，其上作用有 Q 及 M，桩顶的变位可应用叠加原理计算。

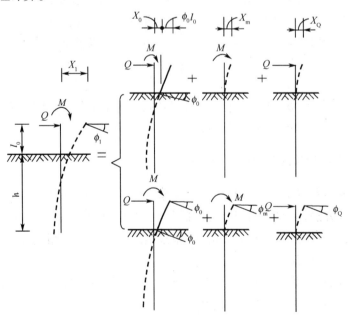

图 4-37　桩顶位移计算

设桩顶的水平位移为 x_1，它由下列各项组成：桩在地面处的水平位移 x_0；地面处转角 φ_0 所引起的桩顶水平位移 $\varphi_0 l_0$；桩露出地面段作为悬臂梁桩顶在水平力 Q 作用下产生的水平位移 x_Q 以及在 M 作用下产生的水平位移 x_m，即

$$x_1 = x_0 - \varphi_0 l_0 + x_Q + x_m \tag{4-49a}$$

因 φ_0 逆时针为正，所以式中 φ_0 前用"$-$"号。

桩顶转角 φ_1 则由地面处的转角 φ_0、水平力 Q 作用引起的转角 φ_Q 及弯矩 M 作用引起的转角 φ_m 组成，即

$$\varphi_1 = \varphi_0 + \varphi_Q + \varphi_m \tag{4-49b}$$

1）x_0 和 φ_0 的计算

式（4-49a、b）中的 x_0 和 φ_0 为桩在地面（或最大冲刷线）处的水平位移和转角，可按 $M_0 = Q l_0 + M$ 及 $Q_0 = Q$ 分别代入式（4-44a、b）或式（4-45a、b）（此时 $z = 0$）求得。

2）x_Q、x_m、φ_Q、φ_m 的计算

上式中的 x_Q、x_m、φ_Q、φ_m 是把桩露出地面部分作为下端嵌固、跨度为 l_0 的悬臂梁计算而得。

当桩露出地面部分为等截面时：

$$\left.\begin{aligned}
x_Q &= \frac{Q l_0^3}{3EI}; \qquad x_m = \frac{M l_0^2}{2EI} \\
\varphi_Q &= \frac{-Q l_0^2}{2EI}; \qquad \varphi_m = \frac{-M l_0}{EI}
\end{aligned}\right\} \tag{4-50}$$

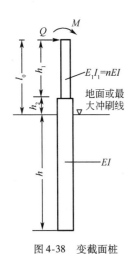

图 4-38 变截面桩

当桩露出地面部分为变截面时，如图 4-38 所示，其上部截面的抗弯刚度为 $E_1 I_1$、直径为 d_1、长度为 h_1，下部截面的抗弯刚度为 EI、直径为 d、长度为 h_2，设 $n = \dfrac{E_1 I_1}{EI}$，则

$$\left.\begin{aligned}
x_Q &= \frac{Q}{E_1 I_1}\left[\frac{1}{3}(n h_2^3 + h_1^3) + n h_1 h_2 (h_1 + h_2)\right] \\
x_m &= \frac{M}{2E_1 I_1}\left[h_1^2 + n h_2 (2h_1 + h_2)\right] \\
\varphi_Q &= -\frac{Q}{2E_1 I_1}\left[h_1^2 + n h_2 (2h_1 + h_2)\right] \\
\varphi_m &= -\frac{M}{E_1 I_1}(h_1 + n h_2)
\end{aligned}\right\} \tag{4-51}$$

2. 简化计算公式

将 x_0、φ_0 及 x_Q、x_m、φ_Q、φ_m 代入式（4-49a、b），再经整理归纳，便可得如下表达式：

$$\left.\begin{aligned}
x_1 &= \frac{Q}{\alpha^3 EI} A_{x1} + \frac{M}{\alpha^2 EI} B_{x1} \\
\varphi_1 &= -\left(\frac{Q}{\alpha^2 EI} A_{\varphi 1} + \frac{M}{\alpha EI} B_{\varphi 1}\right)
\end{aligned}\right\} \tag{4-52}$$

式中：A_{x1}、$B_{x1} = A_{\varphi 1}$、$B_{\varphi 1}$ 均为 $\bar{h} = \alpha h$ 及 $\bar{l}_0 = \alpha l_0$ 的函数，对于摩擦桩和端承桩可于附表 14～16 中查取。

(六)计算步骤和验算要求

单桩、单排桩基础的设计计算,首先应根据上部结构的类型、荷载性质与大小、地质与水文资料,施工条件等情况,初步拟定出桩的直径和长度、承台位置、桩的根数及排列等,然后进行如下计算与验算。

(1)计算各桩桩顶受力 P_i、Q_i、M_i 及地面或最大冲刷线处的受力 Q_0、M_0,对于低桩承台,Q_0 和 M_0 分别用 Q_i 和 M_i 代之。

(2)验算单桩轴向承载力。如桩的截面尺寸已定,需要选定桩的入土深度,则可根据桩的轴向受力等于单桩轴向承载力的原则来进行。

(3)计算桩的计算宽度 b_1 和桩的变形系数 α,并判断是否属于弹性桩,如是,则可继续以下步骤。

(4)计算桩在不同深度处的弯矩 M_z,找出最大弯矩值 M_{max} 及相应的截面位置 Z_{Mmax},进行桩身配筋和截面强度验算。

(5)计算桩顶或墩台顶水平位移,并进行验算。

(七)单排桩设计算例

1. 设计资料(图4-39)

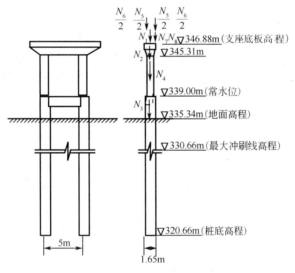

图4-39 单排桩设计算例图示

1)结构形式及设计等级

上部为30m预应力钢筋混凝土梁,桥墩为单排双柱式,桥面净空为净 $7 + 2 \times 1.5$m。基础采用冲抓锥钻孔灌注桩,为摩擦桩。

墩帽顶高程为346.88 m,桩顶高程为339.00m,墩柱顶高程为345.31m。

墩柱直径为1.5m,桩直径为1.65m。

桩身采用C25混凝土,混凝土受压弹性模量 $E_c = 2.8 \times 10^4$MPa,桩身重度为25kN/m³。

设计等级为公路-Ⅱ级,人群荷载为3kN/m²,结构安全设计等级为二级。

2)地质与水文资料

地基土为密实细砂夹砾石,地基土比例系数 $m = 13\,000\text{kN/m}^4$,地基土与桩侧的摩阻力为 70kPa,地基土内摩擦角 $\varphi = 40°$,黏聚力 $c = 0$,由静载试验测得地基土容许承载力 $[f_{a0}] = 380\text{kPa}$,土的浮重度 $\gamma' = 11.80\ \text{kN/m}^3$。

地面高程为 335.34m,常水位高程为 339.00m,最大冲刷线高程为 330.60m,一般冲刷线高程也为 335.34m。

3)每一根桩承受的作用效应标准值

(1)结构重力:

两跨上部构造自重反力 $N_1 = 1\,376.00\text{kN}$;

盖梁自重反力 $N_2 = 286.50\text{kN}$;

系梁自重反力 $N_3 = 96.40\text{kN}$;

一根墩柱自重力 $N_4 = 337.31\text{kN}$;

桩每延米自重力 $q = \dfrac{\pi \times 1.65^2}{4} \times (25 - 10) = 32.10\text{kN}$(已扣除浮力)。

(2)汽车和人群荷载支座反力:

两跨布载时:汽车荷载支座反力 $N_5 = 444.89\text{kN}$;人群荷载支座反力 $N_6 = 135\text{kN}$。

一跨布载时:汽车荷载支座反力 $N_7 = 324.65\text{kN}$,N_7 在顺桥向引起的弯矩 $M_1 = 81.16\text{kN·m}$;

人群荷载支座反力 $N_8 = 67.5\ \text{kN}$,N_8 在顺桥向引起的弯矩 $M_2 = 16.88\text{kN·m}$。

汽车制动力 $H = 11.25\text{kN}$。

(3)纵向风力:

盖梁部分 $W_1 = 3.00\text{kN}$,对桩顶力臂 7.06m;

墩身部分 $W_2 = 2.70\text{kN}$,对桩顶力臂 3.15m。

2. 桩长的计算

由于地基土层单一,可按单桩轴向受压容许承载力经验公式初步反算桩长。

设桩埋入最大冲刷线以下深度为 l,一般冲刷线以下深度为 h,$h = l + 4.68$。

单桩轴向受压容许承载力:

$$[R_a] = \frac{1}{2}U\sum q_{ik}l_i + A_p\lambda\, m_0\{[f_{a0}] + k_2\gamma_2(h - 3)\}$$

式中:桩身周长 $U = \pi \times 1.65 = 5.18\text{m}$;

桩端截面积 $A_p = \dfrac{1}{4}\pi \times (1.65)^2 = 2.14\text{m}^2$;

地基土与桩侧的摩阻力 $q_{ik} = 70\text{kPa}$;

修正系数 λ 取 0.7,清孔系数 m_0 取 0.9;

$[f_{a0}] = 380\text{kPa}$,$k_2 = 4$,$\gamma_2 = 11.80\ \text{kN/m}^3$(砂土透水,考虑浮力作用);

代入单桩轴向受压容许承载力公式得:

$$[R_a] = \frac{1}{2} \times 5.18 \times 70 \times l + 2.14 \times 0.7 \times 0.9 \times \{380 + 4 \times 11.8 \times (l + 4.68 - 3)\}$$

$$= 244.94l + 619.22$$

计算单桩的竖向受力:

根据规范规定:按作用短期效应组合计算,且可变作用的频遇值系数均取 1.0;桩身自重与置换土重的差值作为荷载考虑。

汽车和人群荷载按两跨布载时的支座反力计算为最不利。

则单桩的竖向受力为：

$$N = N_1 + N_2 + N_3 + N_4 + N_5 + N_6 + q \times (339.00 - 330.66 + l) - A_p l \gamma'$$

$$= 1\,376.00 + 286.50 + 96.40 + 337.31 + 444.89 + 135 + 32.1 \times$$

$$(339.00 - 330.66 + l) - 2.14 \times l \times 11.8$$

$$= 2\,943.81 + 6.85l$$

令 $$N = [R_a]$$

解得 $$l = 9.76\text{m}$$

取 $l = 10\text{m}$，则桩底高程为 320.66m，同时桩的轴向承载力满足要求。

3. 桩的计算宽度和桩的变形系数计算

1）桩的计算宽度 b_1

因 $d = 1.65\text{m} > 1.0\text{m}$，对单排桩 $k = 1.0$，圆形桩 $k_f = 0.9$。

所以： $$b_1 = k_f(d + 1) = 0.9 \times (1.65 + 1) = 2.385\text{m}$$

2）计算桩的变形系数 α

$$I = \frac{\pi \times 1.65^4}{64} = 0.364\text{m}^4$$

$$E = 0.8E_c$$

$$\alpha = \sqrt[5]{\frac{mb_1}{EI}} = \sqrt[5]{\frac{13\,000 \times 2.385}{0.8 \times 2.8 \times 10^7 \times 0.364}} = 0.328\text{m}^{-1}$$

$$\alpha h = 0.328 \times 10 = 3.28 > 2.5$$

所以按弹性桩计算。

4. 计算墩帽顶上受力 P_i、Q_i、M_i 及桩在最大冲刷线处受力 P_0、Q_0、M_0

按承载能力极限状态作应效应基本组合计算。

汽车和人群荷载按一跨布载时的支座反力计算为最不利。

1）墩帽顶上受力

$$P_i = 1.2 \times 1\,376.00 + 1.4 \times 324.65 + 0.8 \times 1.4 \times 67.5 = 2\,181.31\text{kN}$$

$$Q_i = 1.4 \times 11.25 = 15.75\text{kN}$$

$$M_i = 1.4 \times 81.16 + 0.8 \times 1.4 \times 16.88 = 132.53\text{kN} \cdot \text{m}$$

2）最大冲刷线处受力

$$P_0 = 2\,181.31 + 1.2 \times (286.50 + 96.4 + 337.31 + 32.1 \times 8.34) = 3\,366.82\text{kN}$$

$$Q_0 = 15.75 + 0.8 \times 1.1 \times (3.00 + 2.70) = 20.77\text{kN}$$

$$M_0 = 132.53 + 15.75 \times (346.88 - 330.66) + 0.8 \times 1.1 \times$$

$$[3 \times (7.06 + 8.34) + 2.7 \times (3.15 + 8.34)]$$

$$= 455.95\text{kN} \cdot \text{m}$$

5. 墩柱顶纵向水平位移验算

按承载能力极限状态作用效应基本组合进行验算，根据步骤 4 的计算可知：桩在最大冲刷线处受力为 $Q_0 = 20.77\text{kN}$，$M_0 = 455.95\text{ kN} \cdot \text{m}$；墩帽顶上受力为 $Q_i = 15.75\text{kN}$，$M_i = 132.53\text{kN} \cdot \text{m}$。

墩柱顶纵向水平位移：$x_1 = x_0 - \varphi_0(345.31 - 330.66) + x_Q + x_m$

其中，桩在最大冲刷线处的水平位移 x_0 和转角 φ_0 为：

$$x_0 = \frac{Q_0}{\alpha^3 EI} A_x + \frac{M_0}{\alpha^2 EI} B_x$$

$$= \frac{20.77}{0.328^3 \times 0.8 \times 2.8 \times 10^7 \times 0.364} \times 2.601$$

$$+ \frac{455.95}{0.328^2 \times 0.8 \times 2.8 \times 10^7 \times 0.364} \times 1.692$$

$$= 1.1 \times 10^{-3} \text{m}$$

$x_0 < 6\text{mm}$，符合相关规范要求。

$$\varphi_0 = \frac{Q_0}{\alpha^2 EI} A_\varphi + \frac{M_0}{\alpha EI} B_\varphi$$

$$= \frac{20.77}{0.328^2 \times 0.8 \times 2.8 \times 10^7 \times 0.364} \times (-1.692)$$

$$+ \frac{455.95}{0.328 \times 0.8 \times 2.8 \times 10^7 \times 0.364} \times (-1.784)$$

$$= -3.4 \times 10^{-4} \text{rad}$$

又

$$I_1 = \frac{\pi \times 1.5^4}{64} = 0.2485 \text{m}^4$$

$$E_1 = E$$

$$n = E_1 I_1 / EI = I_1 / I = (1.5/1.65)^4 = 0.683$$

则

$$x_Q = \frac{Q}{E_1 I_1} \left[\frac{1}{3} (nh_2^3 + h_1^3) + nh_1 h_2 (h_1 + h_2) \right]$$

$$= \frac{15.75}{0.8 \times 2.8 \times 10^7 \times 0.2485} \left[\frac{1}{3} (0.683 \times 8.34^3 + 6.31^3) + 0.683 \times 8.34 \right.$$

$$\left. \times 6.31 \times (8.34 + 6.31) \right]$$

$$= 2.1 \times 10^{-3} \text{m}$$

$$x_m = \frac{M}{2E_1 I_1} \left[h_1^2 + nh_2 (2h_1 + h_2) \right]$$

$$= \frac{132.53}{2 \times 0.8 \times 2.8 \times 10^7 \times 0.2485} [6.31^2 + 0.683 \times 8.34 (2 \times 6.31 + 8.34)]$$

$$= 1.9 \times 10^{-3} \text{m}$$

所以，墩柱顶水平位移为：

$$x_1 = (1.1 + 0.34 \times 14.85 + 2.1 + 1.9) \times 10^{-3} = 10.1 \times 10^{-3} \text{m} = 1.01 \text{cm}$$

水平位移容许值$[\Delta] = 0.5\sqrt{30} = 2.74 \text{cm}$

可见

$$x_1 < [\Delta]$$

所以墩柱顶纵向水平位移符合要求。

6. 桩身截面强度验算

1）确定最大弯矩M_{max}及其截面位置

计算最大冲刷线以下深度z处的桩身截面弯矩M_z，计算公式为：

$$M_z = \frac{Q_0}{\alpha} A_m + M_0 B_m$$

其中:A_m、B_m 可由附表5和附表6查得。

M_z 的计算结果见表4-16。

最大冲刷线以下深度 z 处的桩身截面弯矩 M_z 值　　　　　　　　表4-16

z	αz	αl	A_m	B_m	$M_z(\text{kN}\cdot\text{m})$
0	0	3.28	0	1.000 00	455.95
0.61	0.2	3.28	0.196 76	0.997 97	467.48
1.23	0.4	3.28	0.375 83	0.985 49	473.13
1.83	0.6	3.28	0.524 39	0.956 41	469.28
3.05	1.0	3.28	0.702 33	0.841 84	428.31
4.27	1.4	3.28	0.714 87	0.665 30	348.61
5.49	1.8	3.28	0.593 66	0.460 07	247.36
6.71	2.2	3.28	0.396 23	0.263 87	145.40
7.93	2.6	3.28	0.191 27	0.110 03	62.28
9.15	3.0	3.28	0.053 40	0.025 84	15.16

经比较可得最大弯矩为 $M_{\max} = 473.13\text{kN}\cdot\text{m}$,所在截面位置为 $z = 1.22\text{m}$。

2)桩身配筋及强度验算

按最大弯矩所在截面($z = 1.22\text{m}$)的内力进行配筋和强度验算,并按承载能力极限状态作用效应基本组合计算内力。

该截面的弯矩组合设计值为 $M_d = 473.13\text{kN}\cdot\text{m}$。

该截面的轴向力组合设计值为:

$$N_d = 3\ 366.82 + 1.2 \times 32.1 \times 1.22 - \pi \times 1.65 \times 1.22 \times 70$$
$$= 2\ 971.13\text{kN}$$

桩内竖向钢筋按含筋率0.5%配置,则:

$$A_s = \frac{\pi}{4} \times 1.65^2 \times 0.5\% = 107 \times 10^{-4}\ \text{m}^2$$

现选用22根 $\phi 20$(HRB335)钢筋,则:

$$A_s = 108 \times 10^{-4}\text{m}^2$$

实际配筋率为:

$$\rho = \frac{A_s}{\pi \gamma^2} = \frac{108 \times 10^{-4}}{\pi \times (1.65/2)^2} = 0.51\%$$

HRB335钢筋抗压强度设计值 $f'_{sd} = 195\text{MPa}$。

桩身混凝土强度等级采用C25,其抗压设计强度 $f_{cd} = 11.5\text{MPa}$。

偏心距 $e_0 = M_d/N_d = 473.13/2\ 971.13 = 0.160\ \text{m}$。

桩的计算长度 $l_0 = 0.7l = 0.7 \times 18.34 = 12.84\text{m}$。

因长细比 $l_0/2r = 12.84/1.65 = 7.8 > 4.4$,所以考虑纵向弯曲影响,考虑偏心距增大系数。

取混凝土保护层厚度为60mm,则:

纵向钢筋所在圆周半径 $r_s = 0.825 - (0.06 + 0.025/2) = 0.75\text{m}$。

圆形截面有效高度 $h_0 = r + r_s = 0.825 + 0.75 = 1.58\text{m}$。

圆形截面高度 $h = 2r = 1.65\text{m}$。

$$g = r_s/r = 0.753/0.825 = 0.91$$

系数 $\zeta_1 = 0.2 + 2.7 \times e_0/h_0 = 0.2 + 2.7 \times 0.160/1.58 = 0.47$

$\zeta_2 = 1.15 - 0.01 \times l_0/h = 1.15 - 0.01 \times 12.84/1.65 = 1.07 > 1.0$,取 $\zeta_2 = 1.0$。

偏心距增大系数为:

$$\eta = 1 + \frac{1}{1\,400 \times \dfrac{e_0}{h_0}} \times \left(\frac{l_0}{h}\right)^2 \times \zeta_1 \times \zeta_2$$

$$= 1 + \frac{1}{1\,400 \times \dfrac{0.160}{1.58}} \times \left(\frac{12.84}{1.65}\right)^2 \times 0.47 \times 1.0$$

$$= 1.20$$

则

$$\eta e_0 = 1.20 \times 0.160 = 0.192$$

当 $\xi = 0.88$ 时,查得 $A = 2.363\,6$、$B = 0.507\,3$、$C = 1.950\,3$、$D = 0.916\,1$,

$$\frac{Bf_{cd} + D\rho g f'_{sd}}{Af_{cd} + C\rho f'_{sd}}r = \frac{0.507\,3 \times 11.5 + 0.916\,1 \times 0.005\,1 \times 0.91 \times 280}{2.363\,6 \times 11.5 + 1.950\,3 \times 0.005\,1 \times 280} \times 825$$

$$= 194\text{mm}$$

$$= 0.194\text{m}$$

与 $\eta e_0 = 0.192\text{m}$ 相差在 2% 以内,符合要求。

因此,截面所能承受的轴向力容许值为:

$$N_u = Ar^2 f_{cd} + C\rho r^2 f'_{sd}$$

$$= 2.363\,6 \times (0.825)^2 \times 11.5 \times 10^3 + 1.950\,3 \times 0.005\,1 \times (0.825)^2 \times 280 \times 10^3$$

$$= 20\,395.9\text{kN} > \gamma_0 N_d = 2\,971.13\text{kN}$$

(γ_0 为结构重要性系数,当设计安全等级为二级时,取1.0,下同。)

$$M_u = Br^3 f_{cd} + D\rho g r^3 f'_{sd}$$

$$= 0.507\,3 \times (0.825)^3 \times 11.5 \times 10^3 + 0.916\,1 \times 0.005\,1 \times 0.91 \times (0.825)^3 \times 280 \times 10^3$$

$$= 3\,947.99\text{kN} \cdot \text{m} > \gamma_0 M_d = 473.13\text{kN} \cdot \text{m}$$

计算结果表明,截面符合承载力要求。

裂缝宽度验算此处略。

四、弹性多排桩的计算

在单排桩的基桩内力和变位计算过程中,须首先计算桩顶受力,然后根据桩顶受力计算桩身各截面的内力和变位。

对于多排桩,如果想办法求得桩顶受力,那么,基桩内力和变位的计算方法就同单排桩一样。所以,多排桩计算中需要解决的问题就是桩顶受力计算。可见,多排桩和单排桩计算的区别就是桩顶受力的计算方法不同。

计算时,沿外力作用平面方向任取一排桩作为计算对象,该排桩相当于平面刚架,其力学体系为超静定结构。由于各桩与荷载的相对位置不尽相同,桩顶在外荷载作用下的变位就会不同,外荷载分配到各个桩顶上的荷载 P_i、Q_i、M_i 也就不同。因此,不能再用单排桩的办法计算多排桩中基桩桩顶受力,可用结构力学中的位移法求解。

下面主要介绍普遍采用的竖直多排桩的计算,关于斜桩多排桩的计算可参考有关设计手册。

(一)桩顶受力计算公式的推导

如图4-40所示为一竖直多排桩基础,已知作用于承台底面中心 o 点上的荷载分别为 N、H、M,为计算在外荷载 N、H、M 作用下各桩顶的受力,首先要求得承台的变位,并确定承台变位与桩顶变位的关系,然后再由桩顶变位求得各桩顶受力。

1. 桩顶变位与承台变位的关系

假设承台为一绝对刚性体,现以承台底面中心点 o 作为承台位移的代表点,并以 o 点为坐标原点建立平面直角坐标系 xoz,如图4-40所示。设 o 点在外荷载 N、H、M 作用下产生的水平位移为 a、竖向位移为 c、转角为 β。其中 a、c 以坐标轴正向为正,β 以顺时针转动为正。

桩顶嵌固于承台内,当承台在外荷载作用下产生变位时,各桩顶之间的相对位置不变,各桩桩顶的转角与承台的转角相等。

设第 i 排桩桩顶(与承台联结处)沿 x 轴方向的线位移为 a_i,沿 z 轴方向的线位移为 c_i,桩顶转角为 β_i,则有如下关系式:

$$\left.\begin{array}{l} a_i = a \\ c_i = c + x_i\beta \\ \beta_i = \beta \end{array}\right\} \tag{4-53}$$

式中:x_i——第 i 排桩桩顶轴线至承台中心的水平距离。

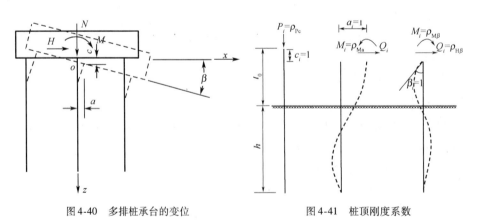

图4-40　多排桩承台的变位　　　　　图4-41　桩顶刚度系数

2. 桩顶受力计算公式

设第 i 根桩桩顶作用有轴向力 P_i、横轴向力 Q_i、弯矩 M_i。前面已经建立了承台变位和桩顶变位之间的关系,为了求得桩顶受力,还必须建立桩顶变位和桩顶受力之间的关系。为此,首先引入单桩桩顶的刚度系数 ρ_{AB}。ρ_{AB} 定义为当桩顶仅发生 B 种单位变位时,在桩顶引起的 A 种内力,具体见图4-41中的变位图式。则有:

（1）当桩顶处仅产生单位轴向位移（即 $c_i = 1$）时，在桩顶引起的轴向力为 ρ_{Pc}。

（2）当桩顶处仅产生单位横轴向位移（即 $a_i = 1$）时，在桩顶引起的横轴向力为 ρ_{Ha}。

（3）当桩顶处仅产生单位横轴向位移（即 $a_i = 1$）时，在桩顶引起的弯矩为 ρ_{Ma}。

（4）当桩顶处仅产生单位转角（即 $\beta_i = 1$）时，在桩顶引起的横轴向力为 $\rho_{H\beta}$，$\rho_{Ma} = \rho_{H\beta}$。

（5）当桩顶处仅产生单位转角（即 $\beta_i = 1$）时，在桩顶引起的弯矩为 $\rho_{M\beta}$。

由此可得，由第 i 根桩桩顶变位所引发的桩顶受力分别为：

$$\left.\begin{array}{l} P_i = \rho_{Pc}c_i = \rho_{Pc}(c + x_i\beta) \\ Q_i = \rho_{Ha}a_i - \rho_{H\beta}\beta_i = \rho_{Ha}a - \rho_{H\beta}\beta \\ M_i = \rho_{M\beta}\beta_i - \rho_{Ma}a_i = \rho_{M\beta}\beta - \rho_{Ma}a \end{array}\right\} \tag{4-54}$$

可见，只要能解出 a、c、β 及 ρ_{Pc}、ρ_{Ha}、$\rho_{H\beta}(=\rho_{Ma})$、$\rho_{M\beta}$，就可以由上式求得 P_i、Q_i 和 M_i，从而就可利用单桩的计算方法求出基桩的内力与位移。

（二）单桩桩顶刚度系数 ρ_{Pc}、ρ_{Ha}、$\rho_{H\beta}(=\rho_{Ma})$、$\rho_{M\beta}$ 的计算

1. ρ_{Pc} 的计算

经推导可得，桩顶承受轴向力 P 作用时产生的轴向位移 b_i 为：

$$b_i = \frac{P(l_0 + \xi h)}{EA} + \frac{P}{C_0 A_0} \tag{4-55}$$

上式中令 $b_i = 1$，所求得的 P 即为 ρ_{Pc}，则：

$$\rho_{Pc} = \cfrac{1}{\cfrac{l_0 + \xi h}{EA} + \cfrac{1}{C_0 + A_0}} \tag{4-56}$$

式中：ξ——系数，对于端承桩，$\xi = 1.0$；对于摩擦桩（或摩擦支承管桩）：打入或振动下沉时，$\xi = 2/3$，钻、挖孔时，$\xi = 1/2$；

A——入土部分桩的平均截面积；

E——桩身材料的受压弹性模量；

C_0——桩底平面处地基土的竖向地基系数，$C_0 = m_0 h$；

A_0——单桩桩底压力分布面积，对于柱桩，A_0 为单桩的底面

面积，即 $A_0 = \dfrac{\pi d^2}{4}$；对于摩擦桩，为桩侧摩阻力以 $\bar{\varphi}/4$

扩散到桩底时的面积（图 4-42），但不得超过桩底面以相邻桩中心距为直径算得的面积，即取下列二式计算值的较小者；

$$A_0 = \pi\left(h\tan\frac{\bar{\varphi}}{4} + \frac{d}{2}\right)^2$$

$$A_0 = \frac{\pi}{4}S^2$$

$\bar{\varphi}$——桩周各土层内摩擦角的加权平均值；

d——桩底面直径；

S——桩底面中心距。

2. ρ_{Ha}、$\rho_{H\beta}(=\rho_{Ma})$、$\rho_{M\beta}$ 的计算

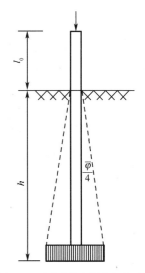

图 4-42　摩擦桩桩底压力分布面积

ρ_{Ha}、ρ_{Ma}分别为桩顶处仅产生单位横轴向位移（即 $a_i=1$ 时）在桩顶引起的横轴向力、弯矩；$\rho_{H\beta}$、$\rho_{M\beta}$分别为桩顶处仅产生单位转角（即 $\beta_i=1$ 时）在桩顶引起的横轴向力、弯矩。可以根据桩顶位移公式得出桩顶受力 Q、M 的表达式，然后仿照 ρ_{Pc} 的推导原理，即可推出相应于仅发生某种单位变位时的桩顶刚度系数，具体计算公式见《公路桥涵地基与基础设计规范》（JTG D 63—2007）。

为了便于应用，也可按下面整理后的简化方法计算，即：

$$\left.\begin{aligned} \rho_{Ha} &= \alpha^3 EI\chi_H \\ \rho_{Ma} &= \rho_{H\beta} = \alpha^2 EI\chi_M \\ \rho_{M\beta} &= \alpha EI\Phi_M \end{aligned}\right\} \tag{4-57}$$

式中：χ_H、χ_M、Φ_M 为无量纲系数，均是 $\bar{h}=ah$ 及 $\bar{l}_0=al_0$ 的函数，对于 $ah>2.5$ 的摩擦桩、$ah\geqslant 3.5$ 的端承桩及 $ah\geqslant 4$ 的嵌岩桩可由附表 17～19 查取，对于其余桩可在有关设计手册中查取。

（三）高桩承台变位的计算

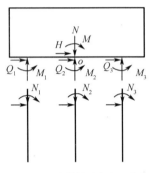

图 4-43　多排桩承台底面受力

如图 4-43 所示，沿承台底面取脱离体，已知作用于承台底面中心 o 点上的荷载分别为 N、H、M，各桩顶对承台底面的反力为 P_i、Q_i、M_i。考虑作用于承台底面上所有力的平衡，可得平衡方程如下：

$$\left.\begin{aligned} \Sigma P_i - N &= 0 \\ \Sigma Q_i - H &= 0 \\ \Sigma P_i x_i + \Sigma M_i &= 0（对 o 点取矩） \end{aligned}\right\} \tag{4-58}$$

将式（4-54）中的 P_i、Q_i、M_i 代入上式得：

$$\left.\begin{aligned} \Sigma\rho_{Pc}(c+x_i\beta) - N &= 0 \\ \Sigma(\rho_{Ha}a - \rho_{H\beta}\beta) - H &= 0 \\ \Sigma\rho_{Pc}(c+x_i\beta)x_i + \Sigma(\rho_{M\beta}\beta - \rho_{Ma}a) - M &= 0 \end{aligned}\right\} \tag{4-59}$$

整理得：

$$\left.\begin{aligned} c\Sigma\rho_{Pc} + \beta\Sigma\rho_{Pc}x_i - N &= 0 \\ a\Sigma\rho_{Ha} - \beta\Sigma\rho_{H\beta} - H &= 0 \\ -a\Sigma\rho_{Ma} + c\Sigma\rho_{Pc}x_i + \beta\Sigma(\rho_{M\beta} + \rho_{Pc}x_i^2) - M &= 0 \end{aligned}\right\} \tag{4-60}$$

由式（4-60）联立求解，即可得出一般竖直多排桩基础的承台变位 a、c、β 的数值。

当桩基中各桩截面相等，基桩总数为 n，且竖直对称排列时，此时 o 点在对称轴上，所以

$$\Sigma\rho_{Pc} = n\rho_{Pc}$$
$$\Sigma\rho_{Pc}x_i = 0$$
$$\Sigma\rho_{Ha} = n\rho_{Ha}$$
$$\Sigma\rho_{H\beta} = n\rho_{H\beta}$$
$$\Sigma\rho_{Ma} = n\rho_{Ma}$$
$$\Sigma\rho_{M\beta} = n\rho_{M\beta}$$
$$\Sigma\rho_{Pc}x_i^2 = \rho_{Pc}\Sigma x_i^2$$

将这些条件代入上式（4-60）得：

$$\left.\begin{array}{l} nc\rho_{Pc} = N \\ na\rho_{Ha} - n\beta\rho_{H\beta} = H \\ -na\rho_{Ma} + \beta(n\rho_{M\beta} + \rho_{Pc}\sum x_i^2) = M \end{array}\right\} \qquad (4\text{-}61)$$

由式(4-61)解得:

$$\left.\begin{array}{l} c = \dfrac{N}{n\rho_{Pc}} \\[2mm] a = \dfrac{(n\rho_{M\beta} + \rho_{Pc}\sum x_i^2)H + n\rho_{H\beta}M}{n\rho_{Ha}(n\rho_{M\beta} + \rho_{Pc}\sum x_i^2) - n^2\rho_{Ma}^2} \\[2mm] \beta = \dfrac{n(\rho_{Ha}M + \rho_{Ma}H)}{n\rho_{Ha}(n\rho_{M\beta} + \rho_{Pc}\sum x_i^2) - n^2\rho_{Ma}^2} \end{array}\right\} \qquad (4\text{-}62)$$

这样,根据已知作用于承台底面中心 o 点上的荷载 N、H、M,即可由式(4-62)求得 a、c、β 值,将它们代入式(4-54),则可求得各桩顶所受的轴向力 P_i、横轴向力 Q_i 及弯矩 M_i。其中,由于 $c = \dfrac{N}{n\rho_{Pc}}$,所以式(4-28)中 P_i 的表达式也可写成:

$$P_i = \rho_{Pc}(c + x_i\beta) = \frac{N}{n} + x_i\beta\rho_{Pc} \qquad (4\text{-}63)$$

应注意式(4-63)中的 x_i 有正负号之分。

至此,求出各桩顶受力后,即可按单桩的"m"法计算多排桩身内力和位移。

(四)低桩承台变位的计算

当承台底面位于地面或最大冲刷线以下时,应考虑承台侧面土的水平抗力的作用(不考虑承台底面土的竖向抗力),使设计更加合理。

如图4-44所示,设承台埋入地面或最大冲刷线以下深度为 h_c,承台侧面任一点 Z_c 距底面的距离(取绝对值)为 z。当承台底面中心产生水平位移 a 和转角 β 时,Z_c 点的水平位移为 $a + \beta z$,该处的地基系数为 $C = m(h_c - z)$,则该处的横向抗力为 $C(a + \beta z)B_1 = m(h_c - z)(a + \beta z)B_1$,其中 B_1 为承台侧面的计算宽度。则承台侧面土的横向抗力合力 E_x 和它对承台底面中心的力矩 M_{E_x} 分别为:

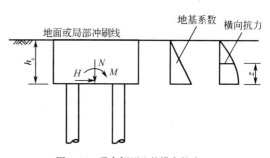

图4-44 承台侧面土的横向抗力

$$E_x = \int_0^{h_c} B_1 m(h_c - z)(a + \beta z)\,\mathrm{d}z = \frac{mh_c^2 B_1}{2}a + \frac{mh_c^3 B_1}{6}\beta \qquad (4\text{-}64)$$

$$M_{E_x} = \int_0^{h_c} B_1 m(h_c - z)(a + \beta z)z\,\mathrm{d}z = \frac{mh_c^3 B_1}{6}a + \frac{mh_c^4 B_1}{12}\beta \qquad (4\text{-}65)$$

E_x、M_{E_x} 和作用在承台上的外力 H、M 方向相反,因此,考虑承台侧面土的横向抗力作用时,可将 E_x、M_{E_x} 以负值计入式(4-61)的外力项中,即:

$$\left.\begin{array}{l} nc\rho_{Pc} = N \\ na\rho_{Ha} - n\beta\rho_{H\beta} = H - E_x \\ -na\rho_{Ma} + \beta(n\rho_{M\beta} + \rho_{Pc}\sum x_i^2) = M - M_{E_x} \end{array}\right\} \qquad (4\text{-}66)$$

将式(4-64)(4-65)代入上式并整理得：

$$nc\rho_{Pc} = N$$

$$\left(n\rho_{Ha} + \frac{mh_c^2 B_1}{2}\right)a + \left(\frac{mh_c^3 B_1}{6} - n\rho_{H\beta}\right)\beta = H$$

$$\left(\frac{mh_c^3 B_1}{6} - n\rho_{Ma}\right)a + \left(n\rho_{M\beta} + \rho_{Pc}\sum x_i^2 + \frac{mh_c^4 B_1}{12}\right)\beta = M$$

(4-67)

式中：m——承台侧面土的地基系数随深度变化的比例系数；

h_c——承台底面至地面或最大冲刷线的深度；

B_1——承台侧面的计算宽度，对底面为矩形的承台，为实际侧面宽度加 1m；

其余符号意义同前。

由式(4-67)可解得承台底面中心的变位 a、c、β，其中在计算系数 ρ_{Ha}、$\rho_{H\beta}$（$=\rho_{Ma}$）、$\rho_{M\beta}$ 时，可按 $l_0 = 0$ 查表。则由式(4-54)可求得各桩顶受力 P_i、Q_i 及 M_i。

(五)计算步骤

多排桩受力计算可按下列步骤进行：

(1)计算 b_1 和 α 值，按 αh 值检验是否属弹性构件，若 $\alpha h > 2.5$，则继续以下步骤。

(2)按式(4-56)、(4-57)计算桩顶刚度系数。

(3)根据作用于承台上的荷载，按式(4-60)或式(4-62)或式(4-67)算出或解出承台底面中心点的变位 a、c、β。

(4)按式(4-54)算得各桩桩顶的受力。

(5)对高桩承台，计算出作用于地面或局部冲刷线处桩截面的剪力 Q_0 和弯矩 M_0，对于低桩承台，Q_0 和 M_0 分别用 Q_i 和 M_i 代之。

(6)计算桩在地面(对低桩承台为承台底面)以下不同深度处的截面弯矩 M_z，找出最大弯矩值 M_{max} 及相应的截面位置 Z_{Mmax}，以便进行桩的配筋和截面强度验算。

(六)多排桩设计算例

如图 4-45 所示为双排式钢筋混凝土钻孔灌注桩桥墩基础。

1. 设计资料

1)地质水文资料

河床土质为密实卵石夹粗砂，石质坚硬，卵石层深达 38m。地基土的比例系数 $m = 120\ 000 kN/m^4$，土的内摩擦角 $\varphi = 40°$。

2)作用效应

桥梁上部为等跨 30m 的钢筋混凝土预应力梁，混凝土实体桥墩，荷载为纵向控制设计。承台厚 2m，平面尺寸为 $4.5m \times 8.0m$，承台混凝土强度等级为 C25。根据规范要求，应按正常使用极限状态的短期效应组合计算，得到作用在承台底面中心的作用效应为：

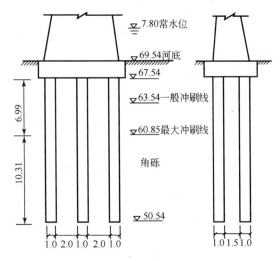

图 4-45　双排式钢筋混凝土钻孔灌注桩桥墩基础
（尺寸单位：m；高程单位：m）

永久作用加一孔可变作用(控制桩截面强度)时:$N = 8\ 591.40\text{kN}$,$H = 358.60\text{kN}$,$M = 5\ 334.50\text{kN}\cdot\text{m}$;

永久作用加二孔可变作用(控制桩入土深度)时:$N = 9\ 598.00\text{kN}$,$H = 0$,$M = 0$。

3)基桩为摩擦桩,以冲抓锥施工

经初步计算,直径 $d = 1.0\text{m}$,桩长为 17.0m,共 6 根,对称竖直排列。桩身重度为 25kN/m^3,桩身混凝土强度等级采用 C25,弹性模量 $E_c = 2.80 \times 10^4 \text{MPa}$。

2. 计算

1)桩的计算宽度 b_1

因为桩径 $d = 1.0\text{m}$,所以:

$$b_1 = k\ k_f(d + 1)$$

其中:平行于水平力方向的桩间净距 $L_1 = 1.5\text{m}$。

最大冲刷线以下桩的计算埋入深度 $h_1 = 3(d + 1) = 3 \times (1 + 1) = 6\text{m}$。

可见 $L_1 < 0.6h_1$,则桩间相互影响系数为:

$$k = b_2 + \frac{1 - b_2}{0.6} \cdot \frac{L_1}{h_1}$$

由于平行于水平力方向的桩数 $n = 2$,$b_2 = 0.6$,所以:

$$k = 0.6 + \frac{1 - 0.6}{0.6} \times \frac{1.5}{6} = 0.767$$

又形状换算系数 $k_f = 0.9$,

故

$$b_1 = 0.767 \times 0.9 \times (1 + 1) = 1.38\text{m}$$

2)桩的变形系数 α

$$\alpha = \sqrt[5]{\frac{mb_1}{EI}}$$

其中

$$m = 120\ 000\text{kN/m}^4$$

$$E = 0.8E_c = 0.8 \times 2.80 \times 10^7 = 2.24 \times 10^7\text{kPa}$$

$$I = \frac{\pi d^4}{64} = 0.049\ 1\text{m}^4$$

所以

$$\alpha = \sqrt[5]{\frac{120\ 000 \times 1.38}{2.24 \times 10^7 \times 0.0491}} = 0.68\text{m}^{-1}$$

桩在最大冲刷线以下深度 $h = 10.31\text{m}$,$\alpha h = 0.68 \times 10.31 = 7.01 > 2.5$,故按弹性桩计算。

3)单桩桩顶刚度系数 ρ_{Pc}、ρ_{Ha}、$\rho_{H\beta}(=\rho_{Ma})$、$\rho_{M\beta}$ 的计算

$$\rho_{Pc} = \frac{1}{\dfrac{l_0 + \xi h}{EA} + \dfrac{1}{C_0 + A_0}}$$

其中

$$l_0 = 6.69\text{m};h = 10.31\text{m};A = \frac{\pi d^2}{4} = 0.785\text{m}^2$$

对于钻孔摩擦桩,$\xi = 1/2$。

桩底平面处地基土的竖向地基系数 $C_0 = m_0 h = 120\ 000 \times 10.31 = 1.237 \times 10^6 \mathrm{kN/m^3}$。

桩侧摩阻力以 $\bar{\varphi}/4$ 扩散到桩底时的面积为：

$$A_0 = \pi \left(h \tan \frac{\bar{\varphi}}{4} + \frac{d}{2} \right)^2 = 3.14 \times \left(10.31 \times \tan \frac{40°}{4} + \frac{1.0}{2} \right)^2 = 16.9 \mathrm{m^2}$$

桩底面以相邻桩中心距为直径算得的面积为：

$$A_0 = \frac{\pi}{4} S^2 = \frac{3.14}{4} \times 2.5^2 = 4.91 \mathrm{m^2}$$

所以取 $A_0 = 4.91 \mathrm{m^2}$。

故

$$\rho_{Pc} = \cfrac{1}{\cfrac{6.69 + \cfrac{1}{2} \times 10.31}{2.8 \times 10^7 \times 0.785} + \cfrac{1}{1.237 \times 10^6 + 4.91}} = 1.42 \times 10^6 = 1.29 EI$$

由 $\alpha h = 7.01\ (>4)$、$\alpha l_0 = 0.68 \times 6.69 = 4.55$ 查表(3-25)得：$\chi_H = 0.046$；$\chi_M = 0.145\ 25$；$\Phi_M = 0.619\ 5$。则

$$\rho_{Ha} = \alpha^3 EI \chi_H = 0.014\ 5 EI$$
$$\rho_{Ma} = \rho_{H\beta} = \alpha^2 EI \chi_M = 0.067\ 2 EI$$
$$\rho_{M\beta} = \alpha EI \Phi_M = 0.421\ 3 EI$$

4)承台底面中心变位的计算

一孔布载时($N = 8\ 591.40 \mathrm{kN}, H = 358.60 \mathrm{kN}, M = 5\ 334.50 \mathrm{kN \cdot m}$)：

$$c = \frac{N}{n\rho_{Pc}} = \frac{8\ 591.40}{6 \times 1.29 EI} = \frac{1\ 110}{EI}$$

$$a = \frac{(n\rho_{M\beta} + \rho_{Pc}\sum x_i^2)H + n\rho_{H\beta}M}{n\rho_{Ha}(n\rho_{M\beta} + \rho_{Pc}\sum x_i^2) - n^2 \rho_{Ma}^2}$$

$$\beta = \frac{n(\rho_{Ha}M + \rho_{Ma}H)}{n\rho_{Ha}(n\rho_{M\beta} + \rho_{Pc}\sum x_i^2) - n^2 \rho_{Ma}^2}$$

其中

$$n\rho_{M\beta} + \rho_{Pc}\sum x_i^2 = 6 \times 0.421\ 3 EI + 1.29 EI \times 6 \times 1.25^2 = 14.62 EI$$
$$n\rho_{Ha} = 6 \times 0.014\ 5 EI = 0.087 EI$$
$$n\rho_{Ma} = n\rho_{H\beta} = 6 \times 0.067\ 2 EI = 0.403\ 2 EI$$
$$n^2 \rho_{Ma}^2 = 0.162\ 6 (EI)^2$$

所以

$$a = \frac{14.62 EI \times 358.60 + 0.403\ 2 EI \times 5\ 334.50}{0.087 EI \times 14.62 EI - 0.162\ 6 (EI)^2} = \frac{6\ 664.87}{EI}$$

$$\beta = \frac{0.087 EI \times 5\ 334.5 + 0.403\ 2 EI \times 358.60}{0.087 EI \times 14.62 EI - 0.162\ 6 (EI)^2} = \frac{548.69}{EI}$$

两孔布载时($N = 9\ 598.00 \mathrm{kN}, H = 0, M = 0$)：

$$c = \frac{N}{n\rho_{Pc}} = \frac{9\ 598.00}{6 \times 1.29 EI} = \frac{1\ 240.05}{EI} \mathrm{kN}$$

$$a = 0$$

$$\beta = 0$$

5)计算作用在每根桩顶上的作用力 P_i、Q_i、M_i

一孔布载时：

$$P_i = \rho_{Pc}(c + x_i\beta)$$

$$= 1.29EI \times \left(\frac{1\,110}{EI} \pm 1.25 \times \frac{548.69}{EI}\right) = \frac{2\,316.66}{547.14} \quad kN$$

$$Q_i = \rho_{Ha}a - \rho_{H\beta}\beta$$

$$= 0.014\,5EI \times \frac{6\,664.87}{EI} - 0.067\,2 \times \frac{548.69}{EI} = 59.77kN \cdot m$$

$$M_i = \rho_{M\beta}\beta - \rho_{Ma}a$$

$$= 0.421\,3EI \times \frac{548.69}{EI} - 0.067\,2EI \times \frac{6\,664.87}{EI} = -216.72kN \cdot m$$

校核：

$$nP_i = 3 \times (2\,316.66 + 547.14) = 8\,591.40kN = N$$

$$nQ_i = 6 \times 59.77 = 358.62kN \approx H = 358.60kN$$

$$\sum_i^6 x_iP_i + nM_i = 1.25 \times 3 \times (2\,316.66 + 547.14) + 6 \times (-216.72)$$

$$= 5\,335.38kN \cdot m \approx M = 5\,334.50kN \cdot m$$

可见,计算无误。

二孔布载时：

$$P_i = \rho_{Pc}c = \frac{N}{n} = \frac{9\,598.00}{6} = 1\,599.67kN$$

$$Q_i = 0$$

$$M_i = 0$$

6)计算最大冲刷线处桩身弯矩 M_0、水平力 Q_0 及轴向力 P_0

$$M_0 = M_i + Q_il_0 = -216.72 + 59.77 \times 6.69 = 183.14kN \cdot m$$

$$Q_0 = Q_i = 59.77kN$$

$$P_0 = 2\,316.66 + 0.785 \times 6.69 \times (25 - 10) = 2\,395.43kN$$

求得 M_0、Q_0 及 P_0 后,就可按单桩进行计算和验算,然后进行群桩基础承载力和沉降(需要时)验算。

第六节　群桩基础整体验算

承台下面通常不止一根桩,由两根及以上基桩组成的桩基础称为群桩基础。群桩基础在荷载作用下,因基桩间的相互影响及承台、桩、土的相互作用,使其桩侧阻力、桩端阻力、沉降等工作性状发生变化而与单桩明显不同,把群桩的这种作用效应称之为群桩效应,它主要表现在对桩基承载力和沉降的影响上。

一、群桩基础的作用特点

群桩基础的工作性状主要取决于竖向荷载的传递特征,不同受力和支承条件的基桩有着不同的荷载传递特征,这也就决定了不同类型基桩的群桩基础呈现出不同的工作性状与特点。

（一）端承桩群桩基础

端承桩群桩基础通过承台分配到各基桩桩顶的荷载,绝大部分或全部由桩身直接传递到桩底,由桩底岩层(或坚硬土层)支承。由于桩底持力层刚硬,桩的贯入变形小,桩侧摩阻力和桩底反力相比所占比例很小,可忽略不计。因此,桩侧摩阻力的扩散作用一般均不予考虑。

桩底压力分布面积较小,各桩的压力叠加作用也小(只可能发生在持力层深部),群桩基础中的各基桩的工作状态近同于单桩,如图4-46所示。

可以认为端承桩群桩基础的承载力等于各单桩承载力之和,其沉降量等于单桩沉降量,即不考虑群桩效应,不需要进行群桩基础整体承载力验算。因此,群桩效应是针对摩擦桩群桩基础而言。

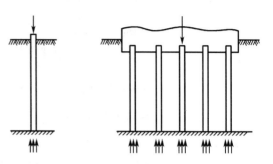

图 4-46 端承桩桩底平面的应力分布

（二）摩擦桩群桩基础

由摩擦桩组成的群桩基础,在竖向荷载作用下,桩顶上的作用荷载主要通过桩侧土的摩阻力传递到桩周土体。由于桩侧摩阻力的扩散作用,使桩底处的压力分布范围要比桩身截面积大得多(图4-47),以使群桩中各桩传布到桩底处的应力可能叠加,群桩桩底处地基土受到的压力比单桩大。另外,由于群桩基础的基础尺寸大,荷载传递的影响范围也比单桩深(图4-48)。

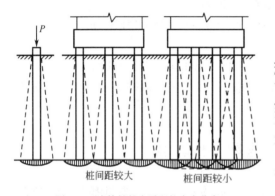

图 4-47 摩擦桩桩底平面的应力分布

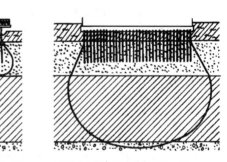

图 4-48 群桩和单桩应力传布深度比较

因此,桩底下地基土层产生的压缩变形和群桩基础的沉降比单桩大。在桩的承载力方面,群桩基础的承载力不等于各单桩承载力总和的简单关系。工程实践也表明,群桩基础的承载力常小于各单桩承载力之和,但有时也可能会大于或等于各单桩承载力之和。

影响群桩基础承载力和沉降的因素很复杂,与土的性质、桩长、桩距、桩数、群桩的平面排列和大小等因素有关。通过模型试验研究和野外测定表明,上述诸因素中,桩距大小的影响是主要的,其次是桩数。并发现当桩距较小,土质较坚硬时,在荷载作用下,桩间土与桩群作为一个整体而下沉,破坏形态类似一个实体深基础;而当桩距足够大、土质较软时,桩与土之间产生剪切变形,桩群呈"刺入破坏"。在一般情况下群桩基础兼有这两种性状。

对于低桩承台群桩基础,假定承台底面以上全部荷载均由桩承受。从一些旧桥的开挖检验中发现,承台底面与地基土有脱离现象,故不考虑承台底面的地基土分担承台底面以上的竖直荷载。

二、群桩基础承载力和沉降验算

《公路桥涵地基与基础设计规范》(JTG D63—2007)规定:对9根及9根桩以上的多排摩擦桩群桩基础,当桩端平面内桩距小于6倍桩径时,须将群桩作为整体基础验算桩端平面处土的承载力,当桩端平面以下有软土层或软弱地基时,还应验算该土层的承载力。同时还应按实体基础计算群桩基础的沉降量,并应计入桩身压缩量。

在其他情况下,则不需进行群桩基础整体的承载力验算和沉降计算,而只需验算单桩承载力,桩基的总沉降量可取单桩的沉降量。

(一)桩端平面处土的承载力验算

如图4-49所示,将桩基础视为相当于 $abcd$ 范围内的实体基础,桩侧外力认为以 $\varphi/4$ 角向下扩散,按下式验算桩底平面处土层的承载力。

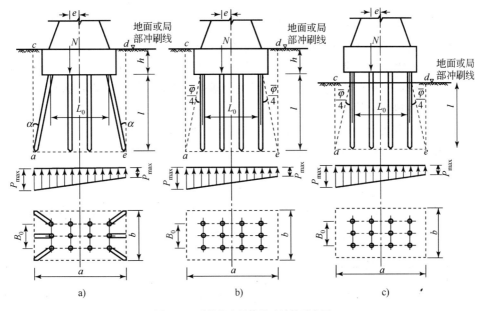

图4-49　群桩作为整体基础计算示意图

(1)当轴心受压时:

$$p = \bar{\gamma}l + \gamma h - \frac{BL\gamma h}{A} + \frac{N}{A} \leqslant [f_a] \tag{4-68}$$

(2)当偏心受压时,除满足式(4-68)外,尚应满足下列条件:

$$p_{max} = \bar{\gamma}l + \gamma h - \frac{BL\gamma h}{A} + \frac{N}{A}\left(1 + \frac{eA}{W}\right) \leqslant \gamma_R[f_a] \tag{4-69}$$

$$A = a \times b \tag{4-70}$$

当桩的斜度 $\alpha \leqslant \dfrac{\varphi}{4}$ 时：

$$a = L_0 + d + 2l\tan\dfrac{\overline{\varphi}}{4} \qquad (4\text{-}71)$$

$$b = B_0 + d + 2l\tan\dfrac{\overline{\varphi}}{4} \qquad (4\text{-}72)$$

当桩的斜度 $\alpha > \dfrac{\varphi}{4}$ 时：

$$a = L_0 + d + 2l\tan\alpha \qquad (4\text{-}73)$$

$$b = B_0 + d + 2l\tan\alpha \qquad (4\text{-}74)$$

$$\overline{\varphi} = \dfrac{\varphi_1 l_1 + \varphi_2 l_2 + \cdots + \varphi_n l_n}{l} \qquad (4\text{-}75)$$

式中：p、p_{max}——桩端平面处的平均压应力、最大压应力(kPa)；

$\overline{\gamma}$——桩端以上土的平均重度(包括桩的重力在内)(kN/m³)；

l——桩埋于土中的深度(m)；

γ——承台底面以上土的重度(kN/m³)；

L、B——承台的长度、宽度(m)；

h——承台底面位于地面(或最大冲刷线)以下的埋置深度(m)，对图4-49c)所示的高承台桩基，$h=0$；

N——作用于承台底面合力的竖直分力(kN)；

A——假想的实体基础在桩底平面处的计算面积，即 $a \times b$(m²)；

a、b——假想的实体基础在桩底平面处的计算宽度和长度(m)；

e——作用于承台底面合力的竖直分力对桩端平面处计算面积重心轴的偏心距(m)；

W——假想的实体基础在桩底平面处的截面模量(m³)；

L_0、B_0——承台底面处外围桩中心围成的矩形轮廓的长度、宽度(m)；

d——桩的直径(m)；

$\overline{\varphi}$——基桩所穿过土层的平均内摩擦角；

φ_i、l_i——基桩所穿过的各土层的内摩擦角、厚度；

$[f_a]$——修正后的桩端平面处土的承载力容许值(kPa)，按第三章公式(3-1)计算；

γ_R——地基承载力容许值的抗力系数，按第三章的有关规定采用。

(二)群桩基础沉降验算

如果需要，可以将群桩基础作为一个实体基础，用分层总和法计算桩端以下土层的沉降量，并按浅基础的沉降验算要求进行验算。

第七节　桩基础的设计

设计桩基础时，首先应该搜集必要的资料，包括上部结构形式与使用要求，荷载的性质与大小，地质和水文资料，以及材料供应和施工条件等。据此拟定出设计方案(包括选择桩基类型、桩长、桩径、桩数、桩的布置、承台位置与尺寸等)，然后进行基桩和承台以及桩基础整体的强度、稳定、变形试验，经过计算、比较、修改，以保证承台、基桩和地基在强度、变形及稳定性方面满足安全和使用上的要求,并同时考虑技术和经济上的可能性与合理性,最后确定较理想的设计方案。

一、桩基础类型的选择

选择桩基础类型时,应根据设计要求和现场的条件,并考虑各种类型桩基础具有的不同特点,综合分析选择。

(一)承台底面高程的考虑

承台底面的高程应根据桩的受力情况、桩的刚度以及地形、地质、水流、施工等条件,考虑美观与整体协调性综合确定。

承台低稳定性较好,但在水中施工难度较大,因此可用于季节性河流、冲刷小的河流或旱地上其他结构物的基础。

对于常年有流水、冲刷较深,或水位较高、施工排水困难,在受力条件允许时,应尽可能采用高桩承台。

当作用在桩基础上的水平力和弯矩较大或桩侧土质较差时,为减少桩身所受的内力,可适当降低承台底面高程。有时为节省墩台身圬工数量,则可适当提高承台底面高程。

当承台埋设于冻胀土层中时,为了避免由于土的冻胀引起桩基础损坏,承台底面应位于冻结线以下不少于0.25m。承台如位于水中,在有流冰的河道,其高程应在最低冰层底面以下不小于0.25m;在有流筏、其他漂流物或通航的河道,承台底面高程也应适当放低,以保证基桩不会受到直接撞击损坏,否则应设置防撞装置。

(二)端承桩桩基和摩擦桩桩基的考虑

端承桩和摩擦桩的选择主要根据地质和受力情况确定。端承桩基础承载力大,沉降量小,较为安全可靠,因此当基岩埋深较浅时,应考虑采用端承桩桩基。若岩层埋置较深或受施工条件的限制不宜采用端承桩,则可采用摩擦桩。

当采用端承桩时,除桩底支承在基岩上外,如覆盖层较薄,或水平荷载较大,还需将桩底端嵌入基岩中一定深度成为嵌岩桩,以增加桩基的稳定性和承载能力。为保证嵌岩桩在横向荷载作用下的稳定性,需嵌入基岩的深度与桩嵌固处的内力及桩周岩石强度有关,可按公式(4-5)、(4-6)确定,同时要求不小于0.5m。

在同一桩基础中不宜同时采用端承桩和摩擦桩,同时也不宜采用不同材料、不同直径和长度相差过大的桩,以避免桩基产生不均匀沉降或丧失稳定性。

(三)桩型与成桩工艺

桩型与工艺选择应根据结构类型、荷载性质、桩的使用功能、穿越土层、桩端持力层土类、地下水位、施工设备、施工环境、施工经验、桩的材料供应条件等,选择经济、合理、安全适用的桩型和成桩工艺。各行业的相关规范中都附有成桩工艺适用性的表格,可供选择时参考。

二、桩径、桩长的拟定

桩径与桩长的设计,应综合考虑荷载的大小、土层性质与桩周土阻力状况、桩基类型与结构特点、桩的长径比以及施工设备与技术条件等因素后确定,力争做到既满足使用要求,又造价经济,最有效地利用和发挥地基土和桩身材料的承载性能。

设计时,首先拟定尺寸,然后通过基桩计算和验算,视所拟定的尺寸是否经济合理,再行最后确定。

(一)桩径拟定

桩的类型选定后,桩的横截面(桩径)可根据各类桩的特点与常用尺寸选择确定。

(二)桩长拟定

确定桩长的关键在于选择桩端持力层,因为桩端持力层对于桩的承载力和沉降有着重要影响。设计时,可先根据地质条件选择适宜的桩端持力层初步确定桩长,并应考虑施工的可行性(如钻孔灌注桩钻机钻进的最大深度等)。

一般都希望把桩底置于岩层或坚硬的土层上,以得到较大的承载力和较小的沉降量。如在施工条件容许的深度内没有坚硬土层存在,应尽可能选择压缩性较低、强度较高的土层作为持力层,要避免使桩底坐落在软土层上或离软弱下卧层的距离太近,以免桩基础发生过大的沉降。

对于摩擦桩,有时桩底持力层可能有多种选择,此时确定桩长与桩数两者相互牵连,遇此情况,可通过试算比较,选择较合理的桩长。摩擦桩的桩长不应拟定太短,一般不应小于4m。因为桩长过短达不到设置桩基把荷载传递到深层或减小基础下沉量的目的,且必然增加桩数很多,扩大了承台尺寸,也影响施工的进度。此外,为保证发挥摩擦桩桩底土层支承力,桩底端部应插入桩底持力层一点深度,一般不宜小于1m。

三、确定基桩根数及其平面布置

(一)桩的根数估算

基础所需桩的根数,可根据承台底面上的竖向荷载和单桩容许承载力按下式估算:

$$n = \mu \frac{N}{[R_a]} \tag{4-76}$$

式中:n——桩的根数;

N——作用在承台底面上的竖向荷载(kN);

$[R_a]$——单桩轴向容许承载力(kN);

μ——考虑偏心荷载时各桩受力不均而适当增加桩数的经验系数,可取 $\mu = 1.1 \sim 1.2$。

估算的桩数是否合适,在验算各桩的受力状况后即可确定。

桩数的确定还须考虑满足桩基础水平承载力要求的问题。若有水平静载试验资料,可用各单桩水平承载力之和作为桩基础的水平承载力(为偏安全考虑)来校核按式(4-76)估算的桩数。但一般情况下,桩基水平承载力是由基桩的材料强度所控制,可通过对基桩的结构强度设计(如钢筋混凝土桩的配筋设计与截面强度验算)来满足,所以桩数仍按式(4-76)来估算。

此外,桩数的确定与承台尺寸、桩长及桩的间距的确定相关联,确定时应综合考虑。

（二）桩的间距的确定

为了避免桩基础施工可能引起土的松弛效应和挤土效应对相邻基桩的不利影响，以及桩群效应对基桩承载力的不利影响，布设桩时，应该根据土类、成桩工艺以及排列形式确定桩的最小中心距。一般情况下，穿越饱和软土的挤土桩，要求桩中心距最大，部分挤土桩或穿越非饱和土的挤土桩次之，非挤土桩最小；对于大面积的桩群，桩的最小中心距宜适当加大。具体情况按《公路桥涵地基与基础设计规范》(JTG D63—2007)的规定确定。

（三）桩的平面布置

桩数确定后，可根据桩基受力情况选用单排桩或多排桩桩基。多排桩的排列形式可采用行列式、梅花式和环形，在相同的承台底面积下，采用行列式可排列较多的基桩，而采用梅花式或环形则有利于施工，应根据实际情况采用。

桩基础中桩的平面布置，除应满足前述的最小桩距等构造要求外，还应考虑基桩布置对桩基受力有利。

为使各桩受力均匀，充分发挥每根桩的承载能力，设计布置时，应尽可能使桩群横截面的重心与荷载合力作用点重合或接近，通常桥墩桩基础中的基桩采取对称布置，而桥台多排桩桩基础视受力情况在纵桥向采用非对称布置。

当作用于桩基的弯矩较大时，宜尽量将桩布置在离承台形心较远处，采用外密内疏的布置方式，以增大基桩对承台形心或合力作用点的惯性距，提高桩基的抗弯能力。

此外，基桩布置还应考虑使承台受力较为有利，例如桩柱式墩台应尽量使墩柱轴线与基桩轴线重合，盖梁式承台的桩柱布置应使承台发生的正负弯矩接近或相等，以减小承台所承受的弯曲应力。

四、桩基础设计方案检验

（一）单根基桩的检验

1. 单桩轴向承载力检验

（1）按地基土的支承力确定和验算单桩轴向承载力。

首先根据地质资料确定单桩轴向容许承载力，对于一般性桥梁和结构物，或在各种工程的初步设计阶段可按经验（规范）公式计算；而对于大型、重要桥梁或复杂地基条件还应通过静载试验或其他方法，并作详细分析比较，较准确合理地确定。随后，验算单桩轴向容许承载力，应以受轴向力最大的一根基桩进行验算。

（2）按桩身材料强度确定和检验单桩承载力。

检验时，把桩作为一根压弯构件，以承载能力极限状态验算桩身压屈稳定和截面强度，以正常使用极限状态验算桩身裂缝宽度。

2. 单桩横向承载力检验

当有水平静载试验资料时，可以直接检验桩的水平容许承载力是否满足地面处水平力的要求。一般情况下桩身还作用有弯矩，或无水平静载试验资料时，均应验算桩身截面强度。

对于预制桩还应验算桩在起吊、运输时的桩身强度。

3. 单桩水平位移检验

现行规范未直接提及桩的水平位移验算,但规范规定需作墩台顶水平位移验算,在荷载作用下,墩台水平位移值的大小,除了与墩台本身材料受力变位有关外,还取决于桩的水平位移及转角,因此,墩台顶水平位移验算包含了单桩水平位移验算。

此外,《公路桥涵地基与基础设计规范》(JTG D63—2007)给出的地基土比例系数 m 值,是用于结构物在地面处水平位移最大值不超过6mm的情况,当水平位移较大时适当降低。因此,当采用规范给出的系数 m 值时,应计算地面处桩身的水平位移并应不超过6mm。

(二)群桩基础承载力和沉降量的检验

对9根及9根桩以上的多排摩擦桩群桩基础,当桩端平面内桩距小于6倍桩径时,须进行群桩基础整体承载力验算,必要时还应按实体基础计算群桩基础的沉降量并验算。

(三)承台强度检验

对于承台,一般应进行局部受压、抗冲剪、抗弯和抗剪强度检验,具体方法见《公路钢筋混凝土及预应力混凝土桥涵设计规范》(JTG D62—2004)。

第八节　桩基础的施工

桩基础施工前应根据已定出的墩台纵横中心轴线直接定出桩基础轴线和各基桩桩位,目前,已普遍应用全站仪设置固定标志或控制桩,以便施工时随时校核。下面分别介绍钻孔灌注桩、挖孔灌注桩、沉管灌注桩、预制沉桩及钻孔埋置桩和桩端后压浆的施工方法。

一、钻孔灌注桩的施工

钻孔灌注桩施工应根据土质、桩径大小、入土深度和机具设备等条件,选用适当的钻具和钻孔方法进行钻(冲)孔,以保证能顺利达到预计孔深,然后清孔、吊放钢筋笼架、灌注水下混凝土。

目前我国常使用的钻具有旋转钻、冲击钻和冲抓钻三种类型。为稳固孔壁,采用孔口埋设护筒和在孔内灌入黏土泥浆,并使孔内液面高出孔外水位,以在孔内形成一向外的静压力,起到护壁、固壁作用。现按施工顺序介绍其主要工序:

(一)准备工作

1. 准备场地

施工前应将场地平整好,以便安装钻架进行钻孔。

(1)当墩台位于无水岸滩时,钻架位置处应整平夯实,清除杂物,挖换软土。

(2)当场地有浅水时,宜采用土或草袋围堰筑岛[图4-51c)]。

(3)当场地为深水或陡坡时,可用木桩或钢筋混凝土桩搭设支架,安装施工平台支承钻机(架)。深水中在水流较平稳时,也可将施工平台架设在浮船上,就位锚固稳定后在水上钻孔。水中支架的结构强度、刚度和船只的浮力、稳定都应事前进行验算。

2. 埋置护筒

护筒一般为圆筒形结构物,一般用木材、薄钢板或钢筋混凝土制成,如图4-50所示。护筒制作要求坚固、耐用、不易变形、不漏水、装卸方便和能重复使用。护筒内径应比钻头直径大0.2~0.4m。

护筒具有如下作用：

（1）固定桩位，并作钻孔导向。

（2）保护孔口，防止孔口土层坍塌。

（3）隔离孔内外表层水，并保持钻孔内水位高出施工水位以稳固孔壁。因此埋置护筒要求稳固、准确。

护筒埋设可采用下埋式（适于旱地）[图4-51a）]、上埋式（适于旱地或浅水筑岛）[图4-51b）、c）]和下沉埋设（适于深水）[图4-51d）]。

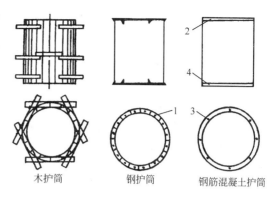

图4-50 护筒
1-连接螺栓孔；2-连接钢板；3-纵向钢筋；4-连接钢板或刃脚

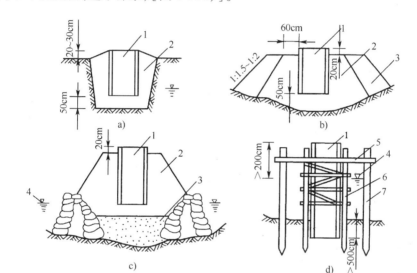

图4-51 护筒的埋置
1-护筒；2-夯实黏土；3-砂土；4-施工水位；5-工作平台；6-导向架；7-脚手架

埋置护筒时应注意下列几点：

（1）护筒平面位置应埋设正确，偏差不宜大于50mm。

（2）护筒顶高程应高出地下水位和施工最高水位1.5~2.0m。在无水地层钻孔，因护壁顶设有溢浆口，因此筒顶也应高出地面0.2~0.3m。

（3）护筒底应低于施工最低水位（一般低于0.1~0.3m即可）。深水下沉埋设的护筒应沿导向架借自重、射水、震动或锤击等方法将护筒下沉至稳定深度，黏性土应达到0.5~1m，砂性土则应达到3~4m。

（4）下埋式及上埋式护筒挖坑不宜太大（一般比护筒直径大0.1~0.6m），护筒四周应夯填密实的黏土，护筒底应埋置在稳定的黏土层中，否则也应换填黏土并夯密实，其厚度一般为0.50m。

3. 制备泥浆

泥浆在钻孔中的作用是：

（1）泥浆相对密度大、浮力大，在孔内可产生较大的悬浮液压力，可防止坍孔，起到护壁作用。

（2）具有悬浮钻渣作用，利于钻渣的排出。

（3）泥浆向孔外土层渗漏，在钻进过程中，由于钻头的活动，孔壁表面形成一层胶泥，具有护壁作用，同时将孔内外水流切断，能稳定孔内水位。

因此在钻孔过程中，孔内应保持一定稠度的泥浆。一般相对密度以 1.1～1.3 为宜，在冲击钻进大卵石层时可用 1.4 以上，黏度一般为 16～28Pa·s，含砂率一般小于 4%。

钻孔泥浆由水、黏土（或膨润土）和添加剂组成。开工前应准备数量充足和性能合格的黏土和膨润土。调制泥浆时，先将土加水浸透，然后用搅拌机或人工拌制，按不同地层情况严格控制泥浆浓度，正确选用正、反循环转法钻孔，为了回收泥浆原料和减少环境污染，应设置泥浆循环净化系统。调制泥浆的黏土塑性指数不宜小于 15。

在较好的黏土层中钻孔，也可先灌入清水，钻孔时在孔内自造泥浆。

4. 钢筋笼制作

在钻孔之前或者钻孔的同时要制作好钢筋笼，以便成孔、清孔后尽快下放钢筋笼、灌注混凝土，以防止塌孔事故的发生。

钢筋笼的质量好坏直接影响着整个桩的强度，所以钢筋笼应严格按图纸尺寸要求制作。在制作过程中应注意：在任一焊接接头中心至钢筋直径的 35 倍且不小于 500mm 的长度区段内，同一根钢筋不得有两个接头，在该区段内的受拉区有接头的受力钢筋截面面积不宜超过受力钢筋总截面的 50%，在受压区和装配式构件间的连接钢筋不受此限制；螺旋筋布置在主筋外侧；定位筋应均匀对称的焊接在主筋外侧。

下放钢筋笼前应对其进行质量检查，保证钢筋根数、位置、净距、保护层厚度等满足要求。

5. 安装钻机或钻架

钻架是钻孔、吊放钢筋笼、灌注混凝土的支架。我国生产的定型旋转钻机和冲击钻机都附有定型钻架，其他一般常用的还有木制和钢制的四脚架（图 4-52）、三脚架或八字扒杆。

在钻孔过程中，成孔中心必须对准桩位中心，钻机（架）必须保持平稳，不发生位移、倾斜和沉陷。钻机（架）安装就位时，应详细测量，底座应用枕木垫实塞紧，顶端应用缆风绳固定平稳，并在钻孔过程中经常检查。

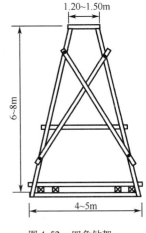

图 4-52　四角钻架

（二）钻孔

1. 钻孔方法和钻具

1）旋转钻进成孔

（1）普通旋转钻机成孔法。利用钻具的旋转切削土体钻进，并在钻进的同时常采用循环泥浆的方法护壁排渣，继续钻进成孔。我国现用旋转钻机按泥浆循环的程序不同分为正循环与反循环两种。

①正循环。即在钻进的同时，泥浆泵将泥浆压进泥浆笼头，通过钻杆中心从钻头喷入钻孔内，泥浆挟带钻渣沿钻孔上升，从护筒顶部排浆孔排出至沉淀池，钻渣在此沉淀而泥浆仍进入泥浆池循环使用，如图 4-53 所示。

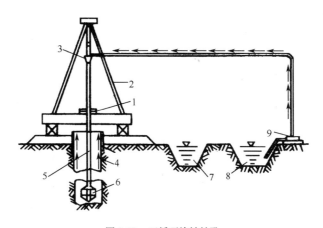

图 4-53　正循环旋转钻孔

1-钻机;2-钻架;3-泥浆笼头;4-护筒;5-钻杆;6-钻头;7-沉淀池;8-泥浆池;9-泥浆泵

②反循环。与上述正循环程序相反,将泥浆用泥浆泵送至钻孔内,然后从钻头的钻杆下口吸进,通过钻杆中心排出到沉淀池,泥浆沉淀后再循环使用。

实现反循环有三种方法(图 4-54):

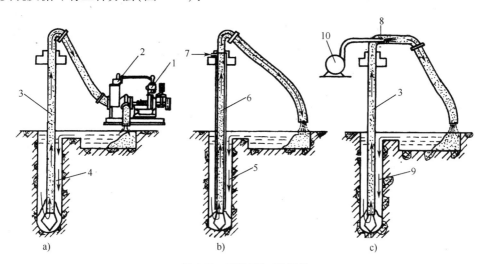

图 4-54　反循环的工作原理

a)泵吸反循环;b)压气反循环;c)射流反循环

1-真空泵;2-泥浆泵;3-钻渣;4、5、9-清水;6-气泡;7-高压空气进气口;8-高压水进口;10-水泵

a. 泵吸反循环:利用沙石泵的抽吸力迫使钻杆内部水流上升,使孔底带有钻渣的钻液不断补充到钻杆中,再由泵的出水管排出至集渣坑。由于钻杆内的钻液流速大,对物体产生的浮力也大,只要小于管径的钻渣都能及时排出,因此钻孔效率高。

b. 压气反循环:将压缩空气通过供气管路送至钻杆下端的空气混合室,使其与钻杆内的钻液混合,在钻杆内形成比管外较轻的混合体,同时在钻杆外侧压力水柱的作用下,产生一种足够排出较大粒径钻渣的提升力,将钻渣排出。这种作业有利于深掘削,当掘削深度小于 5 ~ 7m 时不起扬水作用,还会发生反流现象。

c. 射流反循环:采用水泵为动力,将 500 ~ 700kPa 的高压水通过喷射嘴射入钻杆内,从钻杆上方喷射出去,利用流速形成负压,迫使带有钻渣的钻液上升而排出孔外。此方法只能用于

10m 之内的钻削作业。但是,作为空气升液式作业不足的补充作业,尤为有效。

反循环钻机的钻进及排渣效率较高,但在接长钻杆时装卸较麻烦,如钻渣粒径超过钻杆内径(一般为 120mm)易堵塞管路,则不宜采用。

我国定型生产的旋转钻机在转盘、钻架、动力设备等均配套定型,钻头的构造根据土质情况可采用多种形式,正循环旋转钻机有鱼尾锥[图 4-55a)]、圆柱形钻头[图 4-55b)]、刺猬钻头[图 4-55c)]等,常用的反循环钻头为三翼空心钻(图 4-56)。

(2)人工或机动推钻与螺旋钻成孔法。用人工或机动旋转钻具钻进,钻头一般采用大锅锥(见图 4-57),钻孔时旋转锥削土入锅,然后提锥出渣,再放入孔内继续钻进。这种方法钻进速度较慢,效率低,遇大卵石、漂石土层不易钻进,现很少采用。只是在桩径较细、孔深较小时可采用。

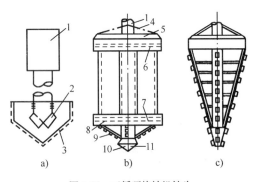
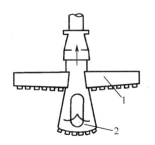
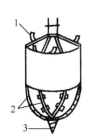

图 4-55　正循环旋转机钻头

a)鱼尾锥;b)圆柱形钻头;c)刺猬钻头

1-钻杆;2-出浆口;3-刀刃;4-斜撑;5-斜挡板;6-上腰围;

7-下腰围;8-耐磨合金钢;9-刮板;10-超前钻;11-出浆口

图 4-56　反循环旋转钻头

1-三翼刀板;2-剑尖

图 4-57　大锅锥

1-扩孔刀;2-切泥刀刃;

3-钻尖

螺旋钻成孔法是通过动力旋转钻杆,使钻头的螺旋叶片旋转削土,土沿螺旋叶片提升并排出孔外。这种钻孔方法适合于地下水位较低的一般黏土层、砂土及人工填土地基,而不适于有地下水的土层和淤泥质土。

螺旋钻机根据钻杆上螺旋叶片的多少分为长螺旋钻机和短螺旋钻机。长螺旋钻机(又称全叶片螺旋钻机)在钻杆的全长上都有螺旋叶片[图 4-58a)];而短螺旋钻机只在钻杆的下端有一小段螺旋叶片[图 4-58b)]。长螺旋钻头外径较小,已生产的成品规格有 $\phi400mm$、$\phi600mm$ 和 $\phi800mm$ 等,成孔深度一般为 8～12m,目前最深可达 30m。短螺旋钻机成孔直径和深度较大,孔径可超过 2m,孔深可达 100m。

在软塑土层,含水率大时,可用疏纹叶片钻杆,以便较快地钻进。在可塑或硬塑黏土中,或含水率较小的砂土中应用密纹叶片钻杆,缓慢、均匀地钻进。

操作时要求钻杆垂直,钻孔过程中如发现钻杆摇晃或难钻进时,可能是遇到石块等异物,应立即停机检查。钻进速度应根据电流值变化及时调整。在钻进过程中,应随时清理孔口积土,遇到塌孔、缩孔等异常情况,应及时研究解决。

(3)潜水钻机成孔法。其特点是钻头与动力装置(电动机)联成一体,电动机直接驱动钻头旋转切土,能量损耗小而效率高,但设备管路较复杂,旋转电动机及变速装置均须密封安装在钻头与钻杆之间(图 4-59)。其钻进成孔方法与正循环法相同,钻孔时钻头旋转刀刃切土,并在钻头端部喷出高速水流冲刷土体,以水力排渣。

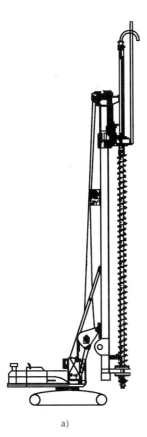

a)   b)

图 4-58 螺旋钻机

a) 长螺旋钻机; b) 短螺旋钻机

由于旋转钻进成孔的施工方法受到机具和动力的限制,一般适用于较细、软的土层,如各种塑状的黏性土、砂土、夹少量粒径小于 $100 \sim 200\text{mm}$ 的砂卵石土层。对于坚硬土层或岩层,目前也有采用牙轮旋转钻头(由动力驱动大齿轮而带动若干个高强度小齿轮钻刃旋转切削岩体),已取得良好效果。

2) 冲击成孔

利用钻锥($10 \sim 35\text{kN}$)不断地提锥、落锥反复冲击孔底土层,把土层中的泥沙、石块挤向四壁或打成碎渣,钻渣悬浮于泥浆中,利用掏渣筒取出。重复上述过程冲击成孔,如图 4-60 所示。

主要采用的机具有定型的冲击式钻机(包括钻架、动力、起重装置等)[图 4-60a)]、冲击钻头、转向装置和掏渣筒等。也可用 $30 \sim 50\text{kN}$ 带离合器的卷扬机配合钢、木钻架及动力组成简易冲击钻机[图 4-60b)]。

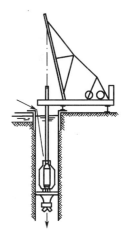

图 4-59 潜水电钻

钻头一般是由整体铸钢做成的实体钻锥,钻刃常为十字形,采用高强度耐磨钢材做成,底刃最好不完全平直以加大单位长度上的压重,如图 4-61 所示(图中 $\beta = 70° \sim 90°$,$\varphi = 160° \sim 170°$)。冲击时钻头应有足够的重力,适当的冲程和冲击频率,以使它有足够的能量将岩块打碎。

冲锥每冲击一次旋转一个角度,才能得到圆形的钻孔。因此在锥头和提升钢丝绳连接处应有转向装置,常用的有合金套或转向环,以保证冲锥的转动,也避免了钢丝绳打结扭断。

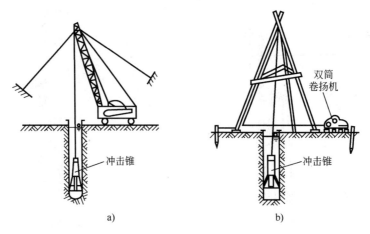

图 4-60 冲击成孔

a)定型的冲击钻机;b)简易冲击钻机

掏渣筒是用以掏取孔内钻渣的工具,如图4-62所示,用30mm左右厚的钢板制作,下面碗形阀门应与渣筒密合以防止漏水漏浆。

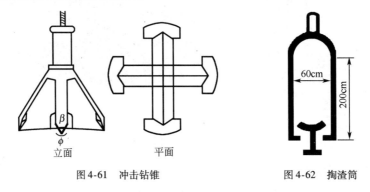

图 4-61 冲击钻锥   图 4-62 掏渣筒

冲击钻孔适用于含有漂卵石、大块石的土层及岩层,也能用于其他土层。成孔深度一般不宜超过50m。

3)冲抓成孔

用兼有冲击和抓土作用的冲抓锥,通过钻架,由带离合器的卷扬机操纵,靠冲锥自重(重为10~20kN)冲下使抓土瓣锥尖张开插入土层,然后由卷扬机提升锥头收拢抓土瓣将土抓出,弃土后继续冲抓钻进而成孔,如图4-63所示。

钻锥常采用四瓣或六瓣冲抓锥,其构造如图4-64所示。当收紧外套钢丝绳、松内套钢丝绳,内套在自重作用下相对外套下坠,便使锥瓣张开插入土中。

冲抓成孔适用于黏性土、砂性土及夹有碎卵石的砂砾土层。成孔深度宜小于30m。

2. 钻孔的注意事项

在钻孔过程中应防止坍孔、孔形扭歪或孔偏斜,甚至把钻头埋住或掉进孔内等事故。因此,钻孔时应注意下列各点:

(1)在钻孔过程中,始终要保持钻孔护筒内水位要高出筒外1~1.5m的水位差和护壁泥浆的要求(泥浆的相对密度为1.1~1.3、黏度为16~28Pa·s、含砂率≤4%等),以起到护壁固壁作用,防止坍孔。若发现漏水(漏浆)现象,应找出原因及时处理。

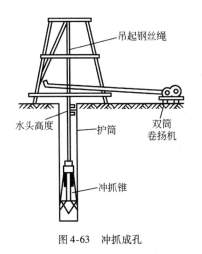

图 4-63　冲抓成孔

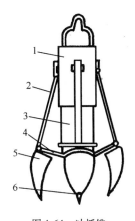

图 4-64　冲抓锥

1-外套;2-连杆;3-内套;4-支撑杆;5-叶瓣;6-锥头

（2）在钻孔过程中,应根据土质等情况控制钻进速度、调整泥浆稠度,以防止坍孔及钻孔偏斜、卡钻和旋转钻机负荷超载等情况发生。

（3）钻孔宜一气呵成,不宜中途停钻以避免坍孔,若坍孔严重应回填重钻。

（4）钻孔过程中应加强对桩位、成孔情况的检查工作。

终孔时应对桩位、孔径、形状、深度、倾斜度及孔底土质等情况进行检验,合格后立即清孔、吊放钢筋笼,灌注混凝土。

3. 钻孔常见事故及预防、处理措施

常见的钻孔事故有:坍孔、钻孔偏斜、扩孔与缩孔、钻孔漏浆、掉钻落物、糊钻以及形成梅花孔、卡钻、钻杆折断等。其处理方法如下:

（1）遇有坍孔,应认真分析原因和查明位置,然后进行处理。坍孔不严重时,可回填至坍孔位置以上,并采取改善泥浆性能,加高水头、埋深护筒等措施,继续钻进。坍孔严重时,应立即将钻孔全部用砂或小砾石夹黏土回填,暂停一段时间后,查明坍孔原因,采取相应措施重钻。坍孔部位不深时,可采取深埋护筒法,将护筒周围土夯填密实,重新钻孔。

（2）遇有孔身偏斜、弯曲时,一般可在偏斜处吊住钻锥反复扫孔,使钻孔正直。偏斜严重时,应回填黏性土到偏斜处,待沉积密实后重新钻进。

（3）遇有扩孔、缩孔时,应采取防止坍孔和钻锥摆动过大的措施。缩孔是钻锥磨损过甚、焊补不及时或因地层中有遇水膨胀的软土、黏土泥岩造成的。对前者应及时补焊钻锥,对后者应用失水率小的优质泥浆护壁。对已发生的缩孔,宜在该处用钻锤上下反复扫孔以扩大孔径。

（4）钻孔漏浆时,如护筒内水头不能保持,宜采取将护筒周围回填土筑实、增加护筒埋置深度、适当减小水头高度或加稠泥浆、倒入黏土慢速转动等措施;用冲击法钻孔时,还可填入片石、碎卵石土,反复冲击以增强护壁。

（5）由于钻锥的转向装置失灵、泥浆太稠、钻锥旋转阻力过大或冲程太小,钻锥来不及旋转,易发生梅花孔（或十字槽孔,多见于冲击钻孔）,可采用片石或卵石与黏土的混合物回填钻孔,重新冲击钻进。

（6）糊钻、埋钻常出现于正、反循环（含潜水钻机）回转钻进和冲击钻进中,遇此应对泥浆稠度、钻渣进出口、钻杆内径大小、排渣设备进行检查计算,并控制适当的进尺。若已严重糊钻,则应停钻,提出钻锥,清除钻渣。冲击钻锥糊钻时,应减小冲程、降低泥浆稠度,并在黏土层上回填部分砂、砾石。遇到坍方或其他原因造成埋钻时,应使用空气吸泥机吸出埋钻的泥沙,提出钻锥。

(7)卡钻常发生在冲击钻孔,卡钻后不宜强提,只宜轻提,轻提不动时,可用小冲击钻锥冲击或用冲、吸的方法将钻锥周围的钻渣松动后再提出。

(8)掉钻落物时,宜迅速用打捞叉、钩、绳套等工具打捞;若落物已被泥沙埋住,应按前述各条,先清除泥沙,使打捞工具接触落体后再行打捞。

处理钻孔事故时,在任何情况下,严禁施工人员进入没有护筒或其他防护设施的钻孔中处理故障。

(三)清孔

清孔目的是抽、换孔内泥浆,清除钻渣,尽量减少孔底沉淀层厚度,防止桩底存留过厚的沉淀层而降低桩的承载力;其次,清孔还为灌注水下混凝土创造良好条件,使测深正确,灌注顺利,保证灌注的混凝土质量。

清孔应紧接在终孔检查后进行,避免间隔时间过长引起泥浆沉淀过厚及孔壁坍塌。

清孔的方法有抽浆法、换浆法、掏渣法、喷射法以及用砂浆置换钻渣法等,应根据设计要求、钻孔方法、机具设备和土质条件决定。下面分别介绍。

1. 抽浆法清孔

抽浆法清孔是用空气吸泥机吸出含钻渣的泥浆而达到清孔目的。如图4-65所示,由风管将压缩空气输进排泥管,使泥浆形成密度较小的泥浆空气混合物,在水柱压力下沿排泥管向外排出泥浆和孔底沉渣,同时用水泵向孔内注水,保持水位不变直至喷出清水或沉渣厚度达设计要求为止。

抽浆法清孔较为彻底,适用于孔壁不易坍塌的各种钻孔方法的灌注桩。

2. 掏渣法清孔

掏渣法清孔是用掏渣筒、大锅锥或冲抓锥掏清孔内粗粒钻渣。掏渣前可先投入水泥1~2袋,再以钻锥冲击数次,使孔内泥浆、钻渣和水泥形成混合物,然后用掏渣工具掏渣。当要求清孔质量较高时,可使用高压水管插入孔底射水,使泥浆相对密度逐渐降低。

该法仅适用于机动推钻、冲抓、冲击成孔的各类土层摩擦桩的初步清孔。

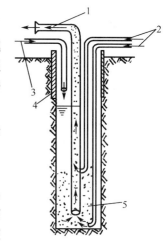

图4-65 抽浆清孔

1-泥浆钻渣喷出;2-通入压缩空气;
3-注入清水;4-护筒;5-孔底沉积物

3. 换浆法清孔

换浆法清孔适用于正、反循环旋转钻孔的各类土层的摩擦桩。当钻孔完成后,可将钻头提离孔底10~20cm空转,继续循环,以相对密度较低(1.1~1.2)的泥浆压入,把孔内的悬浮钻渣和相对密度较大的泥浆换出,直至达到清孔要求。

该法的优点是不易坍孔,不需增加机具。缺点是清孔时间较长,且清孔不彻底。

4. 喷射法清孔

喷射清孔只宜配合其他清孔方法使用,是在灌注混凝土前对孔底进行高压射水或射风数分钟,使剩余少量沉淀物漂浮后,立即灌注水下混凝土。

若孔壁易坍孔,必须在泥浆中灌注混凝土时,采用砂浆置换钻渣清孔法。

利用以上方法清孔时,应注意保持孔内水头高度,以防止坍孔。另外,不得用加深孔底深度的方法代替清孔。

清孔的质量要求:

(1)清孔后孔底沉淀厚度应符合规定要求:对于端承桩,应不大于设计规定值;对于摩擦桩,应符合设计要求,当无设计要求时,对直径≤1.5m 的桩,沉淀厚度≤300mm;对直径 >1.5m 或桩长 >40m 或土质较差的桩,沉淀厚度≤500mm。

孔底沉淀厚度的测量,可在清孔后用取样盒(开口铁盒)吊到孔底,待到灌注混凝土前取出,直接量测沉淀在盒内的沉渣厚度即为沉淀厚度。

(2)清孔后泥浆指标要求为:相对密度 1.03 ~ 1.10,黏度 17 ~ 20Pa·s,含砂率 <2%,胶体率 >98%。

(四)吊放钢筋骨架

钻孔桩的钢筋应按设计要求预先焊成钢筋笼骨架,整体或分段就位,吊入钻孔。钢筋笼骨架吊放前应检查孔底深度是否符合要求;孔壁有无妨碍骨架吊放和正确就位的情况。钢筋骨架吊装可利用钻架或另立扒杆进行。吊放时应避免骨架碰撞孔壁,并保证骨架外混凝土保护层厚度,应随时校正骨架位置。钢筋骨架达到设计高程后,应将其牢固定位于孔口。钢筋骨架安置完毕后,须再次进行孔底检查,有时须进行二次清孔,达到要求后即可灌注水下混凝土。

(五)灌注水下混凝土

1. 灌注方法及有关设备

目前我国多采用直升导管法灌注水下混凝土。

导管法的施工过程如图 4-66 所示。将导管居中插入到离孔底 0.30 ~ 0.40m(不能插入孔底沉积的泥浆中),导管上口接漏斗,在接口处设隔水栓,以隔绝混凝土与导管内水的接触。在漏斗中储备足够数量的混凝土后,放开隔水栓使漏斗中储备的混凝土连同隔水栓向孔底猛

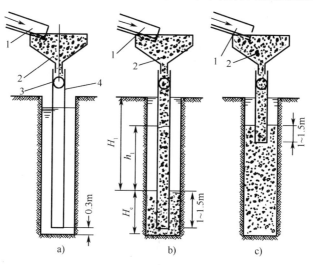

图 4-66　灌注水下混凝土
1-通混凝土储料槽的设备;2-漏斗;3-隔水栓;4-导管

落,将导管内水挤出,混凝土从导管下落至孔底堆积,并使导管埋在混凝土内,此后向导管连续灌注混凝土。导管下口应埋入孔内混凝土内 1～1.5m 深,以保证钻孔内的水不可能重新流入导管。随着混凝土不断由漏斗、导管灌入钻孔,钻孔内初期灌注的混凝土及其上面的水或泥浆不断被顶托升高,相应地不断提升导管和拆除导管,直至钻孔灌注混凝土完毕。

导管是内径 0.20～0.40m 的钢管,壁厚为 3～4m,每节长度为 1～2m,最下面一节导管应较长,一般为 3～4m。管两端用法兰盘及螺栓连接,并垫橡皮圈以保证接头不漏水,如图 4-67 所示,导管内壁应光滑,内径大小一致,连接牢固,在压力下不漏水。

隔水栓常用直径较导管内径 20～30mm 的木球,或混凝土球、砂袋等,以粗铁丝悬挂在导管上口或近导管内水面处,要求隔水球能在导管内滑动自如不致卡管。木球隔水栓构造如图 4-66、图 4-67 所示。目前也有采用在漏斗与导管接头处设置活门或铁抽板来代替隔水球,它是利用混凝土下落排出导管内的水,施工较简单但需有丰富的操作经验。

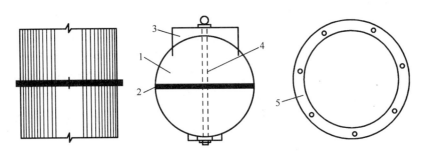

图 4-67　导管接头及木球
1-木球;2-橡皮垫;3-导向架;4-螺栓;5-法兰盘

首批灌注的混凝土数量要保证将导管内的水全部压出,并能将导管初次埋入 1～1.5m 深处。按照这个要求,应计算漏斗应有的最小容量,从而确定漏斗的尺寸大小及储料槽的大小。

漏斗顶端至少应高出桩顶 3m,以保证在灌注最后部分混凝土时,管内混凝土能满足顶托管外混凝土及其上面的水或泥浆重力的需要。

2. 对混凝土材料的要求

为保证水下混凝土的质量,混凝土材料应满足以下要求:

(1)进行混凝土配合比设计时,要将混凝土强度等级提高 20%。

(2)混凝土应有必要的流动性,坍落度宜在 180～220mm 范围内。

(3)每立方米混凝土水泥用量不少于 350kg,水灰比宜用 0.5～0.6,含砂率宜采用 40%～50%,使混凝土有较好的和易性。

(4)为防卡管,石料尽可能用卵石,适宜直径为 5～30mm,最大粒径不超过 40mm。

3. 灌注水下混凝土的注意事项

灌注水下混凝土是钻孔灌注桩施工最后一道关键性的工序,其施工质量将严重影响到成桩质量,施工中应注意以下几点:

(1)混凝土拌和必须均匀,尽可能缩短运输距离和减小颠簸,防止混凝土离析而发生卡管事故。

(2)灌注混凝土必须连续作业,一气呵成,避免任何原因的中断灌注,因此混凝土的搅拌和运输设备应满足连续作业的要求,孔内混凝土上升到接近钢筋笼架底处时应防止钢筋笼架被混凝土顶起。

（3）在灌注过程中，要随时测量和记录孔内混凝土灌注高程和导管入孔长度，提管时应控制和保证导管埋入混凝土面内有 2～6m 的深度。防止导管提升过猛，管底提离混凝土面或埋入过浅，而使导管内进水造成断桩夹泥。另一方面也要防止导管埋入过深，而造成导管内混凝土压不出或导管为混凝土埋住凝结，不能提升，导致中止浇灌而成断桩。

（4）灌注的桩顶高程应比设计值预加一定的高度，此范围的浮浆和混凝土应凿除，以确保桩顶混凝土的质量，预加高度一般为 0.5m，深桩应酌量增加。待桩身混凝土达到设计强度，按规定检验后方可灌注系梁、盖梁或承台。

二、挖孔灌注桩的施工

挖孔灌注桩适用于无水或少水的较密实的各类土层中，桩的直径（或边长）不宜小于 1.4m，孔深一般不宜超过 20m。

挖孔桩施工，必须在保证安全的基础上不间断地快速进行。每一桩孔开挖、提升出土、排水、支撑、立模板、吊装钢筋骨架、灌注混凝土等作业都应事先准备好，紧密配合。

（一）开挖桩孔

一般采用人工开挖，开挖之前应清除现场四周及山坡上悬石、浮土等排除一切不安全的因素，做好孔口四周临时围护和排水设备、孔口应采取措施防止土石掉入孔内，并安排好排土提升设备，布置好弃土通道，必要时孔口应搭雨棚。

挖土过程中要随时检查桩孔尺寸和平面位置，防止误差。并注意施工安全，下孔人员必须配戴安全帽和安全绳，提取土渣的机具必须经常检查。孔深超过 10m 时，应经常检查孔内二氧化碳浓度，如超过 0.3% 应增加通风措施。孔内如用爆破施工，应采用浅眼爆破法，且在炮眼附近要加强支护，以防止震坍孔壁。桩孔较深时，应采用电引爆，爆破后应通风排烟，经检查孔内无毒后施工人员方可下孔。应根据孔内渗水情况，注意做好孔内排水工作。

（二）护壁和支撑

挖孔桩开挖过程中，开挖和护壁两个工序，必须连续作业，以确保孔壁不坍。应根据地质、水文条件、材料来源等情况因地制宜选择支撑和护壁方法。桩孔较深，土质相对较差，出水量较大或遇流沙等情况时，宜采用就地灌注混凝土护壁，如图 4-68a）所示，每下挖 1～2m 灌注一次，随挖随支。护壁厚度一般采用 0.15～0.20m，混凝土强度等级为 C15～C20，必要时可配置少量的钢筋，也可采用下沉预制钢筋混凝土护壁。如土质较松散而渗水量不大时，可考虑用木料作框架式支撑或在木框架后面铺木板作支撑，如图 4-68b）所示，木框架或木框架与木板间应用扒钉钉牢，木板后面也应与土面塞紧。如土质尚好渗水不大时也可用荆条、竹笆作护壁，随挖随护壁，以保证挖土安全进行。

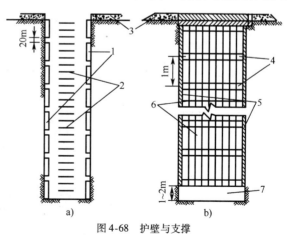

图 4-68　护壁与支撑

1-混凝土护壁；2-固定在护壁上供人上下用的钢筋；3-孔口围护；4-木框架支撑；5-支撑木板；6-木框架支撑；7-不设支撑地段

(三)排水

孔内如渗水量不大,可采用人工排水;若渗水量较大,可用高扬程抽水机或将抽水机吊入孔内抽水。若同一墩台有几个桩孔同时施工,可以安排一孔超前开挖,使地下水集中在一孔排出。

(四)吊装钢筋骨架及灌注桩身混凝土

挖孔到达设计深度后,应检查和处理孔底和孔壁情况,清除孔壁、孔底浮土,孔底必须平整,土质及尺寸符合设计要求,以保证基桩质量。吊装钢筋笼架及需要时灌注水下混凝土的方法和注意事项与钻孔灌注桩基本相同。

当挖孔过深(超过20m)、或孔壁土质易于坍塌、或渗水量较大的情况下,采用挖孔桩都应慎重考虑。

三、沉管灌注桩的施工

沉管灌注桩适用于黏性土、粉土、淤泥质土、砂土及填土;在厚度较大、灵敏度较高的淤泥和流塑状态的黏性土等软弱土层中采用时,应制定质量保证措施,并经工艺试验成功后方可实施。

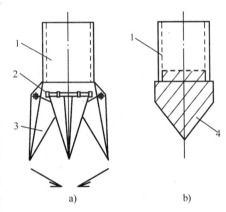

沉管灌注桩是利用锤击打桩法或振动沉桩法,将带有活瓣式桩尖或带有钢筋混凝土桩靴的钢套管沉入土中成孔(图4-69),然后边拔管边灌注混凝土而成灌注桩。若配有钢筋时,则在浇筑混凝土前先吊放钢筋骨架。利用锤击沉桩设备沉管、拔管,称为锤击沉管灌注桩;利用激振器的振动沉管、拔管时,称为振动沉管灌注桩。也可以采用振动—冲击双作用的方法沉管。

图4-69　活瓣桩尖及桩靴
a)活瓣桩尖;b)桩靴
1-桩管;2-锁轴;3-活瓣;4-桩靴

沉管灌注桩无论是采用锤击打桩设备沉管,还是采用振动打桩设备沉管,其施工过程均如图4-70所示。

沉管灌注桩的施工有以下要点:

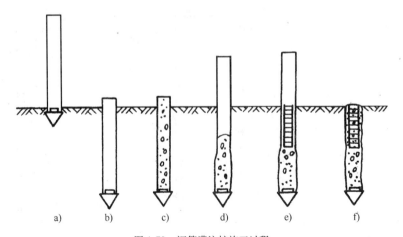

图4-70　沉管灌注桩施工过程
a)套管就位;b)沉管;c)初灌混凝土;d)拔管振动;e)下放钢筋笼,灌注混凝土;f)拔管成桩

（1）就位。套管开始沉入土中，应保持位置正确，如有偏斜或倾斜应及时纠正。

（2）灌注混凝土。沉管至设计高程后，应立即灌注混凝土，尽量减少间隔时间。灌注混凝土之前，必须检查桩管内有无吞桩尖或进泥、进水。

（3）拔管。拔管时应先振后拔，满灌慢拔，边振边拔。在开始拔管时应测得桩靴活瓣确已张开，或钢筋混凝土确已脱离，灌入混凝土已从套管中流出，方可继续拔管。拔管速度要均匀，拔管速度宜控制在每分钟 1.5m 之内，在软土中不宜大于每分钟 0.8m。边振边拔以防管内混凝土被吸往上拉而缩颈，每拔起 0.5m，宜停拔，再振动片刻，如此反复进行，直至将套管全部拔出。

（4）间隔跳打。在软土中沉桩时，由于排土挤压作用会使周围土体侧移及隆起，有可能挤断邻近已完成但混凝土强度还不高的灌注桩，因此桩距不宜小于 3～3.5 倍桩径，并宜采用间隔跳打的施工方法，避免对邻桩挤压过大。如采用跳打方法，中间空出的桩须待邻桩混凝土达到设计强度的 50% 以后方可施打。

（5）复打。由于沉管的挤压作用，在软黏土中或软、硬土层交界处所产生的孔隙水压力较大或侧压力大小不一而易产生混凝土桩缩颈。为了弥补这种现象可采取扩大桩径的"复打"措施。另外，为了提高桩的质量和承载能力，也常采用复打灌注桩。

复打的施工顺序如下：在第一次灌注桩施工完毕，拔出套管后，清除管外壁上的污泥和桩孔周围地面的浮土，立即在原桩位再埋预制桩靴或合好活瓣桩尖，第二次复打套管，使未凝固的混凝土向四周挤压扩大桩径，然后第二次灌注混凝土；拔管方法与初打时相同。复打施工时要注意：前后两次沉管的轴线应重合；复打施工必须在第一次灌注的混凝土初凝之前进行，复打法第一次灌注混凝土前不能放置钢筋笼，如配有钢筋，应在第二次灌注混凝土前放置。复打也可采用内夯管进行夯扩的施工方法。

对于混凝土充盈系数小于 1.0 的桩，宜全长复打，对可能有断桩和缩颈桩，应采用局部复打。全长复打桩的入土深度宜接近原桩长，局部复打应超过断桩或缩颈区 1m 以上。

复打后的桩，其横截面增大，承载力提高，但其造价也相应增加，对邻近桩的挤压也大。

四、沉桩施工

沉桩是将预制桩（木桩、混凝土桩、钢桩）沉入地层达到设计高程。其下沉方法分为：锤击（打入）法、振动法、静力压桩法及射水法等。

沉桩的工序为：预制、吊运、桩架定位、起吊、就位、沉入、接桩、送桩（桩顶位于地面以下时）。

（一）桩的预制、吊运和就位

1. 桩的预制

桩可在预制厂预制，当预制厂距离较远而运桩不经济时，宜在现场选择合适的场地进行预制，但应注意：场地布置要紧凑，尽量靠近打桩地点，要考虑到防止被洪水所淹；地基要平整密实，并应铺设混凝土地坪或专设桩台；制桩材料的进场路线与成桩运往打桩地点的路线，不应互受干扰。

预制桩的混凝土必须连续一次浇筑完成，宜用机械搅拌和振捣，以确保桩的质量。桩上应标明编号、制作日期，并填写制桩记录。核验沉桩的尺寸和质量，并在每根桩的一侧用油漆划上长度标记（便于随时检查沉桩入土深度）。

此外，应备好沉桩地区的地质和水文资料、沉桩工艺施工方案以及试桩资料等。

2. 桩的吊运

桩的混凝土强度必须大于设计强度的70%方可吊运,达到设计强度时方可使用。桩在起吊和搬运时,必须平稳,并且不得损坏。

钢筋混凝土预制桩由预制场地吊运到桩架内,在起吊、运输、堆放时,都应该按照设计计算的吊点位置起吊(一般吊点应在桩内预埋直径20～25 mm的钢筋吊环,或以油漆在桩身标明),否则桩身受力情况与计算不符,可能引起桩身混凝土开裂。

预制钢筋混凝土桩主筋是沿桩长按设计内力配置的,吊运时的吊点位置,常根据吊点处由桩重产生的负弯矩与吊点间由桩重产生的正弯矩相等原则确定,这样较为经济。一般的桩在吊运时,采用两个吊点,如桩长为L,吊点离每端距离为0.207L,如图4-71a)所示;插桩时为单点起吊,为了使桩内正、负弯矩相等,可将吊点设在0.293L处,如图4-71b)所示,如桩长不超过10m,也可利用0.207L吊点。吊运较长的桩,为减少内力,节省钢筋,采用三点或四点起吊,如图4-71c)所示。根据相应的弯矩值,即可进行桩身配筋,或验算其吊运时的强度。

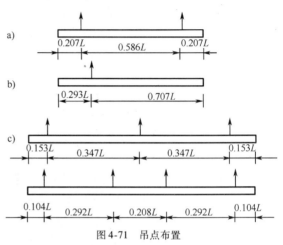

图4-71 吊点布置

3. 桩的就位

桩位定线时,应将所有的纵横向位置固定牢固,如桩的轴线位于水中,应在岸上设置控制桩。打钢筋混凝土桩时,应采用与桩的断面尺寸相适应的桩帽,桩就位后如发现桩顶不平应以麻袋等垫平。桩锤压住桩顶后,检查锤与桩的中心线是否一致,桩位、桩帽有无移动,桩的垂直度或倾斜度是否符合规定。

(二)锤击沉桩法

锤击沉桩法是靠桩锤的冲击能量将桩打入土中,因此桩径不能太大(在一般土质中桩径不大于0.6m),桩的入土深度也不宜太深(在一般土质中不超过40m),否则对打桩设备要求较高,打桩效率很差。

锤击沉桩法一般适用于松散、中密砂土、黏性土。

锤击沉桩法所用的基桩主要为预制的钢筋混凝土桩或预应力混凝土桩,常用的设备是桩锤和桩架。此外,还有射水装置、桩帽和送桩等辅助设备。

1. 桩锤

常用的桩锤有坠锤、单动汽锤、双动汽锤、柴油锤及液压锤等几种。

1)坠锤

坠锤是最简单的桩锤(图4-72),它是由铸铁或其他材料做成的锥形或柱形重块,重为2～20kN,用绳索或钢丝绳通过吊钩由人力或卷扬机沿桩架导杆提升1～2m,然后使锤自由落下锤击桩顶。此法打桩效率低,每分钟仅能打数次,但设备较简单,适用于小型工程中打木桩或小直径的钢筋混凝土预制桩。

2)单动汽锤

单动汽锤是利用蒸汽或压缩空气将桩锤在桩架内顶起下落锤击基桩,如图 图4-72 坠锤

4-73 所示。单动汽锤锤重为 10～100kN,每分钟冲击 20～40 次,冲程 1.5m 左右。单动汽锤适用于打钢桩和钢筋混凝土实心桩。

3)双动汽锤

双动汽锤是利用蒸汽或压缩空气的作用将桩锤(冲击部分)在双动汽锤的外壳(即气缸,固定在桩头上)内上下运动,锤击桩顶,如图 4-74 所示。双动汽锤重 3～10 kN,每分钟冲击 100～300 次,冲程数百毫米,打桩效率高。双动汽锤冲击频率高,一次冲击动能较小,适用于打较轻的钢筋混凝土桩或钢板桩,它除了可以打桩还可以拔桩。

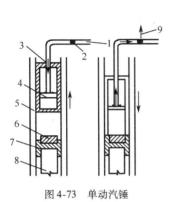

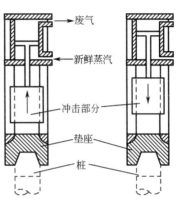

图 4-73 单动汽锤

1-输入高压气体;2-气阀;3-外壳;4-活塞;
5-导向杆;6-垫木;7-桩帽;8-桩;9-排气

图 4-74 双动汽锤

4)柴油锤

柴油锤实际上是一个柴油汽缸,工作原理同柴油机(图 4-75),是利用柴油在汽缸内压缩发热点燃而爆炸将汽缸顶起、下落时锤击桩顶。

柴油锤分为导杆式和筒式两种,前者的冲击部分是气缸,后者的冲击部分是活塞。导杆式柴油锤适用于木桩、钢板桩,筒式柴油锤宜用于钢筋混凝土管桩、钢管桩。柴油锤不适宜在过硬或过软的土中沉桩。

从能准确的获得桩的承载力看,锤击法是一种较为优越的施工方法,但其噪声太大,故在市区内施工时应考虑采用防音罩,用它将整个柴油锤包裹起来,可达到防止噪声扩散和油烟发散的目的。

打入桩施工时,应适当选择桩锤重量。桩锤过轻则桩难以打下,效率太低,还可能将桩头打坏,所以一般应采用重锤轻打,但桩锤过重,则各机具、动力设备都需加大,这样很不经济。

5)液压锤

液压锤是利用液压能将锤体提升到一定高度,锤体依靠自重或自重加液压能下降,进行锤击。其优点是打击能量大,噪声低,环境污染少,操作方便,目前已广泛应用。

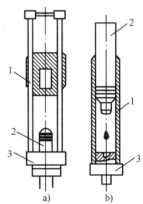

图 4-75 柴油桩锤

a)导杆式;b)筒式

1-气缸;2-活塞;3-锤座

2. 桩架

桩架的作用是装吊桩锤、插桩、打桩、控制桩锤的上下方向,由导杆、起吊设备(滑轮、绞车、动力设备等)、撑架(支撑导杆)及底盘(承托以上设备)等组成。桩架在结构上必须有足够强度、刚度和稳定性,保证在打桩过程中的动力作用下桩架不会发生移动和变位。桩架的高度应保证桩吊立就位时的需要及锤击的必要冲程。

桩架常用的有木桩架和钢桩架。木桩架只适用于坠锤或小型的单动汽锤,现已很少采用。目前基本上都采用钢制桩架,由型钢制成。桩架移动时可在底盘托板下面垫上滚筒,或用轮子和钢轨等方式,利用动力装置牵引移动。

钢制万能打桩架(图4-76)的底盘带有转台和车轮(下面铺设钢轨),撑架可以调整导向杆的斜度,因此它能沿轨道移动,能在水平面作360°旋转,也能打斜桩,施工很方便,但桩架本身笨重、拆装运输较困难。在水中的墩台桩基础,应先打好水中支架桩(小型的钢筋混凝土桩或木桩),上面可搭设打桩工作平台,当水中墩台较多或河水较深时,也可采用船上打桩架施工。

在水中的墩台桩基础,应先打好水中支架桩(小型的钢筋混凝土桩或木桩),上面搭设打桩工作平台,当水中墩台较多或河水较深时,也可采用船上打桩架施工。

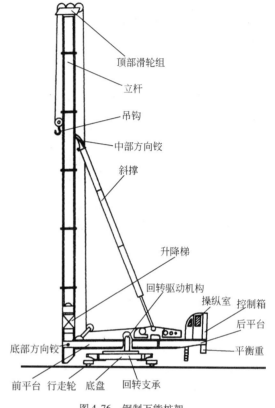

图 4-76　钢制万能桩架

3. 射水装置

在锤击沉桩过程中,若下沉遇到困难,可用射水方法助沉,因为利用高压水流通过射水管冲刷桩尖或桩侧的土,可减小桩的下沉阻力,从而提高桩的下沉效率。如图4-77所示为设置于管桩中的内射水装置,高压水流由高压水泵提供。

4. 桩帽与送桩

桩帽的作用是直接承受锤击、保护桩顶,并保证锤击力作用于桩的断面中心。因此,要求桩帽构造坚固,桩帽尺寸与锤底、桩顶及导向杆相吻合,顶面与底面均平整且与中轴线垂直,还应设吊耳以便吊起。桩帽上部为由硬木制成的垫木,下部套在桩顶上,桩帽与桩顶间宜填麻袋或草垫等缓冲物。

送桩构造如图4-78所示,可用硬木、钢或钢筋混凝土制成。当桩顶位于水下或地面以下,或打桩机位置较高时,可用一定长度的送桩套连在桩顶上,就可使桩顶沉到设计高程。送桩长度应按实际需要确定,为便于施工,应多备几根不同长度的送桩。

5. 锤击沉桩的施工

1)打桩顺序

打桩顺序合理与否,会直接影响打桩速度、打桩质量及周围环境。当桩距小于4倍桩的边长或桩径时,打桩顺序尤为重要。打桩顺序影响挤土方向,打桩向哪个方向推进,则向哪个方向挤土。为了避免或减轻打桩时由于土体挤压,使后打入的桩打入困难或先打入的桩被推挤移动,根据桩群的密集程度、土质情况和周围环境,可选用下列打桩顺序:①由一侧向单一方向进行[图4-79a)];②自中间向两个方向对称进行[图4-79b)];③自中间向四周进行[图4-79c)]。

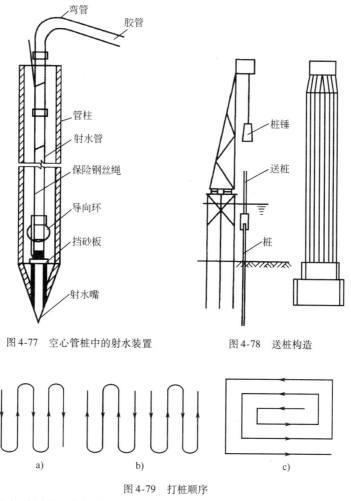

图 4-77　空心管桩中的射水装置　　　　图 4-78　送桩构造

图 4-79　打桩顺序

a）由一侧向单一方向进行；b）由中间向两个方向进行；c）由中间向四周进行

当采用打桩顺序①时，打桩推进方向宜逐排改变，以免土朝一个方向挤压而导致土壤挤压不均匀，对于同一排桩，必要时还可采用间隔跳打的方式。对于密集桩群，应采用打桩顺序②或③的对称施打顺序。当一侧毗邻建筑物或有其他须保护的地下、地面构筑物、管线等时，应由毗邻建筑物等处向另一方向施打。

此外，根据桩及基础的设计高程，打桩宜先深后浅；根据桩的规格，则宜先大后小，先长后短。这样可避免后施工的桩对先施工的桩产生挤压而发生桩位偏斜。

2）打桩

打桩机就位后，将桩锤和桩帽吊起，然后吊桩并送至导杆内，垂直对准桩位缓缓送下插入土中，桩插入时的垂直度偏差不得超过 0.5 %。桩插入土后即可固定桩帽和桩锤，使桩、桩帽、桩锤在同一铅垂线上，确保桩能垂直下沉。

打桩开始时，锤的落距应较小，待桩入土至一定深度且稳定后，再按要求的落距锤击。用落锤或单动汽锤打桩时，最大落距不宜大于 1m，用柴油锤时，应使锤正常跳动。

在打桩过程中，遇有贯入度剧变、桩身突然发生倾斜、移位或有严重回弹、桩顶或桩身出现严重裂缝或破碎等异常情况时，应暂停打桩，及时研究处理。

如桩顶高程低于自然土面,需用送桩管将桩送入土中时,桩与送桩管的纵轴线应在同一直线上,拔出送桩管后,桩孔应及时回填或加盖。

3)接桩

混凝土预制桩的接桩方法有焊接、法兰接及硫磺胶泥锚接三种(图4-80),前两种可用于各类土层;硫磺胶泥锚接适用于软土层。目前焊接接桩应用最多。

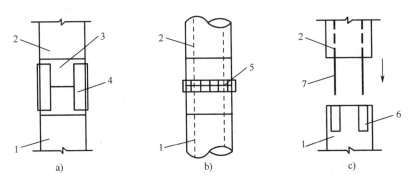

图4-80　混凝土预制桩的接桩
a)焊接；b)法兰接；c)硫磺胶泥锚接
1-下节桩；2-上节桩；3-桩帽；4-连接角钢；5-连接法兰；6-预留锚筋孔；7-预埋锚接钢筋

焊接接桩的钢钣宜用低碳钢,接桩时预埋铁件表面应清洁,上、下节桩之间如有间隙应用铁片填实焊牢,焊接时焊缝应连续饱满,并采取措施减少焊接变形。接桩时,上、下节桩的中心线偏差不得大于10mm。焊接时,应先将四角点焊固定,然后对称焊接,并确保焊缝质量和设计尺寸。在焊接后应使焊缝在自然条件下冷却10min后方可继续沉桩。

4)桩停止锤击的控制原则

桩端(指桩的全断面)位于一般土层时(摩擦型桩),以控制桩端设计高程为主,贯入度可作参考;桩端达到坚硬、硬塑的黏性土、中密以上粉土、砂土、碎石类土、风化岩时(端承型桩),以贯入度控制为主,桩端高程可作参考。

贯入度已达到而桩端高程未达到时,应继续锤击3阵,按每阵10击的贯入度不大于设计规定的数值加以确认,必要时施工控制贯入度应通过试验与有关单位会商确定。当遇到贯入度剧变,桩身突然发生倾斜、移位或有严重回弹,桩顶或桩身出现严重裂缝、破碎等情况时,应暂停打桩,并分析原因,采取相应措施。

测量最后贯入度应在下列正常条件下进行:桩顶没有破坏;锤击没有偏心;锤的落距符合规定;桩帽和弹性垫层正常;汽锤的蒸汽压力符合规定。

如果沉桩尚未达设计高程,而贯入度突然变小,则可能土层中夹有硬土层,或遇到孤石等障碍物,此时切勿盲目施打,应会同设计勘察部门共同研究解决。此外,由于土的固结作用,打桩过程中断,会使桩难以打入,因此应保证施打的连续进行。

打桩过程中,应做好沉桩记录,以便工程验收。

(三)振动沉桩法

振动沉桩法是用振动打桩机(振动桩锤)(图4-81)将桩打入土中的施工方法。其原理是由振动打桩机使桩产生上下方向的振动,在清除桩与周围土层间摩擦力的同时使桩尖地基松动,从而使桩贯入或拔出。

振动沉桩法一般适用于砂土,硬塑及软塑的黏性土和中密及较软的碎石土,在砂性土中最为有效,而在较硬地基中则难以沉入。

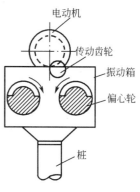

图 4-81　振动沉桩锤

振动沉桩法的特点是噪声较小、施工速度快、不会损坏桩头、不用导向架也能打进、移位操作方便,但需要的电源功率大。

桩的断面较大和桩身较长时,桩锤重量也应加大。随着地基的硬度加大,桩锤的重量也应增大。振动力加大则桩的贯入速度加快。

振动沉桩施工要点及注意事项:

(1)振动时间的控制。每次振动时间应根据土质情况及振动机能力大小,通过实地试验决定,一般不宜超过 10～15min。振动时间过短,则对土的结构尚未彻底破坏;振动时间过长,则振动机的部分零件易于磨损。在有射水配合的情况下,振动持续时间可以减短。一般当振动下沉速度由慢变快时,可以继续振动;由快变慢,如下沉速度小于 5cm/min 或桩头冒水时,即应停振。当振幅甚大(一般不应超过 14～16mm)而桩不下沉时,则表示端土层坚实或桩的接头已松,应停振继续射水,或另作处理。

(2)振动沉桩停振控制标准。振动沉桩应以通过试桩验证的桩尖高程控制为主,以最终贯入度或可靠的振动承载力公式计算的承载力作为校核。如果桩尖已达高程而最终贯入度或计算承载力相差较大时,应查明原因,报有关部门研究后另行确定。

(3)当桩基土层中含有大量卵石或碎石或破裂岩层,如采用高压射水振动沉桩尚难下沉时,可将锥形桩尖改为开口桩靴,并在桩内用吸泥机配合吸泥,非常有效。

(4)振动沉桩机、机座、桩帽应连接牢固,沉桩机和桩中心轴应尽量保持在同一直线上。

(5)开始沉桩时宜用自重下沉或射水下沉,桩身有足够稳定性后,再采用振动下沉。

(四)射水沉桩法

射水沉桩法是利用小孔喷嘴以 300～500 kPa 的压力喷射水,使桩尖和桩周围土松动的同时,桩受自重作用而下沉的方法。它极少单独使用,常与锤击和振动法联合使用。

当射水沉桩到距设计高程尚差 1～1.5m 时,应停止射水,用锤击或振动恢复其承载力。射水沉桩对较小尺寸的桩不会损坏,施工时噪声和振动极小。

射水沉桩法对黏性土、砂性土都可适用,在细砂土层中特别有效。

射水沉桩施工要点及注意事项:

(1)射水沉桩前,应对射水设备如水泵、输水管道、射水管水量、水压等及其与桩身的连接进行设计、组装和检验,符合要求后,方可进行射水施工。

(2)水泵应尽量靠近桩位,减少水头损失,确保有足够水压和水量。采用桩外射水时,射水管应对称等距离地装在桩周围,并使其能沿着桩身上下移动,以便能在任何高度处冲刷土壁。为检查射水管嘴位置与桩长的关系和射水管的入土深度,应在射水管上自上而下标注尺寸。

(3)沉桩过程中,不能任意停水,如因停水导致射水管或管桩被堵塞,可将射水管提起几十厘米,再强力冲刷疏通水管。

(4)细砂质土中用射水沉桩时,应注意避免桩下沉过快造成射水嘴堵塞或扭坏。

（5）射水管的进入管应设安全阀，以防射水管万一被堵塞时，使水泵设备损坏。

（6）管桩下沉到位后，如设计需要以混凝土填芯时，应用吸泥等方法清除泥渣以后，用水下混凝土填芯。在受到管外水压影响时，管桩内的水头必须保持高出管外水面1.5m以上。

（五）静力压桩法

静力压桩是利用静压力将桩压入土中，施工中虽然仍然存在挤土效应，但没有振动和噪声。静力压桩适用于软弱土层，当存在厚度大于2m的中密以上砂夹层时，不宜采用静力压桩。

静力压桩机有机械式和液压式之分，根据顶压桩的部位又分为在桩顶顶压的顶压式压桩机以及在桩身抱压的抱压式压桩机。目前使用的多为液压式静力压桩机，压力可达6 000 kN甚至更大，图4-82是一种采用抱压式的液压静力压桩机。

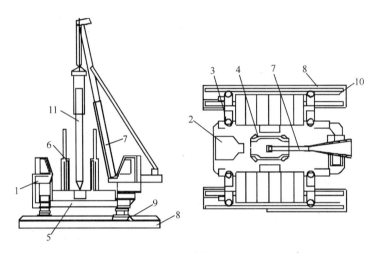

图4-82　液压式静力压桩机

1-操纵室；2-电气控制台；3-液压系统；4-导向架；5-配重；6-夹持装置；7-吊桩把杆；8-支腿平台；9-横向行走与回转装置；10-纵向行走装置；11-桩

静力压桩机应根据土质情况配足额定重量。施工中桩帽、桩身和送桩的中心线应重合，压同一根（节）桩应缩短停顿时间，以便于桩的压入。长桩的静力压入一般也是分节进行，逐段接长。当第一节桩压入土中，其上端距地面1m左右时将第二节桩接上，继续压入。对每一根桩的压入，各工序应连续。其接桩处理与锤击法类似。

压桩时桩身发生较大移位、倾斜；桩身突然下沉或倾斜；桩顶混凝土破坏或压桩阻力剧变时，则应暂停压桩，及时研究处理。

静力压桩法的施工特点为：施工时产生的噪声和振动较小；桩头不易损坏；桩在贯入时相当于给桩做静载试验，故可准确知道桩的承载力；压入法不仅可用于竖直桩，而且也可用于斜桩和水平桩；但机械的拼装移动等均需要较多的时间。

五、钻孔埋置桩的施工

钻孔埋置桩是先钻孔然后再插入预制的钢筋混凝土、预应力混凝土或钢桩，适用于穿过硬层或深置于硬层内的桩基础。其钻孔、清孔及预制桩的各项技术要求，应分别按钻孔桩与沉桩的有关规定执行，只是钻孔直径宜稍大于预制桩直径，且预制空心桩的最下一节桩的桩底应设底板,中心应设压浆管。

钻孔埋置桩的施工包括桩的沉埋、洗孔、压浆等工艺,现简要介绍如下:

1. 圆形空心桩沉埋

当钻孔、清孔符合要求后,宜先在孔底抛埋碎石处理,然后沿孔壁插入兼作压浆用的导向钢管四根,伸至孔底,再将最下一节带底的圆形空心桩吊装就位,浮于孔内水中,再依次吊装、拼接其余各节圆形空心桩,边拼接边往桩内灌水,使之下沉到孔底。每次吊装、拼接、沉入一节圆形空心桩,应随时检查其平面位置和倾斜度,使之符合设计要求。

2. 洗孔

通过桩底板预留的压浆管压注清水,冲洗桩底碎石中和圆形空心桩外壁四周与孔壁空隙间的石渣、泥浆,至井口溢出清水为止。

3. 桩周压浆

通过孔壁间隙中的四根压浆钢管,压注膨胀性水泥砂浆。砂浆中可掺入粉煤灰和缓凝性减水剂,压注砂浆高度应达墩台局部冲刷线以上不小于 1.0m。压浆钢管在压浆完毕后可提出重复利用。

4. 桩底压浆

桩周压浆养护 3~5d 后,抽干桩内积水,通过桩底板上预留的压浆孔向桩底压浆,使桩底抛填的碎石与砂浆黏结饱满密实,进而提高桩尖承载力。

预制桩沉埋过程中,钻孔内水位应根据土层情况,始终保持钻孔灌注桩所要求的高度,以防止出现坍孔。如遇坍孔,则应将预制桩吊离桩位,回填重钻后,再行沉埋。

六、灌注桩后压浆的施工

灌注桩的单桩承载力,在桩身混凝土强度足够的情况下,主要取决于地基土对桩的桩侧摩阻力和桩端阻力。由于钻孔桩施工过程中存在的桩底沉渣(或虚土)和桩侧泥皮大大降低了桩的承载力,所以,工程中常采用后压浆技术进行补强和加固处理。

灌注桩后压浆是成桩时在桩底或桩侧设置压浆管路和压浆装置,待桩身达到一定强度后,利用高压压浆泵将水泥或其他化学浆液压入桩侧或桩底,对孔底沉渣和桩侧泥皮进行固化,从而消除传统灌注桩施工工艺所固有的缺陷,改变土体的物理力学性能及桩土间边界条件,以提高桩的承载力和桩身质量,减少沉降量。

灌注桩后压浆适用于各种地质条件下的泥浆护壁钻、冲孔灌注桩,也适用于干作业钻、挖孔灌注桩,对于大直径、超大型桩,效果尤为显著。

(一)灌注桩后压浆的分类

根据目前的技术水平和施工工艺,灌注桩后压浆可按桩身压浆位置、压浆管埋设方法及压浆工艺三个方面进行分类。

1. 按桩身压浆位置分类

按桩身压浆位置的不同,后压浆可以分为桩端压浆、桩侧压浆、桩端桩侧联合压浆三类。

1)桩端压浆

桩端后压浆是在灌注桩成桩后,通过预埋在桩身的压浆管,将浆液以一定压力经桩端预留压浆装置注入桩端土层,从而改变桩端土层的物理力学性能及桩土间的边界条件,消除桩端沉渣和虚土的隐患,提高桩端承载力。

2）桩侧压浆

桩侧后压浆是在灌注桩成桩后，将浆液以一定压力通过桩身预埋压浆装置强行注入桩侧土层中。桩侧压浆可以充填桩身与桩周土体间的孔隙，破坏和消除泥浆护壁形成的泥皮，并与桩侧土及泥皮发生物理化学反应，提高桩侧与周围土体间的黏结力，从而提高桩侧摩阻力。当浆液的压力很大时，浆液可渗透到桩周土体中，与桩侧土体固结在一起，相当于增大了桩径，从而提高单桩承载力。

2. 按压浆管埋设方法分类

按压浆管埋设方法不同，后压浆可以分为桩身预埋压浆管和钻孔埋管压浆两类。

1）桩身预埋压浆管压浆

桩身预埋压浆管压浆是指在灌注桩施工前预先将压浆管放置好，待浇筑桩身混凝土时浇筑在桩身中。预埋压浆管一般采用以下两种方法：①在钢筋笼绑扎完毕后，将压浆管固定在钢筋笼上，并随钢筋笼一起放入桩孔内；②在钢筋笼放好之后，将压浆管单独插入孔底，并用适当的方法将其固定在钢筋笼上，以防止浇筑桩身混凝土时压浆管移位。压浆管可以放置在桩身的中部，也可以放置在桩身的侧面。

2）钻孔埋管压浆

桩身钻孔埋管压浆一般是在桩承载力不能满足要求和进行桩基事故处理时所采用的方法。钻孔埋管压浆可分为桩身中心钻孔埋管和桩外侧钻孔埋管。桩身中心钻孔埋管压浆是在成桩之后，在桩身中心钻孔埋设压浆管，并深入到桩端以下约 1～2 倍桩径范围，然后压浆。桩外侧钻孔埋管是指成桩之后，沿着桩身四周 0.2～0.5m 的间距钻孔并压浆。

3. 按压浆工艺分类

按压浆工艺的不同，后压浆可以分为开式压浆和闭式压浆两类。

1）开式压浆

开式压浆是指浆液通过压浆管直接压入桩端土层、岩体中。浆液首先渗透到最疏松的桩端沉渣间隙中，然后进一步向桩端持力层及周围土层中渗透，形成凝结块，从而消除孔底沉渣的不良影响，对桩端持力层起到压密作用，提高了桩端承载力。这种方法加固范围较大。

2）闭式压浆

闭式压浆是将预制的有良好弹性的腔体（又称承压包、预压包、压浆胶囊等）或压力注浆室，随钢筋笼放入孔底，成桩后在压力作用下，把浆液注入腔体内。随着压浆压力和压浆量的增大，弹性腔体逐渐膨胀、扩张，在桩端土层中形成浆泡。浆泡的产生及其逐渐扩大，会对桩端土层进行有效压密，并形成扩大桩头。

腔体或压力注浆室的形式有很多种，具体结构可能有些差异，但工作原理是相同的。

这种方法可以对桩端土层进行局部加固，加固范围小，针对性强。在砂性土层中的压密效果要优于黏性土层。

采用闭式压浆，单桩承载力提高幅度比较稳定，但施工工艺比较复杂。开式压浆承载力提高的幅度不如闭式压浆，并且不稳定，难以控制，但其施工工艺比较简单，应用比较广泛。

实际工程中，开式压浆、预埋压浆管的压浆方式在灌注桩中比较常用。

（二）灌注桩后压浆的施工装置

灌注桩后压浆的施工装置系统大致可以分为地面压浆装置和地下压浆装置两大部分，如图 4-83 所示。地面压浆装置主要由储浆筒、高压压浆泵、观测仪表及进浆管等组成；地下压浆装置主要由压(注)浆管和桩端压浆装置(如注浆阀)等组成。

1. 高压压浆泵

高压压浆泵的性能往往决定后压浆的质量和成败,所以,施工时应注意选择合理的压浆泵。桩端压力注浆对泵的要求是排量要小,压力要高要稳,泵的额定压力应大于施工要求的最大压浆压力的 2.5 倍,泵的排量一般为 50～300L/min。

2. 压浆管

桩身压浆管是连接地面进浆管与桩端、桩侧压浆装置的过渡管材,一般采用 30～50mm 的无缝钢管、黑铁管或 PVC 管等。当采用无缝钢管时,其结构分为端部花管、中部直管及上部带丝扣的接头三个部分。花管侧壁一般按梅花形设置出浆小孔,孔径为 6～7mm。

压浆管可根据桩径的大小及压浆的均匀性要求,沿钢筋笼均匀地布置一定数量(图 4-84)。压浆管应连接牢固并密封,与钢筋笼加劲箍筋焊接或绑扎固定,随钢筋笼一起放入孔内。

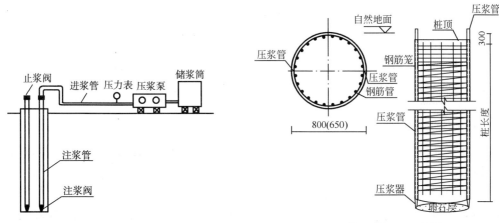

图 4-83 后压浆施工装置示意图　　　　图 4-84 后压浆施工构造(尺寸单位:mm)

3. 桩端压浆装置

桩端压浆装置是整个桩端压浆施工工艺的核心部件,对于开式压浆和闭式压浆其装置则不同。开式压浆只有单向阀(注浆阀),压浆时,浆液由桩身压浆管经单向阀直接注入土层。闭式压浆在桩端有预留空腔体,浆液注入腔体内而不是注入土层。

(三)灌注桩后压浆的施工工艺

灌注桩后压浆的总体施工工艺流程如图 4-85 所示。下面具体介绍其中的主要施工内容、方法及要点。

1. 埋设压浆管

桩端压浆采用通长压浆管直至桩底。桩侧压浆则将压浆管下放至设计高程,在预定的灌浆断面用弹性软管环置于钢筋笼外侧捆绑,与压浆管用三通连接,在弹性软管沿环向外侧均匀钻一圈小孔。

当压浆管绑扎在钢筋笼上时,压浆管有时要分段埋设,一边下放钢筋笼一边接长压浆管。因为压浆管在压浆过程中要承受很大的压力,当压浆管布设在桩的外侧时,如果接头不严密,将有可能使浆液冲破桩身混凝土保护层,达不到预定的注浆深度。尤其是桩身龄期较短时,更可能发生这种情况。可见,保证压浆管的接头质量尤为重要。所以,在安装压浆管时,必须保证压浆管之间的对接、密封良好。端部花管、每节或每段压浆管连接完成后,均应灌注具有一

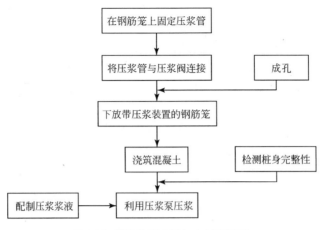

图 4-85　灌注桩后压浆施工工艺流程图

定压力的自来水检验其是否密封。

为便于桩底注浆和确保浆液注入桩底土体,压浆管底部最好插入桩底土 30～40cm。压浆管埋设好后,要立即向管内注满清水并把顶端密封,以减少管内外压力差,防止压浆管变形和异物进入堵塞管路而影响压浆效果。

2. 浇筑混凝土

当钢筋笼及压浆管下放安置好后,就可进行混凝土浇筑工作,混凝土浇筑同一般桩的水下混凝土浇筑。

浇筑桩身混凝土前宜向孔底投放 0.5m 厚的碎石,其作用在于:①以碎石作压浆通道;②在碎石重力冲击下将孔底沉积土翻起,减少桩底沉渣厚度;③有利于压浆后形成桩端扩大头。

浇筑混凝土时应注意以下事项:

(1)要注意保护好压浆管不被压弯或破裂,封闭好压浆管的管口及孔眼,以免杂物及混凝土进入管中。

(2)浇筑水下混凝土时,由于混凝土下落至孔底后上泛,有可能引起压浆管的上浮。因此,应注意观察压浆管有无上浮情况,如发现压浆管有上浮迹象,应立即采取相应措施处理,否则,将直接影响压浆效果。

3. 预压水疏通压浆管道

灌注混凝土达到一定强度后,应及时对压浆管道实施预压水试验。其目的是利用预压水预先劈裂花管侧边的混凝土保护层和花管端部胶带,打通压浆通道,这是保证压浆管道设置成功的重要措施。对压浆管实施预压水的时间,以在混凝土浇灌成桩后 3～7 天内进行为宜。

4. 压浆

1)压浆开始时间

由于压浆时要施加较高的压力,所以必须等到桩身具有一定强度后方可进行压浆施工。压浆过早,会因桩身混凝土强度过低而导致桩体破坏;压浆过晚,桩底沉渣凝固硬化影响压浆通道,从而影响压浆效果。已有的试验结果表明:桩身混凝土强度达到设计值的 75% 以上并大于 20MPa 时,可进行压浆。从灌注桩浇筑到开始压浆的时间间隔一般为 10d 左右,夏季间隔时间可适当缩短,但不得少于7d,冬季间隔时间要适当延长。

2)预注清水

在正式压浆之前,应先试压清水(又称为开塞),以检验已打通的压浆管道是否重新被堵塞并进行疏通,待注浆管畅通之后再压注浆液。同时,进行压水试验还可以为确定初始注浆压力提供依据,并可把细颗粒的沉渣推至注浆范围之外。这是压浆施工前必不可少的重要工序。

一般情况下,压水应按2~3级压力顺次逐级进行,并要求有一定的压水量和压水时间,压水压力以压浆管疏通为准。

3)初压

当压水试验结束之后,就可以将配制好的浆液通过高压泵和预埋管注入桩端。在这一阶段,注浆压力要小,浆液应由稀到稠。此时,要密切注意压浆压力、压浆量及压浆管的变化,同时进行桩身上抬量的观测。

4)二次(多次)压浆

第一次压浆结束后,压浆仅能影响一定的范围,为了充分发挥压浆的作用,可进行第二次压浆。第二次压浆的压浆管最好与第一次压浆的压浆管呈180°分布,第二次压浆量一般为第一次压浆量的1/4~1/3,水灰比可适当提高。根据需要,也可进行多次压浆。

5. 压浆结束的标准

为保证压浆效果,要随时记录压浆压力和压浆量,观察桩顶的上抬量和周围地面的变形情况。压浆压力和压浆量是桩端后压浆技术的两个重要参数,直接影响着桩端压力注浆的效果。因此,压浆过程的终止标准可根据压浆压力、压浆量和桩的上抬量三个指标控制,当满足下列条件之一时可终止压浆:

(1)压浆总量和压浆压力均达到设计要求。

(2)压浆总量已达到设计要求的70%,且压浆压力达到设计要求的150%并维持5min以上。

(3)压浆总量已达到设计要求的70%,且桩顶或地面出现明显的上抬。

由于桩端土体性质差异较大,使得在压浆过程中的压浆压力和压浆量与设计要求相差极大,这就需要根据实际情况具体分析确定有关参数。当压浆量较小而压浆压力又较高时,一定要注意分析原因,排除由于堵管造成的假象。

压浆完毕后,应立即关闭安装在压浆管口的止浆阀,并稳定一段时间,以防止管内浆液压力过高造成返浆现象。

6. 压浆参数的确定

压浆参数主要包括:浆液配比、压浆量、压浆速度、压浆持续时间、压浆终止压力及桩体上抬量等,压浆参数的选择确定是后压浆技术的关键。

1)浆液配比及浓度

压浆浆液主要分为水泥浆液和其他化学浆液两大类。水泥浆液取材容易、配方简单、价格便宜、不污染环境,适用于灌注直径大于0.2mm的孔隙,而对于孔隙较小者不易灌进。化学浆液中硅酸盐类浆液约占90%以上,它无毒、价廉、可灌性好,浆液以稠浆、可灌性好为宜。

水泥浆应具有良好的和易性,不离析不沉淀。浆液水灰比应根据土的饱和度和渗透性确定,对于饱和土宜为0.5~0.7,对于非饱和土宜为0.7~0.9(松散碎石土、砂砾宜为0.5~0.6)。低水灰比浆液宜掺加减水剂;地下水流动时,应掺加速凝剂,以改善浆液的性能,提高注浆效果。搅拌好的水泥浆液要经过筛网过滤,滤去杂物和未搅拌开的水泥块,然后放入储浆筒中备用。

稀浆(水灰比约为0.8:1)便于输送,渗透能力强,主要用于加固预定范围的周边地带;中等浓度的浆液(水灰比约为0.6:1)起到充填、压实、挤密作用,主要用于加固预定范围的核心部分;浓浆(水灰比约为0.4:1)对于已经注入的浆液有脱水作用。实际压浆时,一般先用稀浆,然后再用中等浓度的浆液,最后用浓浆,条件许可时应尽量用浓浆。随着压浆压力的变化,浆液浓度也需适时调节(压力增大,浆液浓度应相应增大)。

2)压浆量

压浆量主要应考虑桩径、桩长、桩端和桩侧土的性质、承载力增幅要求、压浆压力及沉渣量等因素确定,在实际压浆中还需根据压水试验及压浆过程中的反应适当调整。一般情况下,可先通过计算,确定一个压浆量基本值,然后通过试验结果进行调整。

压浆量可按下式计算:

$$G_c = \alpha_p d \qquad (4\text{-}77)$$

式中:G_c——单桩压浆量(t);

α_p——压浆系数,取值范围如表4-17所示;

d——桩径(m)。

压 浆 系 数 表4-17

持力层	黏性土、粉土	粉砂	细砂	中砂	粗砂	砾砂	碎石土
取值范围	2.1~2.5	2.5~3.2	2.4~2.7	2.3~2.7	3.1~3.8	3.1~3.8	2.3~2.8

在施工时,实际配制的浆液量为计算值加上施工损耗。施工损耗大约为计算压浆量的10%~20%。根据确定的总压浆量和材料配合比,可进一步确定各种材料的实际需用量。

浆液浓度和压浆量愈大,压浆压力愈高,则加固范围越大,加固效果越好。所以,保证压入足够的浆液量是提高单桩承载力的关键。

3)压浆速度

为提高浆液渗透分布的均匀性和有效性,压浆速度宜慢不宜快,一般不宜超过75L/min。

4)压浆持续时间

压浆时间太短,压浆效果不明显;压浆时间太长,压浆效果不高。根据经验,综合考虑各方面的因素,每根桩的压浆持续时间一般不宜大于2h。

5)压浆终止压力

压浆压力过大或过小均会影响压浆效果和质量。压力过小,浆液在岩土体内不易实现挤压和渗透,达不到预定效果。所以可适当提高压力,以有助于浆液的压注。但当压力过高时会出现以下不利情况:

(1)易产生冒浆和跑浆。

(2)当压力超过桩周土的自重压力和强度时,将有可能导致上覆土层的破坏和桩身上抬。

(3)可能会使压浆管爆裂。

因此,压浆压力又不能太大,应控制在一定范围内。压浆终止压力的确定一般以不使地层结构破坏或仅发生局部和少量破坏为前提条件。

按《公路桥涵地基与基础设计规范》(JTG D63—2007)的规定,压浆终止压力应根据土质性质、压浆点深度确定。对于风化岩、非饱和黏性土、粉土,宜为 5.0 ~ 10.0MPa;对于饱和土宜为 1.5 ~ 6.0MPa;软土取低值,密实土取高值。

对于同一根桩在不同的阶段,所需要的压力也不同。压浆开始阶段,由于要克服较大的初始阻力,所需要的压力较大;平稳压浆阶段,所需的压力较小;压浆结束阶段,由于浆液已经充满地层,所需要的压力较大。一般地层中,初始和结束阶段的压浆压力为 2 ~ 3MPa,中间阶段的压浆压力一般为 1 ~ 2MPa。

工程实践中,可通过现场压浆试验结果确定注浆压力,即从开始阶段逐步增加注浆压力,绘制注浆量和注浆压力之间的关系曲线,当注浆压力升至某一个数值而注浆量突然增加时,表明地层结构发生破坏,此时的压力值即可作为注浆压力的控制标准。

另外,也可根据压水试验时疏通压浆管的压力作为压浆的初始压力,将初始压力的 2 ~ 3 倍作为压浆的终止压力。

6)桩体上抬量

随着压浆量的增加,压浆压力逐渐增大,进浆进度逐渐减小,这说明被处理的地层逐渐被压入的浆液所充填。与此同时,桩顶会有一定程度的升高,停止压浆后又略有下沉。若下沉的程度比抬高的略小,且保持稳定,则认为达到了加固要求。若下沉的程度比抬高的程度大,则需继续压浆。不过,桩顶抬升应有限制,桩体上抬量一般不得超过 3mm。

7. 压浆过程中的注意事项

压浆过程中当发现压浆压力突然下降、流量突然增大时,应立即停止压浆,并检查是否有冒浆、跑浆现象发生。如产生冒浆、跑浆,则应停止压浆,并进行封堵,或减小压浆的压力,或加大浆液浓度,或采取间歇压浆或速凝浆等措施。

如灌浆泵压力表指针越来越高时,应暂停压浆,待查明原因后再继续压浆。若水泥浆液压不进且压力升高很快,则可能发生堵管,如发生在压浆管内,可先减压,然后从另一压浆口压浆。如果判别不是堵管,则可稳压 5 ~ 10min 后结束压浆,并及时封堵压浆管,保持桩底压浆压力。

8. 灌注桩后压浆技术的特点

灌注桩后压浆技术具有如下特点:①施工设备简单,操作简便,可靠性好,附加费用低;②适应性强,在各种桩基中均可使用;③有利于持力层的灵活选择;④能大幅度提高桩基承载力,从而缩短桩长或减少桩基数量,技术经济效益十分显著;⑤施工时主要技术控制参数易于观测,有利于保证施工质量;⑥可利用压浆管作超声波检测,能及时反馈桩基混凝土施工质量状况。

七、水中桩基础的施工

水中修筑桩基础显然比旱地上施工要复杂困难得多,尤其是在深水急流的大河中修筑桩基础。为了适应水中施工的环境,必然要增添浮运、沉桩及有关的设备,采用水中施工的特殊方法。

常用的浮运、沉桩设备是将桩架安设在驳船或浮箱组合的浮体上,或使用专用的打桩船,有时配合使用定位船、吊船等,在组合的船组中备有混凝土工厂、水泵、空气压缩机、动力设备、龙门吊或履带吊车及塔架等施工机具设备。所用设备可根据采用的施工方法和施工条件进行选择确定。

水中桩基础施工方法有多种,现将浅水和深水施工作简要介绍。

(一)浅水中桩基础施工

位于浅水或临近河岸的桩基,其施工方法类同于浅水中浅基础常采用的围堰修筑法,即先筑围堰,后沉基桩的方法。对围堰所用材料和形式,以及各种围堰应注意的要求,与浅基础施工基本相同。

围堰筑好后,便可抽水后挖基坑或水中吸泥挖坑后再抽水,然后进行基桩施工。

临近河岸的基础,若场地有足够大时,桩基础施工如同在旱地施工一样。

河中桩基础施工,一般可借围堰支撑或用万能杆件拼制或打临时桩搭设脚手架,将桩架或龙门架与导向架设置在堰顶和脚手架平台上进行基桩施工。在浅水中建桥,常在桥位旁设置施工临时便桥。在这种情况下,可利用便桥和相应搭设的脚手架,把桩架或龙门架与导向架安置在便桥和脚手架上,利用便桥进行围堰和基桩施工,这样在整个桩基础施工中可不必动用浮运打桩设备,同时也是解决料具、人员运输的好办法。

(二)深水中桩基础施工

在宽大的深水江河中进行桩基础施工时,常采用笼架围堰和吊箱等施工方法,现简介如下。

1. 围堰法

在深水中的低桩承台桩基础或承台墩身有相当长度需在水下施工时,常采用围笼(围图)修筑钢板桩围堰进行桩基础施工。

钢板桩围堰桩基础施工的方法与步骤如下:

(1)在导向船上拼制围笼,拖运至墩位,将围笼下沉、接高、沉至设计高程,用锚船(定位船)或抛锚定位。

(2)在围笼内插打定位桩(可以是基础的基桩也可以是临时桩或护筒),并将围笼固定在定位桩上,然后退出导向船。

(3)在围笼上搭设工作平台,安置钻机或打桩设备。

(4)沿围笼插打钢板桩,组成防水覆堰。

(5)完成全部基桩的施工(钻孔灌注桩或打入桩)。

(6)用吸泥机吸泥,开挖基坑。

(7)基坑经检验后,灌注水下混凝土封底。

(8)待封底混凝土达到规定强度后,抽水,修筑承台和墩身直至出水面。

(9)拆除围笼,拔除钢板桩。

在施工中也有采用先完成全部基桩施工后,再进行钢板桩围堰的施工。是先筑围堰还是先打基桩,应根据现场水文、地质条件、施工条件、航运情况和所选择的基桩类型等确定。

2. 吊箱法

在深水中修筑高桩承台桩基时,由于承台位置较高不需坐落到河底,一般采用吊箱方法修筑桩基础,或在已完成的基桩上安置套箱的方法修筑高桩承台。

吊箱是悬吊在水中的箱形围堰,基桩施工时用作导向定位,基桩完成后封底抽水,灌注混凝土承台。

吊箱一般由围笼、底盘、侧面围堰板等部分组成。吊箱围笼平面尺寸与承台相应,分层拼装,最下一节将埋入封底混凝土内,以上部分可拆除周转使用。顶部设有起吊的横梁和工作平台,并留有导向孔。底盘用槽钢作纵、横梁,梁上铺以木板作封底混凝土的底板,并留有导向孔(大于桩径50mm)以控制桩位。侧面围堰板由钢板形成,整块吊装。

吊箱法的施工方法与步骤如下(图4-86):

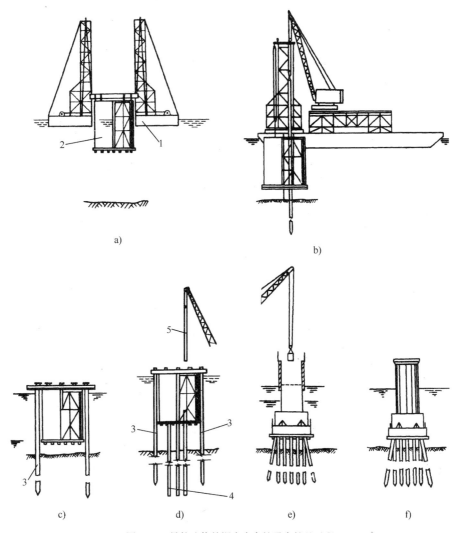

图4-86　吊箱法修筑深水中高桩承台桩基过程

a)吊箱围堰浮运及下沉;b)插打吊箱定位桩;c)将吊箱固定于定位桩上;d)插打基桩;e)吊出吊箱上部后,连续灌注墩身混凝土;f)桥墩全部竣工

1-驳船;2-吊箱;3-吊箱定位桩;4-基桩

(1)在岸上或岸边驳船1上拼制吊箱围堰,浮运至墩位,将吊箱2下沉至设计高程[图4-86a]。

(2)插打围堰外定位桩3,并固定吊箱围堰于定位桩上[图4-86b)、c)]。

(3)基桩5施工[图4-86d)]。

(4)填塞底板缝隙,灌注水下混凝土。

(5)抽水,将桩顶钢筋伸入承台,铺设承台钢筋,灌注承台及墩身混凝土。

(6)拆除吊箱围堰连接螺栓外框,吊出吊箱上部后,连续灌注墩身混凝土[图4-86e)、f)]。

3. 套箱法

这种方法是针对先用打桩船(或其他方法)完成了全部基桩施工后,修建高桩承台基础的水中承台的一种方法。

套箱可预制成与承台尺寸相应的钢套箱或钢筋混凝土套箱,箱底板按基桩平面位置留有桩孔。基桩施工完成后,吊放套箱围堰,将基桩顶端套入套箱围堰内(基桩顶端伸入套箱的长度按基桩与承台的构造要求确定),并将套箱固定在定位桩(可直接用基础的基桩)上,然后浇筑水下混凝土封底,待达到规定强度后即可抽水,继而施工承台和墩身结构。

施工中应注意:水中直接打桩及浮运箱形围堰吊装的正确定位,一般均采用交汇法控制,在大河中有时还需搭设临时观测平台;在浇灌水下混凝土前应将底桩缝隙填塞好。

4. 沉井结合法

在深水中施工桩基础,当水底河床基岩裸露或卵石、漂石土层钢板围堰无法插打时,或在水深流急的河道上为使钻孔灌注桩在静水中施工时,还可以采用浮运钢筋混凝土沉井或薄壁沉井作桩基施工时的挡水挡土结构(相当于围堰)和沉井顶设置工作平台。沉井既可作为桩基础的施工设施,又可作为桩基础的一部分即承台,如图4-87所示。薄壁沉井多用于钻孔灌注桩的施工,除能保持在静水状态施工外,还可将几个桩孔一起圈在沉井内代替单个安设的护筒并可周转重复使用。

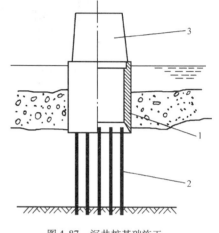

图4-87 沉井桩基础施工
1-沉井;2-基础;3-桥墩

八、桩基施工质量检验

桩基类型和施工方法不同,其检验内容和侧重点也不相同,总体来说应该从以下三方面进行检查。

(一)桩的几何受力条件检验

桩的几何受力条件主要是指桩的平面位置、桩身倾斜度、桩顶和桩底高程等,其实际偏差应该控制在《公路桥涵地基与基础设计规范》(JTG D63—2007)规定的允许范围之内。

(二)桩身质量检验

桩身质量主要指桩的制作和成桩质量,包括桩的尺寸、构造及其完整性。

沉桩应对制作时桩的钢筋骨架、几何尺寸、混凝土配制强度和浇筑方法等方面进行检验。检验项目有主筋间距、箍筋间距、吊环位置与露出桩表面的高度、桩顶钢筋网片位置、桩尖中心线、桩的横截面尺寸、桩长、桩顶平整度及与轴线的垂直度、保护层厚度等。对于混凝土质量应检查混凝土材料质量、计量精度、配合比及坍落度、桩身混凝土试块强度等级,以及成桩表面是否出现蜂窝麻面,收缩裂缝的情况。此外长桩分节施工时还需检验接头质量等。

钻孔灌注桩施工应对钻孔成孔与清孔、钢筋笼制作与安放、水下混凝土配制与灌注等过程进行质量监测与检查。要求孔径不应小于设计孔径;孔深应略大于设计深度,摩擦桩不小于0.6m,柱桩不小于0.05m;钢筋笼顶面、底面高程与设计值误差不大于±50mm。另外还应检验成孔是否有扩孔和颈缩现象。

成桩后桩身完整性检测一般可采用低应变动测法,它可以较准确地检测出断桩、离析断面、较严重的扩径或缩颈的位置。

(三)桩身强度与单桩承载力检验

桩身混凝土抗压强度检测,要求预留试块的抗压强度应不低于设计强度等级,对于水下混凝土应高出设计强度等级的20%。对于大桥,应对灌注桩钻取混凝土芯样检测抗压强度,同时要检查混凝土桩头抗压强度。

打入桩的承载力可以通过最后贯入度和桩底高程进行控制。而钻孔灌注桩目前无法在施工中直接控制承载力。大桥及重要工程,地质条件复杂或桩的质量可靠性较低的桩基工程,成桩后均应通过静载荷试验或高应变动力试验确定单桩承载力。

思考题

1. 桩基础由哪些部分组成?有何特点?适用于什么条件?

2. 桩基础有哪些类型?各自的特点和适用条件是什么?

3. 端承桩和摩擦桩的受力情况和支承条件有何不同?在设计时应优先考虑哪种桩?

4. 高承台和低承台各自的优缺点和适用条件是什么?

5. 桩的平面布置形式有哪几种?

6. 桩与承台是如何连接的?

7. 桩的轴向荷载是如何传递的?单桩轴向承载力是如何构成的?

8. 单桩轴向容许承载力是如何确定的?

9. 什么是桩的负摩阻力?产生的条件有哪些?对桩有何影响?

10. 桩的内力和变位目前普遍采用什么理论计算?计算方法有哪些?

11. 如何判别刚性桩与弹性桩?

12. 用"m"法进行单排桩的设计计算包括哪些内容?计算步骤是怎样的?

13. 多排桩的内力和变位计算怎样进行?

14. 什么叫"群桩效应"?群桩基础的作用有何特点?在什么情况下应进行群桩基础承载力和沉降验算?

15. 钻孔灌注桩的施工工序有哪些?钻孔方法有哪几种?各适用于什么条件?

16. 钻孔灌注桩的清孔方法有哪几种?各适用于什么条件?

17. 钻孔灌注桩的混凝土按什么方法进行灌注?应注意哪些事项?

18. 沉管灌注桩的施工应注意哪些问题?

19. 打入桩的施工工序包括哪些内容?施工中应注意哪些问题?

习题

1. 某水中桩基础如图 4-88 所示,采用钻孔灌注桩,设计直径 1.0m,桩底沉淀层厚 $t \leqslant 0.3$m。地基土层上部为轻亚黏土,饱和重度为 $\gamma_{sat} = 18.6$kN/m^3,孔隙比 $e = 0.9$,液性指数 $I_L = 0.8$。下层为亚黏土,$\gamma_{sat} = 19.6$kN/m^3,$e = 0.8$,液性指数 $I_L = 0.5$。试按土的阻力求单桩轴向受压容许承载力。

2. 将 1 题基桩改为 40cm×40cm 的钢筋混凝土预制方桩,其他条件不变,试按土的阻力求单桩轴向受压容许承载力。

3. 某桥墩基础如图 4-89 所示,采用钻孔灌注桩,设计直径 1.0m,桩身重度为 25 kN/m³,桩底沉垫层厚度 $t \leqslant 0.3$m。河底土质为黏性土,$\gamma_{sat} = 19.5$kN/m³,$e = 0.7$,$I_L = 0.4$。按作用短期效应组合(可变作用的频遇值系数均取 1.0)计算得到单桩桩顶所受轴向压力为 $P = 1\,988.68$ kN。试确定桩在最大冲刷线以下的入土深度。

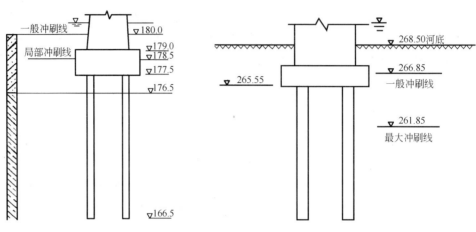

图 4-88　桩基础示意图(高程单位:m)　　　　图 4-89　某桥墩基础示意图(高程单位:m)

4. 某桥梁双柱式桥墩如图 4-90 所示,其中墩柱直径为 1.0m,基桩直径为 1.3m,采用钻孔灌注桩,要求桩底沉垫层厚度 $t \leqslant 0.3$m,桩柱重度为 25 kN/m³,桩柱混凝土强度等级为 C25,混凝土的弹性模量 $E_c = 2.8 \times 10^4$MPa。地基土为亚黏土,饱和重度 $\gamma_{sat} = 18.8$kN/m³,孔隙比 $e = 0.8$,液性指数 $I_L = 0.5$。

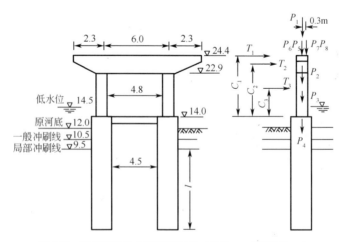

图 4-90　某桥梁双柱式桥墩图示(尺寸单位:m,高程单位:m)

每根桩承受的作用效应标准值(低水位时不计水的浮力)为:

1)结构重力

梁跨结构重 $P_1 = 1\,136.6$kN,盖梁重 $P_2 = 188.8$kN,墩柱重 $P_3 = 174.8$kN,横系梁重 $P_4 =$

25.6kN,桩每延米自重 $q = \dfrac{\pi \times (1.3)^2}{4} \times 25 = 33.2\text{kN}$（不计浮力）。

2）汽车和人群荷载支座反力

两跨布载时：汽车荷载支座反力 $P_5 = 376.8$ kN；人群荷载支座反力 $P_6 = 90.0$ kN。

一跨布载时：汽车荷载支座反力 $P_7 = 296.6$kN；P_7 在顺桥向引起的弯矩 $M_1 = 89.0$kN·m；

人群荷载支座反力 $P_8 = 45.0$kN；P_8 在顺桥向引起的弯矩 $M_2 = 13.5$kN·m。

汽车制动力 $T_1 = 11.3$kN（$c_1 = 10.4$m）。

3）纵向风力

盖梁部分 $T_2 = 4.6$kN（$c_2 = 9.6$m）；

墩身部分 $T_3 = 5.2$kN（$c_3 = 4.5$m）。

计算要求如下：

（1）确定桩在最大冲刷线以下的入土深度。

（2）计算桩的计算宽度和变形系数，并判断是否为弹性桩。

（3）计算最大冲刷线以下桩身最大弯矩。

（4）计算墩柱顶水平位移。

第五章

沉 井 基 础

第一节　沉井基础的概念、特点及适用条件

一、沉井基础的概念

沉井是一个无底无盖的井筒状结构(图5-1)，施工时先将沉井预制好就位，然后在井孔内不断除土，井体即可借自重克服外壁与土的摩阻力而不断下沉至设计高程，故称为沉井。经过混凝土封底并填塞井孔以后，便成为桥梁墩台或其他结构物的基础(图5-2)。沉井基础是深基础的一种形式。在桥梁工程中使用的沉井平面尺寸较小，而下沉深度则较大。沉井下沉到设计高程后，井内空腔一般用片石圬工和混凝土等材料填塞。

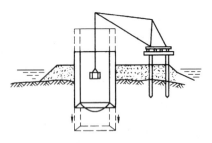

图5-1　沉井下沉示意图

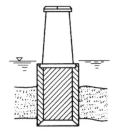

图5-2　沉井基础

二、沉井基础的特点

沉井基础作为实体基础的一种，具有如下特点：

(1)埋置深度可以很大，整体性强、稳定性好，有较大的承载面积，能承受较大的垂直荷载和水平荷载。

(2)下沉过程中，沉井作为坑壁围护结构，起挡土、挡水作用。

(3)施工中不需要很复杂的机械设备，施工技术也较简单。因此沉井在桥梁工程中得到

较为广泛的应用。

沉井基础的缺点是：

（1）施工期往往比较长。

（2）对饱和细砂、粉砂和亚砂土，井内抽水易发生严重的流沙现象，致使沉井倾斜或挖土下沉无法继续进行。

（3）若土层中夹有孤石、树干等障碍物时，将使沉井下沉受阻而很难克服。

三、沉井基础的适用条件

根据经济合理、施工上可能的原则，一般在下列情况，可以采用沉井基础：

（1）上部荷载较大，而表层地基土的容许承载力不足，做扩大基础开挖工作量大，以及支撑困难，但在一定深度下有较好的持力层，采用沉井基础与其他基础相比较，经济上较为合理。

（2）在山区河流中，虽然土质较好，但冲刷大，或河中有较大卵石不便桩基础施工时。

（3）岩层表面较平坦且覆盖层薄，但河水较深，采用扩大基础施工围堰有困难时。

第二节　沉井基础的类型

一、按使用材料分类

制作沉井的材料，可按下沉的深度、所受荷载的大小，结合就地取材的原则选定。沉井按使用材料的不同可以分为如下类型：

1. 混凝土沉井

混凝土的特点是抗压强度高，抗拉能力低，因此这种沉井宜做成圆形，并适用于下沉深度不大（4~7m）的软土层，其井壁竖向接缝应设置接缝钢筋。

2. 钢筋混凝土沉井

这种沉井的抗拉及抗压能力较好，下沉深度可以很大（达数十米以上），当下沉深度不很大时，井壁上部用混凝土，下部（刃脚）用钢筋混凝土的沉井，在桥梁工程中得到较广泛的应用。当沉井平面尺寸较大时，可做成薄壁结构，沉井外壁采用泥浆润滑套，壁后压气等施工辅助措施就地下沉或浮运下沉。此外，钢筋混凝土沉井井壁隔墙可分段（块）预制，工地拼接，做成装配式。

3. 竹筋混凝土沉井

沉井在下沉过程中受力较大因而需配置钢筋，一旦完工后，它就不承受多大的拉力，因此，在南方产竹地区，可以采用耐久性差但抗拉力好的竹筋代替部分钢筋，我国南昌赣江大桥等曾用这种沉井。在沉井分节接头处及刃脚内仍用钢筋。

4. 钢沉井

用钢材制造沉井，其强度高、重量较轻、易于拼装、宜于做浮运沉井，但用钢量大，国内较少采用。

二、按平面形状分类

沉井的平面形状，应与桥墩、桥台底部的形状相适应。公路桥梁中所采用的沉井，平面形状多为圆端形和矩形,也有采用圆形的。根据井孔的布置方式,又可分为单孔、双孔和多孔,如图 5-3 所示。

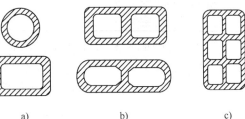

1. 圆形沉井

当墩身是圆形或河流流向不定以及桥位与河流主流方向斜交较为厉害时,采用圆沉井可减小阻水,冲刷现象。圆形沉井中挖土较容易,没有影响机械抓土的死角部位,易使沉井较均匀地下沉;此外,在侧压力作用下,圆形沉井井壁受力情况好,主要是受压;在截面积和入土深度相同的条件下,与其他形状沉井比较,其周长最小,故下沉摩阻力较小。但墩台底面形状多为圆端形或矩形,故圆沉井的适应性较差。

图 5-3 沉井平面形状
a)单孔沉井;b)双孔沉井;c)多孔沉井

2. 矩形沉井

矩形沉井对墩台底面形状的适应性较好,模板制作、安装都较简单。但采用不排水下沉时,边角部位的土不易挖除,容易使沉井因挖土不均匀而造成下沉倾斜的现象;与圆沉井比较,井壁受力条件较差,存在较大的剪力与弯矩,故井壁跨度受到限制;矩形沉井有较大的阻水特性,故在下沉过程中易使河床受到较大的局部冲刷。此外,在下沉中侧壁摩阻力也较大。

3. 圆端形沉井

这种沉井能更好地与桥墩平面形状相适应,故用得较多。除模板制作较复杂一些外,其优缺点介于前两种沉井之间,较接近于矩形沉井。

沉井的平面尺寸应根据墩台底面尺寸、地基土的承载力及施工要求确定。沉井棱角处宜做成圆角或钝角,顶面襟边宽度应根据沉井施工容许偏差而定,不应小于沉井全高的 1/50,且不应小于 0.2m,浮式沉井另加 0.2m。沉井顶部需设置围堰时,其襟边宽度应满足安装墩台身模板的需要。

对于平面尺寸较大的沉井,可在沉井中设隔墙,使沉井由单孔变成双孔或多孔,井孔的最小尺寸应视取土机具而定,一般不宜小于 2.5m。

三、按沉井的立面形状分类

按沉井的立面形状可分为竖直式、倾斜式及台阶式等(图 5-4)。采用何种形式应视沉井通过土层性质和下沉深度而确定。

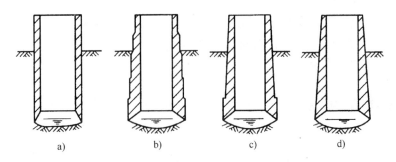

图 5-4 沉井剖面形式
a)外壁竖直无台阶式;b)、c)台阶式;d)外壁倾斜式

1. 外壁竖直式沉井

竖直式沉井在下沉过程中对沉井周围的土体的扰动较小,可以减少沉井周围土方的坍塌,当沉井周围有构造物时,这一点就很重要。另外这种沉井不易倾斜,井壁接长较简单,模板可重复使用。故当土质较为松软,沉井下沉深度不大,可以采用这种形式。

2. 倾斜式和台阶式沉井

倾斜式和台阶式沉井的井壁可以减少土与井壁的摩阻力,其缺点是施工较复杂,消耗模板多,同时沉井下沉过程中容易发生倾斜。故在土质较密实,沉井下沉深度大,要求在不增加沉井本身重力的情况下沉至设计高程,可采用这类沉井。

倾斜式的沉井井壁坡度一般为 1:20～1:50,台阶式井壁的台阶宽度约为 100～200mm。

四、按沉井的施工方法分类

按沉井的施工方法分为一般沉井和浮运沉井。

1. 一般沉井

一般沉井指就地制造下沉的沉井,这种沉井是在基础设计的位置上制造,然后挖土靠沉井自重下沉。如基础位置在水中,需先在水中筑岛,再在岛上筑井下沉。

2. 浮运沉井

在深水地区筑岛有困难或不经济,或有碍通航,当河流流速不大时,可采用岸边浇筑浮运就位下沉的方法,这类沉井称为浮运沉井或浮式沉井。

第三节　沉井基础的构造

一般沉井主要由井壁、刃脚、隔墙、井孔、凹槽、射水管、封底和盖板等组成(图 5-5)。

一、井　　壁

井壁是沉井的主体部分,在下沉过程中起到挡土、挡水作用,并且利用本身重力克服井壁与土之间的摩阻力而使沉井下沉,当施工完成后,它就成为基础的一部分而将上部荷载传递到地基。因此井壁必须有足够的结构强度。

一般要根据施工时的受力条件,在井壁内配以竖向和水平向的受力钢筋。如受力不大,经计算也容许用部分竹筋代替钢筋。水平钢筋不宜在井壁转角处有接头。浇筑沉井的混凝土强度等级不应低于 C20。

为了满足重量要求,井壁应有足够厚度,一般为 0.8～1.5m,以便绑扎钢筋和浇筑混凝土,但钢筋混凝土薄壁浮运沉井及钢模薄壁浮运沉井的壁厚不受此限制。

对于薄壁钢筋混凝土沉井应采取措施降低沉井下沉时的摩阻力,井壁厚度,应认真计算确定。

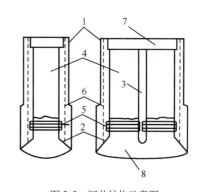

图 5-5　沉井结构示意图

1-井壁;2-刃脚;3-隔墙;4-井孔;5-凹槽;6-射水管;
7-盖板;8-封底

二、刃　　脚

沉井井壁下端形如刀刃状的部分称为刃脚,如图 5-6 所示。其作用是在沉井自重作用下易于切土下沉,同时起支承沉井作用。它是应力最集中的地方,必须有足够的强度,不宜采用混凝土结构。

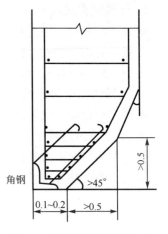

图 5-6　刃脚构造(尺寸单位:m)

根据地质情况可采用尖刃脚或带踏面刃脚。刃脚底面(踏面)宽度一般为 0.1 ~ 0.2m,对软土地基可适当放宽。下沉深度大,且土质较硬时,刃脚底面应以型钢(角钢或槽钢)加强,以防刃脚损坏。刃脚内侧斜面与水平面的夹角应大于45°。刃脚高度视井壁厚度、便于抽除垫木而定,一般在1.0m 以上。由于刃脚在沉井下沉过程中受力较集中,采用 C25 以上混凝土制成。

三、隔　　墙

当沉井的长宽尺寸较大时,应在沉井内设置隔墙,以加强沉井的刚度,使井壁的挠曲应力减小。因其不承受土压力,厚度一般小于井壁。

在软土或淤泥质土中下沉时,沉井内隔墙底面比刃脚底面至少应高出0.5m,避免沉井突然下沉或下沉速度过快。但在硬土或砂土层中下沉时,为防止隔墙底面受土的阻碍,隔墙底面高出刃脚踏面1.0 ~ 1.5m。也可在刃脚与隔墙连接处设置埂肋加强刃脚与隔墙的连接。如为人工挖土,在隔墙下端应设置过人孔,便于工作人员在井孔间往来。

四、井　　孔

井孔是挖土排土的工作场所和通道。井孔尺寸应满足施工要求,最小尺寸应视取土机具而定,宽度(直径)一般不宜小于 2.5m。井孔布置应对称于沉井中心轴,便于对称挖土使沉井均匀下沉。

五、凹　　槽

凹槽设在井孔下端近刃脚处,其作用是使封底混凝土与井壁有较好的接合,封底混凝土底面的反力更好地传给井壁(如井孔全部填实的实心沉井也可不设凹槽)。凹槽深度约0.15 ~ 0.25m,高约1.0m。

六、射　　水　　管

沉井下沉深度大,穿过的土质又较好,估计下沉会产生困难时,可在井壁中预埋射水管组。射水管应均匀布置,以利于控制水压和水量来调整下沉方向。一般水压不小于 600kPa。

七、封底和盖板

沉井沉至设计高程进行清基后,便浇筑封底混凝土。混凝土达到设计强度后,可从井孔中抽干水并填满混凝土或其他圬工材料。如井孔中不填料或仅填以砂砾则须在沉井顶面筑钢筋混凝土盖板。

封底混凝土底面承受地基土和水的反力,这就要求封底混凝土有一定的厚度(可由应力验算决定),其厚度根据经验也可取不小于井孔最小边长的 1.5 倍。封底混凝土顶面应高出刃脚根部不小于 0.5m,并浇灌到凹槽上端。封底混凝土强度等级对岩石地基不低于 C20,非岩石地基用 C25。盖板厚度一般为 1.5~2.0m。井孔中充填的混凝土,其强度等级不应低于 C15 号。

第四节　沉井基础的施工

沉井的施工方法与墩台基础所在地点的地质和水文情况有关。在水中修筑沉井时,应对河流汛期、通航、河床冲刷调查研究,并制订施工计划。尽量利用枯水季节进行施工。如施工须经过汛期时,应采取相应的措施,以确保安全。

沉井基础施工一般可分为旱地施工、水中筑岛施工和浮运沉井施工三种情况。

一、旱地上沉井基础的施工

若桥梁墩台位于旱地上,沉井可就地制造并下沉。其施工工序为:定位放样、整平场地;浇筑底节沉井;拆模及抽垫;挖土下沉;接高沉井;筑井顶围堰;地基检验与处理;封底、填充井孔及浇筑顶盖,如图 5-7 所示。

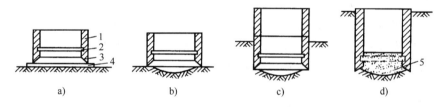

图 5-7　沉井施工顺序图
a)制作第一节沉井;b)抽垫木、挖土下沉;c)沉井接高下沉;d)封底
1-井壁;2-凹槽;3-刃脚;4-承垫木;5-素混凝土封底

(一)定位放样、整平场地

旱地沉井施工时,应首先根据设计图纸进行定位放样,即在地面上定出沉井的纵横两方向的中心轴线,基坑的轮廓线以及水准标点等,作为施工的依据。

如天然地面土质较好,只需将地面杂物清除,整平地面,就可在其上制造沉井。如为了减小沉井的下沉深度也可在基础位置处挖一基坑,在坑底制造沉井。基坑的平面尺寸应比沉井平面尺寸大一些,以确保垫木在必要时能向外抽出,同时还应考虑支模、搭设脚手架和排水等各项工作的需要。基坑底应高出地下水面 0.5~1.0m。如土质松软,应整平夯实或换土夯实。在一般情况下,应在整平场地上铺上不小于 0.5m 厚的砂或砂砾层,目的是为了便于整平、支模及抽出垫木。

(二)浇筑底节沉井(图 5-8)

由于沉井自重较大,刃脚踏面尺寸较小,应力集中,场地土往往承受不了这样大的压力,所以应在刃脚踏面位置处对称铺满一层垫木以加大支承面积,其数量可按沉井重量在垫木下产生的压应力不大于 100kPa 计算。垫木在平面布置上应均匀对称,每根垫木长度中心应与刃脚踏面中线相重合,以便把沉井重量较均匀的传到砂垫层上。垫木可单根或几根编组铺设,但组与组之间最少应留出20~30cm的间隙,以便工具能伸入间隙把垫木抽出。为了便于抽出垫木,还需设置一定数量的定位垫木。确定定位垫木位置时,以沉井井壁在抽出垫木时产生的正、负弯矩的大小接近相等为原则。

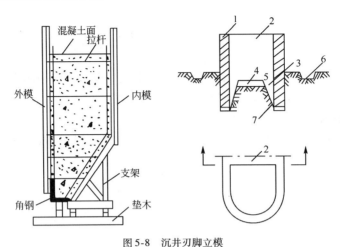

图5-8 沉井刃脚立模

1-井壁;2-隔墙;3-隔墙梗肋;4-木板;5-黏土土模;6-排水坑;7-水泥砂浆

垫木铺设完后,在刃脚位置处放上刃脚角钢,竖立内模,绑扎钢筋,立外模,最后浇灌第一节沉井混凝土。模板应有较大的刚度,以免发生挠曲变形。外模板应平滑以利下沉。钢模较木模刚度大,周转次数多,也易于安装。在场地土质较好处,也可采用土模。

(三)拆模及抽垫

混凝土达到设计强度的25%时可拆除内外侧模,达到设计强度的75%时可拆除隔墙底面和刃脚斜面模板。强度达设计强度后才能抽撤垫木。

抽撤垫木应按一定的顺序进行,以免引起沉井开裂、移动或倾斜。其顺序是:

(1)撤除内隔墙下的垫木。

(2)撤沉井短边下的垫木。

(3)撤长边下的垫木。拆长边下的垫木时,以定位垫木(最后抽撤的垫木)为中心,对称地由远到近拆除,最后拆除定位垫木。

注意在抽垫木过程中,每抽除一根垫木应立即用砂回填进去并捣实,使沉井的重量转移到砂垫层上。

(四)挖土下沉

沉井挖土下沉施工可分为排水下沉和不排水下沉。当沉井穿过的土层较稳定,不会因排水而产生大量流沙时,可采用排水下沉。

排水下沉常用人工挖土,它适用于土层渗水量不大且排水时不会产生涌土或流沙的情况,人工挖土可使沉井均匀下沉和清除井下障碍物,但应采取措施,确实保证施工安全。排水下沉时,有时也用机械除土。

不排水下沉一般都采用机械挖土,挖土机械可以是抓土斗或吸泥机。抓土斗适用于砂卵石等松散地层。吸泥机适用砂、砂夹卵石及黏砂土等。在黏土层,胶结层或岩石层中,可用高压射水,冲碎土层后用吸泥机吸出碎块。吸泥机有空气吸泥机、水利吸泥机和水利吸石筒等,其中空气吸泥机的适应性最强,能吸砂、黏砂土和砂夹卵石。吸泥机吸泥时沉井内大量的水被吸走,井内水位下降,为避免发生涌土或流沙现象,故需经常向井内加水维持井内水位高出井外水位 1 ~ 2m。

挖土下沉时必须要有规律、分层、对称的开挖,使沉井均匀下沉。通常是先挖井孔中心的土,再挖隔墙下的土,最后挖刃脚下的土。切不可盲目乱挖,以免造成沉井严重倾斜,发生事故。

(五)接筑沉井

当沉井顶面下沉至距地面还剩 1 ~ 2m 时,应停止挖土,接筑第二节沉井。

接筑前应使第一节沉井位置正直,接缝处凿毛顶面,然后立模浇筑混凝土。为防止沉井在接高时突然下沉或倾斜,必要时应回填刃脚下的土。接高过程中应尽量均匀加重。待强度达设计要求后再拆模继续挖土下沉。

(六)筑井顶围堰

如沉井顶面低于地面或水面,应在沉井上接筑围堰。围堰的平面尺寸略小于沉井,其下端与井顶上预埋锚杆相连。围堰是临时性的,待墩台身出水后可拆除。

(七)地基检验与处理

沉井下沉至设计高程后,应检查地基土质是否与设计相符,地基是否平整,同时对地基进行必要的处理,验校承载力。

如果是排水下沉的沉井由潜水工进行检查或钻取土样鉴定。地基为砂土或黏土,可以在其上铺一层砾石或碎石至刃脚底面以上 200mm。地基是风化岩石,应将风化岩层凿掉,岩层倾斜时,应凿成阶梯形。若岩层与刃脚间局部有不大的孔洞,由潜水工清除软层并用水泥砂浆封住,待砂浆有一定强度后再抽水清基。

在不排水的情况下,可以由潜水工或用水枪或吸泥机清基。总之要保证井底地基平整,浮土及软土清除干净,并保证封底混凝土、沉井和地基紧密相连。

(八)封底、填充井孔及浇筑顶盖

地基经检验、处理合格以后,应立即进行封底。如果封底在不排水的情况下进行,可以用导管法灌注水下混凝土,待混凝土达设计要求后,抽干井孔中的水,填筑井内圬工。如果井孔中不填料或仅填砾石,井顶面应浇筑钢筋混凝土顶盖,然后砌筑墩身,墩身出土(或出水面)后可以拆除临时性的井顶围堰。

二、水中沉井基础的施工

当基础处于水下时,沉井施工可以采用筑岛法或浮运法,一般根据水深、流速、施工设备及施工技术等条件确定。

(一)筑岛法

水流流速不大,水深在 3m 或 4m 以内,可以用水中筑岛的方法,即先修筑人工砂岛,再在岛上进行沉井的制作和挖土下沉,如图5-9所示。筑岛法不需要抽水,对岛体无防渗要求,构造简单,同时还可以就地取材,降低工程造价,施工方便。

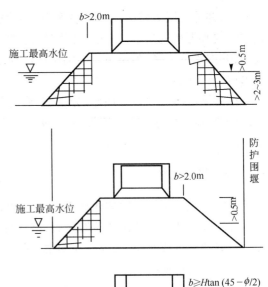

筑岛前应清理河床上的淤泥和软土,筑岛的材料是砾石或中砂或粗砂,不可使用粉、细砂,黏土,淤泥和黄土等,除用作护面材料外,筑岛材料也不易用大块材料。筑岛的施工期,应尽可能选择在河流的枯水季节,这样不仅可以减少筑岛的填方量,降低工程造价,而且施工较为安全。如果筑岛的施工期限必须经过汛期时,可采取分期建造、容许岛面在汛期暂时过水等措施,以降低岛面高程,节约人力和物力,但应确保在汛期后岛体不能被洪水冲塌造成事故。

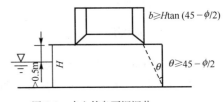

岛面宽度应比沉井周围宽出2m以上,岛面高度应高出施工最高水面0.5m以上。

图5-9 水上筑岛下沉沉井

筑岛法可分为无围堰筑岛和有围堰筑岛两种方法。

无围堰筑岛,一般宜在水深较浅,且流速不大时采用。由于流速、水深及筑岛土质的不同,筑岛材料与允许流速可参考表5-1。如边坡用其他方法加固时,容许流速可不受限制。

筑岛土料与容许流速　　　　　　　　　　表5-1

筑 岛 土 料	容许流速(m/s)	
	土表面处	平均流速
细砂	0.25	0.3
粗砂	0.65	0.8
中等砾石	1.0	1.2
粗砾石	1.2	1.5

围堰筑岛是先修围堰,然后再在围堰内填砂筑岛。这种岛比土岛能够减少阻水面积和填方的数量。

如筑岛压缩水面较大,可以用钢板桩围堰筑岛。

其他施工方法与旱地施工相同。

(二)浮运法

在深水河道中,水深如超10m时,采用筑岛法很不经济,施工也困难,此时可以采用浮运法施工。

沉井在岸边制成,然后利用在岸边铺成的滑道滑入水中,用绳索引到设计墩位。沉井井壁可做成空体形式,或采用其他措施,如安装临时性不漏水的木底板或钢气筒等(图5-10),使沉井浮于水上。

沉井也可以在船上制成,用浮船定位和吊放下沉;或利用潮汐,在水位上涨时浮起,再浮运至设计位置。

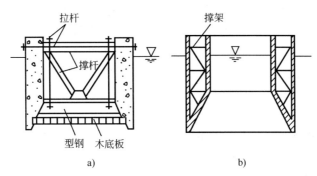

图 5-10 浮运沉井结构
a)安装临时性不漏水的木底板;b)空腹薄壁沉井

沉井浮运就位后,用水或混凝土灌入空体,使其徐徐下沉直至河底;或依靠在悬浮状态下接长沉井及填充混凝土使它逐步下沉,这时每个步骤均需保证沉井本身有足够的稳定性。沉井切入河床一定深度后,可按前述下沉方法施工。

三、沉井下沉过程中遇到的问题及处理方法

(一)沉井下沉过程中遇到的问题

沉井开始下沉阶段,井体入土不深,下沉阻力较小,且由于沉井大部分还在地面以上,侧向土体的约束作用很小,所以沉井最容易产生偏移和倾斜。这一阶段应严格控制挖土的程序和深度,注意要均匀挖土。实际上沉井不可能始终是理想地竖直均匀下沉的,每沉一次,难免有些倾斜,继续挖土时,可在沉得少的一边多挖一些。所以在开始阶段,要经常检查沉井的平面位置,随时注意防止较大的倾斜发生。

在沉井下沉的中间阶段,可能会开始出现下沉困难的现象,但接高沉井后,下沉又会变得顺利,且仍易出现偏斜。当下沉到后阶段,主要问题将是下沉困难,偏斜可能性就很小了。沉井下沉发生困难的主要原因是:井壁摩阻力太大,超过了沉井的重量。

(二)处理方法

1. 纠正倾斜的措施

在下沉过程中应随时观测沉井的位置和方向,发现与设计位置有过大的偏差应及时纠正。

如因沉井底部的一部分遇到了障碍物,致使沉井倾斜,这时应立即停止挖土,查清情况,在不排水挖土的情况下,甚至派潜水员下去观察,然后根据具体情况,采取不同的措施排除障碍。

(1)遇到较小的孤石时,可将障碍四周的土挖掉取出。

(2)如为较大的孤石或旧建筑物的残破坏工体,则可用小量爆破方法,使其变为碎块取出,但不能把炸药放在孤石表面临空爆破。对刃脚下的孤石应不使炮眼的最小抵抗线朝向刃脚,装药量应控制在 0.2kg 以内,并在其上压放土袋,以防炸损刃脚和井壁。

（3）遇到成层的大块卵石时，可先清除覆盖的泥沙，然后找寻松动或薄弱处，用挖、铲、撬的办法挖掉。对较大的卵石，在不排水的情况下，也可用直径大于卵石的吸泥机吸出。

（4）遇到钢件时，可切割排除。

当沉井的入土深度逐渐增大，沉井四周的土层对井壁的约束也相应增大，这样给沉井的纠偏工作带来很大困难，因此，当沉井的下沉深度较大时，若纠正沉井的偏斜，关键在于破坏土层的被动土压力，可利用高压射水管沿沉井高的一侧井壁外面插入土中，破坏土层结构，使土层的被动土压力大为降低，这时再采用上述方法，可使沉井的倾斜逐步得到纠正。

按照公路桥涵的相关施工技术规范要求，沉井沉至设计高程时，其位置误差应不得超过下述规定：

①底面中心和顶面中心在纵横向的偏差不大于沉井高度的 1/50，对于浮式沉井，允许偏差值还可增加 25cm。

②沉井最大倾斜度不大于 1/50。

③矩形沉井的平面扭角偏差不大于 1°。

2. 克服沉井下沉困难的措施

（1）加重法。在沉井顶面铺设平台，然后在平台上放置重物，如钢轨、铁块或砂袋等，但应防止重物倒坍，故垒置高度不宜太高。此法多在平面面积不大的沉井中使用。

（2）抽水法。对不排水下沉的沉井，可从井孔中抽出一部分水，从而减小浮力，增加向下压力使沉井下沉。此法对渗水性大的砂、卵石层，效果不大，对易发生流沙现象的土，也不宜采用此法。

（3）射水法。在井壁腔内的不同高度处对称地预埋几组高压射水管，在井壁外侧留有喇叭口朝上方的射水嘴，如图 4-10 所示，高压水把井壁附近的土冲松，水沿井壁上升，还起到润滑作用，从而减小井壁摩阻力，帮助沉井下沉。此法对砂性土法较有效。采用射水法，应加强下沉观测，掌握各孔的出水量，防止因射水不均匀而使沉井偏斜。

（4）炮震法。沉井下沉至一定深度后，如下沉有困难，可采用炮震法强迫沉井下沉。此法是在井孔的底部埋置适量的炸药，引爆后所产生的震动力，一方面减小了刃脚下土的反力和井壁上的摩阻力，另一方面增加了沉井向下的冲击力，迫使沉井下沉。要注意炸药量过大，有可能炸坏沉井；药量太少，则震动效果不显著。一般每个爆炸点用药量以 0.2kg 左右为宜，大而深的沉井可增至 0.3kg。不排水下沉时，炸药应放至水底，水较浅或无水时，应将炸药埋入井底数十厘米处，这样既不易炸坏沉井，效果也较好。如沉井有几个井孔，应在几个井孔内同时起爆。否则有可能使隔墙震裂，甚至会使沉井发生偏斜。有可能采用炮震法的沉井，结构上应适当加强，以免被炸坏。对下沉深度不大的沉井最好不采用此法。

近年来，对下沉较深的沉井，为了减少井壁的摩阻力，常采用泥浆润滑套或壁后压气沉井的方法。

四、泥浆润滑套与壁后压气施工法

（一）泥浆润滑套施工法

泥浆润滑套是把配置好的泥浆灌注在沉井外侧形成的一个具有润滑作用的泥浆层，它可以大大减少沉井在下沉时作用于井壁上的摩阻力。这种泥浆在静止时处于凝胶状态，具有一定强度，当沉井下沉时，泥浆受机械扰动变为流动的溶胶，从而减小井壁摩阻力，使沉井顺利下沉。

这种泥浆的主要成分为黏土、水及适量的化学处理剂。选用的泥浆配合比应使泥浆具有良好的固壁性、触变性和胶体稳定性。一般的质量配合比为黏土35%～45%、水55%～65%，碳酸钠（Na_2CO_3）化学处理剂0.4%～0.6%（按泥浆总质重计）。黏土要选择颗粒细、分散性高，并具有一定触变性的微晶高岭土，塑性指数不小于15，含砂率小于6%。

泥浆润滑套的构造主要包括：压浆管、射口挡板和地表围圈。

1. 压浆管

压浆管根据井壁的厚度有内管法和外管法两种设置方法，厚壁沉井多用内管法，薄壁沉井宜采用外管法。

内管法是在底节以上各节沉井的井壁内，预制若干个竖直的压浆孔道，孔道可用钢丝胶管或钢管预埋在沉井模板内，待浇筑的混凝土初凝，将胶管或钢管转动上拔而成。在靠近井壁的台阶处设喷浆嘴，嘴前设有泥浆射口防护挡板。如图5-11所示。台阶宽度为10～20cm，以便在下沉过程中，井壁外侧与土壁之间存在空隙，形成一个泥浆润滑套。

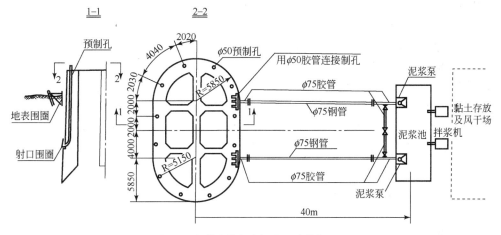

图5-11　泥浆润滑套示意图（尺寸单位：mm）

外管法是把压浆管直接置于井壁的内侧或外侧，通过喷浆嘴喷浆，如图5-12所示。

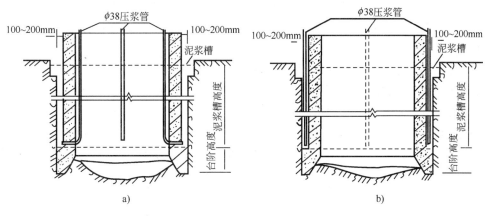

图5-12　沉井压浆管外管法布置图
a）井内布置；b井外布置）

2. 射口挡板

射口挡板可用角钢或钢板弯制,置于每个泥浆射出口处,固定在井壁台阶上。它的作用是防止泥浆管射出的泥浆直冲土壁而起缓冲作用,防止土壁局部坍落堵塞射浆口。

3. 地表围圈

地表围圈是埋设在沉井周围保护泥浆的围壁(图5-13)。它的作用是沉井下沉时防止土壁坍落;保持一定数量的泥浆储存量以保证在沉井下沉过程中泥浆补充到新造成的空隙内;通过泥浆在围圈内的流动,调整各压浆管出浆的不均衡。

围圈可用钢板与型钢组成,或采用钢筋混凝土围圈。其外侧的回填土要用黏土分层夯实,以防渗水。地表围圈的高度一般在 1.5～2.0m,顶面高出地面或岛面约 0.5m。围圈顶面宜加盖,可用木板或钢板制作。

沉井在下沉时,要不断补充泥浆,泥浆面不得低于地表围圈的底面。同时要注意使沉井孔内外水位相近,以防止发生流沙、涌水,而使泥浆套受到破坏。还要注意井孔中挖土应均匀,避免

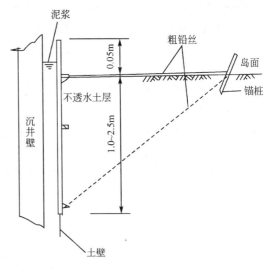

图 5-13　泥浆润滑套地表围圈

过多地淘空刃脚下的土,以使造成通路使大量泥浆流失和沉井突然下沉,造成土壁坍塌、孔内发生流沙和地表坍陷。当气温低于 −3℃时,要做好防冻工作。

当沉井底达到设计高程时,应压进水泥砂浆把触变泥浆挤出去,使井壁与四周的土壁重新获得新的摩阻力。

另外,在卵石、砾石层中采用泥浆润滑套效果一般较差。

(二)壁后压气施工法(气幕法)

壁后压气施工法也是减少沉井下沉时井壁摩阻力的有效方法。在沉井井壁内预埋若干竖直管道和若干层横向的环形管道,每层环形管上钻有很多小孔,压缩空气由管道通过小孔向外喷射,气流沿沉井外壁上升,形成一圈压气层(又称空气幕),使沉井井壁周围的土液化,从而减小井壁与土之间的摩阻力,使沉井顺利下沉。在水深流急处无法采用泥浆润滑套施工时,可用这种方法。

施工时压气管分层分布设置,竖管可用塑料管或钢管,水平环管则采用直径 25mm 的硬质聚氯乙烯管,沿井壁外缘埋设。每层水平环管可按四角分为四个区,以便分别压气调整沉井倾斜。压气沉井所需的气压可取静水压力的 2.5 倍。

与泥浆润滑套相比,壁后压气沉井法在停气后即可恢复土对井壁的摩阻力,下沉量易于控制,且所需施工设备简单,可以水下施工,经济效果好。现认为在一般条件下较泥浆润滑套更为方便,它适用于细、粉砂类土和黏性土中。但设计方法和施工措施尚需积累更多的资料。

第五节　沉井的设计与计算

沉井是深基础的一种类型,但在施工过程中,沉井是挡土、挡水的结构物,施工完毕后,是

结构物的基础,因而应按基础的要求进行各项验算,还要对沉井本身进行结构设计和计算。即沉井的设计与计算包括沉井基础与沉井结构两方面的设计与计算。

一、沉井主要尺寸的拟定

(一)高度

沉井的高度需根据上部结构、水文地质条件及各土层的承载力确定,沉井底面一般置于最低水位以下,如地面高于最低水位且不受冲刷时,低于地面至少0.2m,在通行河流上应考虑船只的航行安全。

(二)平面尺寸

沉井的平面形状常决定于墩(台)底部的形状。对矩形或圆端形墩,可采用相应形状的沉井,采用矩形沉井时,为保证下沉的稳定性,沉井的长边与短边之比不宜大于3。当墩的长宽比较为接近时,可采用方形或圆形沉井。沉井顶面尺寸为墩(台)身底部尺寸加襟边宽度。襟边宽度不宜小于0.2m,也不宜小于沉井全高的1/50,浮运沉井不小于0.4m。如沉井顶面需设置围堰,其襟边宽度根据围堰构造还需加大。墩(台)身边缘应尽可能支承于井壁上或盖板支承面上,对井孔内不以混凝土填实的空心沉井不允许墩(台)身边缘全部置于井孔位置上。

二、沉井作为整体深基础的设计与计算

沉井基础的计算,根据它的埋置深度可用两种不同的计算方法。当沉井埋置深度在最大冲刷线以下较浅仅数米时,这时可以不考虑基础侧面土的横向抗力影响,而按浅基础设计计算规定,分别验算地基强度、沉井基础的稳定性和沉降,使它符合容许值的要求;本章主要介绍沉井基础埋置深度较大时,由于埋置在土体内较深,不可忽略沉井周围土体对沉井的约束作用,因此在验算地基应力、变形及沉井的稳定性时,需要考虑基础侧面土体弹性抗力的影响。这种计算方法的基本假定条件是:

(1)地基土作为弹性变形介质,水平向地基系数随深度成正比例增加。

(2)不考虑基础与土之间的黏着力和摩阻力。

(3)沉井基础的刚度与土的刚度之比可认为是无限大。

由这些假定条件,沉井基础在横向外力作用下只能发生转动而无挠曲变形。因此,可按刚性桩柱(刚性杆件)计算内力和土抗力,即相当于"m"法中 $\alpha h < 2.5$ 的情况。

(一)非岩石地基上沉井基础的计算

沉井基础受到水平力 H 及偏心竖向力 N 共同作用时(图5-14),为了讨论方便,可以把这些外力转变为中心荷载和水平力的共同作用,转变后的水平力 H 距离基底的作用高度(图5-15)为:

$$\lambda = \frac{Ne + Hl}{H} = \frac{\sum M}{H} \tag{5-1}$$

沉井由于水平力 H 的作用,将围绕位于地面下面深度 z_0 处的 A 点转动 ω 角(图5-15),地面下深度 z 处沉井基础产生的水平位移 Δx 和土的横向水平应力 p_z 分别为:

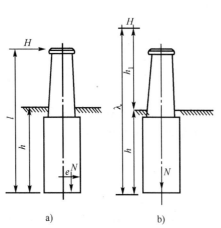

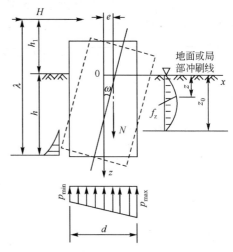

图 5-14　荷载作用情况　　　　　　　图 5-15　水平及竖直荷载作用下应力分布

$$\Delta x = (z_0 - z)\tan\omega \tag{5-2}$$

$$p_z = \Delta x C_z = C_z(z_0 - z)\tan\omega \tag{5-3}$$

式中：z_0——转动中心 A 距离地面的距离；

C_z——深度 z 处的水平向的地基系数，$C_z = mz$，m 是地基比例系数。

由基础转动引起的基底边缘处的竖向位移为：

$$\delta_1 = \frac{d}{2}\tan\omega \tag{5-4}$$

$$p_{\frac{d}{2}} = C_0\delta = C_0\frac{d}{2}\tan\omega \tag{5-5}$$

公式(5-5)中 C_0 不小于 $10m_0h$，d 为基底宽度或直径。

以上三个公式中，有两个未知数 z_0 和 ω，可以建立两个平衡方程式求解，即：

$$\left. \begin{array}{c} \Sigma X = 0 \\ H - \int_0^h p_z b_1 \mathrm{d}z = H - b_1 m\tan\omega\int_0^h z(z_0 - z)\mathrm{d}z = 0 \\ \Sigma M = 0 \end{array} \right\} \tag{5-6a}$$

$$Hh_1 + \int_0^h p_z b_1 z\mathrm{d}z - p_{\frac{d}{2}} W_0 = 0 \tag{5-6b}$$

公式(5-6)中 b_1 为基础计算宽度，可按"m 法"计算，W_0 为基础底面的边缘弹性抵抗弯矩。

以上两公式联立求解，得：

$$z_0 = \frac{\beta b_1 h^2(4\lambda - h) + 6dW_0}{2\beta b_1 h(3\lambda - h)} \tag{5-7}$$

$$\tan\omega = \frac{12\beta H(2h + 3h_1)}{mh(\beta b_1 h^3 + 18W_0 d)} \tag{5-8}$$

或　　　　　　　　　　　　$$\tan\omega = \frac{6H}{Amh}$$

式中：β 为深度 h 处沉井侧面的水平向地基系数与沉井底面的竖向地基系数的比值，即 $\beta = \dfrac{C_\mathrm{h}}{C_0}$

$$= \frac{mh}{C_0}; A = \frac{\beta b_1 h^3 + 18 W_0 d}{2\beta(3\lambda - h)}; m \text{、} m_0 \text{ 按第四章的有关规定采用。}$$

将公式(5-7)(5-8)代入(5-3)及(5-5)得:

$$p_z = \frac{6H}{Ah} z(z_0 - z) \tag{5-9}$$

$$p_{\frac{d}{2}} = \frac{3dH}{A\beta} \tag{5-10}$$

竖向荷载 N 及水平力 H 同时作用时,基底边缘处的压应力(图5-16)为:

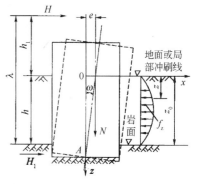

$$p_{\min}^{\max} = \frac{N}{A_0} \pm \frac{3Hd}{A\beta} \tag{5-11}$$

式中: A_0 为基底面积。

离地面或最大冲刷线以下 z 深度处基础截面上的弯矩为:

$$M_z = H(\lambda - h + z) - \int_0^z p_z b_1 (z - z_1) \mathrm{d}z$$

$$= H(\lambda - h + z) - \frac{Hb_1 z^3}{2hA}(2z_0 - z) \tag{5-12}$$

图5-16　水平力作用下的应力分布

(二)基底嵌入基岩内的计算方法

若基底嵌入基岩内,在水平力和竖向偏心荷载作用下,可以认为基底不产生水平位移,则基础的旋转中心 A 与基底中心相吻合,即 $z_0 = h$ 为已知值(图5-16)。这样,在基底嵌入处便存在一水平阻力 H_1,由于 H_1 力对基底中心轴的力臂很小,一般可忽略 H_1 对 A 点的力矩。当基础有水平力 H 作用时,地面下 z 深度处产生的水平位移 ΔX 和水平土压应力 p_z 分别为:

$$\Delta x = (h - z)\tan\omega \tag{5-13}$$

$$p_z = \Delta x C_z = mz(h - z)\tan\omega \tag{5-14}$$

式中: h——转动中心 A 距地面的距离;

C_z——深度 z 处水平向的地基系数。

基底边缘处的竖向应力为:

$$p_{\frac{d}{2}} = C_0 \tan\omega \cdot \frac{d}{2} = \frac{mhd}{2\beta}\tan\omega \tag{5-15}$$

C_0 为基底岩石地基系数,按第四章有关规定查用。

以上公式中只有一个未知数 ω,可建立弯矩平衡方程求解。

$$\sum M_A = 0$$

$$H(h + h_1) - \int_0^h p_z b_1 (h - z) \mathrm{d}z - p_{\frac{d}{2}} W_0 = 0 \tag{5-16}$$

解上式得:

$$\tan\omega = \frac{H}{mhD_0} \tag{5-17}$$

式中: $D_0 = \dfrac{b_1 \beta h^3 + 6 W_0 d}{12\lambda\beta}$。

将 $\tan\omega$ 代入(5-14)与(5-15)得:

$$p_z = (h - z)z\frac{H}{D_0 h} \tag{5-18}$$

$$p_{\frac{d}{2}} = \frac{Hd}{2\beta D_0} \tag{5-19}$$

基底边缘处应力为：

$$p_{\min}^{\max} = \frac{N}{A_0} \pm \frac{Hd}{2\beta D_0} \tag{5-20}$$

根据$\sum X = 0$，可以求出嵌入处未知的水平阻力H_1为：

$$H_1 = \int_0^h b_1 p_z \mathrm{d}z - H = H\left(\frac{b_1 h^2}{6D_0} - 1\right) \tag{5-21}$$

地面以下z深度处基础截面上的弯矩为：

$$M_z = (\lambda - h + z)H\frac{b_1 H z^3}{12 D_0 h}(2h - z) \tag{5-22}$$

(三)墩台顶面的水平位移

墩台顶面水平位移计算采用下式计算：

$$\Delta = k_1 \omega z_0 + k_2 \omega l_0 + \delta_0 \tag{5-23}$$

式中：l_0——地面或局部冲刷线至墩台顶面的高度；

δ_0——在l_0范围内墩台身与基础变形产生的墩台顶面水平位移；

k_1、k_2——考虑基础刚性影响的系数，按表5-2采用。

系 数 k_1、k_2 表 5-2

换算深度 $\bar{h} = \alpha h$	系 数	λ / h				
		1	2	3	5	∞
1.6	k_1	1.0	1.0	1.0	1.0	1.0
	k_2	1.0	1.1	1.1	1.1	1.1
1.8	k_1	1.0	1.1	1.1	1.1	1.1
	k_2	1.1	1.2	1.2	1.2	1.3
2.0	k_1	1.1	1.1	1.1	1.1	1.2
	k_2	1.2	1.3	1.4	1.4	1.4
2.2	k_1	1.1	1.2	1.2	1.2	1.2
	k_2	1.2	1.5	1.6	1.6	1.7
2.4	k_1	1.1	1.2	1.3	1.3	1.3
	k_2	1.3	1.8	1.9	1.9	2.0
2.5	k_1	1.2	1.3	1.4	1.4	1.4
	k_2	1.4	1.9	2.1	2.2	2.3

注：1. $\alpha h < 1.6$时，k_1、$k_2 = 0$。

2. 当仅有偏心竖向力作用时，$\lambda / h \to \infty$。

(四)验算

1. 基底应力验算

式(5-11)及式(5-20)所计算出的最大压应力不应超过沉井底面处土的容许承载应力，即：

$$p_{\max} \leqslant \gamma_R [f_a] \tag{5-24}$$

式中:γ_R——与地基受荷阶段和受荷情况相关的抗力系数。

2. 横向抗力验算

由式(5-9)、式(5-18)计算出的 p_z 值应小于沉井周围土的极限抗力值,否则不能考虑基础侧向土的弹性抗力。

当基础在外力作用下产生位移时,在深度 z 处基础一侧产生主动土压力,压力强度为 p_a,而被挤压一侧土就受到被动土压力,强度为 p_p,故其极限抗力用土压力表达为:

$$p_z \leqslant p_p - p_a \tag{5-25}$$

由朗金土压力理论得:

$$\left. \begin{aligned} p_p &= \gamma z \tan^2\left(45° + \frac{\varphi}{2}\right) + 2c \cdot \tan\left(45° + \frac{\varphi}{2}\right) \\ p_a &= \gamma z \tan^2\left(45° - \frac{\varphi}{2}\right) - 2c \cdot \tan\left(45° - \frac{\varphi}{2}\right) \end{aligned} \right\} \tag{5-26}$$

代入(5-25)整理后得:

$$p_z = \frac{4}{\cos\varphi}(\gamma z \tan\varphi + c) \tag{5-27}$$

式中:γ——土的重度;

φ——土的内摩擦角;

c——土的黏聚力。

支承在分散土地基上的深基础,最大横向抗力一般出现在 $z = h/3$ 和 $z = h$ 处,将其代入式(5-27)便有:

$$p_{\frac{h}{3}} \leqslant \frac{4}{\cos\varphi}\left(\frac{\gamma}{3}h\tan\varphi + c\right)\eta_1\eta_2 \tag{5-28}$$

$$p_h \leqslant \frac{4}{\cos\varphi}(\gamma h\tan\varphi + c)\eta_1\eta_2 \tag{5-29}$$

式中:$p_{\frac{h}{3}}$——$z = h/3$ 深度的土横向抗力;

p_h——$z = h$ 深度的土横向抗力,h 为基础的埋置深度;

η_1——系数,对于外超静定推力拱桥的墩台取 0.7,其他结构体系的墩台取 1.0;

η_2——考虑结构重力在总荷载中所占的百分比的系数,$\eta_2 = 1 - 0.8\dfrac{M_g}{M}$;

M_g——结构自重对基础底面重心产生的弯矩;

M——全部荷载对基础底面重心产生的总弯矩。

三、沉井在施工过程中的结构强度计算

沉井施工、营运过程中均受到不同外力的作用,沉井结构强度必须满足各阶段最不利受力的要求。根据《公路桥涵地基与基础设计规范》(JTG D63—2007)应针对沉井各部分在施工过程中的最不利受力情况的要求,首先拟定相应的计算图式,进行截面应力计算,然后进行必要的配筋,保证沉井结构在各个施工阶段中的强度和稳定。

(一)沉井自重下沉验算

沉井下沉是靠在井孔内不断取土,在沉井重力作用下克服四周井壁与土的摩阻力和刃脚

底面土的阻力而实现的,所以在设计时应首先确定沉井在自身重力作用下是否有足够的重力使沉井顺利下沉。下沉系数 $k = G/R$ 可取 $1.15 \sim 1.25$,其中 G 为沉井自重,R 为沉井底端地基总反力 R_r 与沉井侧面总摩阻力 R_f 之和;R_f 计算可假定单位面积摩阻力沿深度呈梯形分布,距地面 5m 范围内按三角形分布,其下为常数,$R_f = u(h - 2.5)q$,式中 u 为沉井下端面周长,h 为沉井入土深度,q 为井壁单位面积摩阻力加权平均值。

井壁与土体之间的摩阻力,可根据沉井所在地点土层已有测试资料来估算,也可以参考以往类似的沉井设计中的侧面摩阻力采用之。如无资料,对下沉深度在 20m 以内,最大不超过 30m 的沉井,可参照表 5-3 的数值选用。

井壁与土体间的摩阻力标准值　　　　　　　　　　表 5-3

土 的 名 称	摩阻力标准值(kPa)	土 的 名 称	摩阻力标准值(kPa)
黏性土	$25 \sim 50$	砾石	$15 \sim 20$
砂性土	$12 \sim 25$	软土	$10 \sim 12$
卵石	$15 \sim 30$	泥浆套	$3 \sim 5$

注:泥浆套为灌注在井壁外侧的浊变泥浆,是一种助沉材料。

(二)底节沉井的竖向挠曲验算

底节沉井在拆模后的下沉过程中,可视为在自重作用下将产生挠曲的一个梁,从而需要验算最危险截面上的弯矩是否符合强度要求,或根据计算弯矩布置底节沉井井壁上的水平钢筋。其支承点视具体施工而定,一般考虑区分以下两种条件:

1. 排水挖土下沉时

挖土下沉时,支撑点较易控制,沉井的支承点可设在有利的位置上,使最大弯矩值为最小。对圆端形或矩形沉井,当其长边大于短边 1.5 倍时,支点可设在长边上,支点间距可取长边的 0.7 倍,该支点也即定位垫木的位置。如图 5-17 所示。如井壁顶部的拉应力超过混凝土的允许拉应力,井体就会产生竖向开裂,应加大底节沉井的高度或配设钢筋。

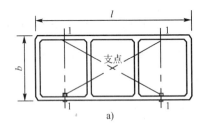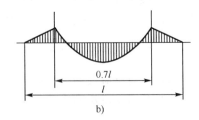

图 5-17　排水下沉的沉井
a)平面图;b)弯矩图

2. 不排水下沉时

由于水下作业,控制挖土很困难,所以验算时应考虑最不利的支承条件,由于井孔中有水,挖土可能不均匀,支点设置也难控制,沉井下沉过程中可能会出现最不利的支承情况。对矩形及圆端形沉井,支点在长边的中点上,另一种情况支点在四个角上,如图 5-18 所示;对于圆形沉井,两个支点位于直径上。排水下沉和不排水下沉都能使沉井成为一悬臂梁,在支点处,沉井顶部可能产生竖向开裂;而不排水下沉能使沉井成为一简支梁,跨中弯矩最大,可能沉井下部竖向开裂。这两种情况均应对长边跨中附近最小截面上下缘进行验算。

若底节沉井内隔墙的跨度较大,还需验算内隔墙的抗拉强度。内隔墙最不利的受力情况是下部土已挖空,第二节沉井的内墙已浇筑,但未凝固,这时,内隔墙成为两端支承在井壁上的梁,承受了本身重量以及上部第二节沉井内隔墙和模板等重力。如验算结果可能使内隔墙下部产生竖向开裂,应采取措施,或布置水平向钢筋,或在浇筑第二节沉井时内隔墙底部回填砂石并夯实,使荷载传至填土上。

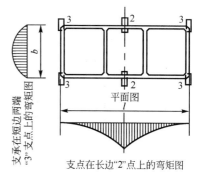

图 5-18 不排水挖土下沉的沉井

(三)沉井刃脚受力计算

沉井在下沉过程中,刃脚受力较为复杂,刃脚切入土中时受到向外弯曲应力,挖空刃脚下的土时,刃脚又受到外部土、水压力作用而向内弯曲。从结构上来分析,可认为刃脚把一部分力通过本身作为悬壁梁的作用传到刃脚根部,另一部分由本身作为一个水平的闭合框架作用所负担,因此,可以把刃脚看成在平面上是一个水平闭合框架,在竖向是一个固定在井壁上的悬臂梁。水平外力的分配系数,可根据悬臂及水平框架两者的变位关系及其他一些假定得到,其关系式如下:

刃脚悬臂作用的分配系数为:

$$\alpha = \frac{0.1l_1^4}{h^4 + 0.05l_1^4} \quad (\alpha \leqslant 1.0) \tag{5-30}$$

刃脚框架作用的分配系数为:

$$\beta = \frac{h^4}{h^4 + 0.05l_2^4} \tag{5-31}$$

式中:l_1——支承于隔墙间的井壁最大计算跨度;

l_2——支承于隔墙间的井壁最小计算跨度;

h——刃脚斜面部分的高度。

水平外力按上面两个分配系数分配,只适用于内隔墙底面高出刃脚底面不超过 0.5m,或大于 0.5m 而有竖直承托的情况。否则,全部水平力应由悬臂作用承担,即 $\alpha = 1.0$。刃脚不再起水平框架作用,但仍应按构造要求布置水平钢筋,使其能承受一定的正、负弯矩。

外力经过上面的分配以后,就可以将刃脚受力情况按竖、横两个方向来计算。

1. 刃脚竖向受力分析

刃脚竖向受力情况一般截取单位宽度井壁来分析,把刃脚视为固定在井壁上的悬臂梁,梁的跨度即为刃脚高度。由内力分析有下述两种情况:

1)刃脚向外挠曲的内力计算(图 5-19)

刃脚切入土中一定深度,由于沉井自重作用,在刃脚面上产生土的抵抗力,使得刃脚向外挠曲。作用在斜面上的反力和外壁摩阻力愈大,井壁外的土压力和水压力愈小,则愈不利。经分析比较,一般认为在沉井施工下沉过程中,刃脚内侧切入土中深度约 1.0m,上节沉井均以接上,且沉井上部露出地面或水面约一节沉井高度时符合需要条件,为最不利情况,以此来计算刃脚的向外挠曲弯矩。

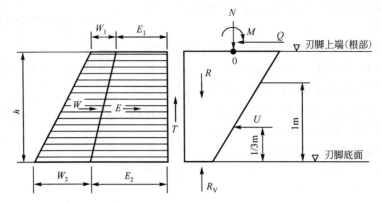

图 5-19　在刃脚上的外力

（1）作用在刃脚外侧单位宽度上的土压力合力为：

$$E + W = \frac{1}{2}\big[(E_1 + W_1) + (E_2 + W_2)\big]h \tag{5-32}$$

式中：$E_1 + W_1$——作用在刃脚根部的水压力和土压力强度的和；

$E_2 + W_2$——刃脚底面的土压力和水压力强度之和；

h——刃脚高度。

$E + W$ 力的作用点距离刃脚根部的距离为：

$$t = \frac{h}{3} \cdot \frac{2(E_2 + W_2) + (E_1 + W_1)}{(E_2 + W_2) + (E_1 + W_1)} \tag{5-33}$$

可以根据朗金主动土压力计算地面以下深度 h_i 处刃脚承受的土压力为：

$$E_i = \gamma_i h_i \tan^2\left(45° - \frac{\varphi}{2}\right) \tag{5-34}$$

式中：γ_i——h_i 高度范围内土的平均重度。

水压力 W_i 为：

$$W_i = \gamma_w h_{wi} \tag{5-35}$$

式中：γ_w——水的重度；

h_{wi}——计算位置到水面的距离。

水压力应根据施工情况和土质条件计算，设计规范规定计算得的刃脚外侧土压力、水压力值不得大于静水压力的 70%，否则按静水压力的 70% 计算。

（2）作用在井壁外侧单位宽度上的摩阻力 T。可按以下两式计算，取其较小者。

$$T = \mu E = \tan\varphi \cdot E = 0.5E \tag{5-36}$$

$$T = qA \tag{5-37}$$

式中：μ——摩擦系数，$\mu = \tan\varphi$；

φ——内摩擦角，一般土在水中的内摩擦角可采用 $26°30'$，$\tan 26°30' = 0.5$；

q——土与井壁间的单位摩阻力，按表 5-3 选用；

A——沉井侧面与土接触的单位宽度上的总面积，$A = 1 \times h = h$（h 为刃脚高度，以 m 计）；

E——作用在井壁上的每 m 宽度的总压力（kN/m）。

（3）刃脚下抵抗力。刃脚下单位宽度上竖直反力 R_V 可以按下式计算（图 5-20）：

$$R_V = G - T \tag{5-38}$$

式中:G——沿沉井外壁单位周长的沉井重力,其值等于该高度沉井的总重除以沉井的周长,在不排水挖土下沉时,应在沉井总重中扣去淹水部分的浮力;

$\quad T$——沿井壁单位周长上沉井侧面总摩阻力。

R_V 的作用点可按下列方法计算(见图 5-20):假定作用在刃脚斜面上的土反力与斜面上法线成 β 角,β 为土反力与刃脚斜面间的外摩擦角(一般取 $\beta=30°$)。作用在刃脚斜面上的土反力分解成水平力 U 与垂直力 V_2,刃脚底面上的垂直反力为 V_1,则:

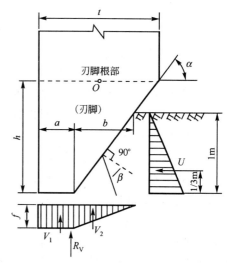

图 5-20　刃脚下 R_V 的作用点计算

$$R_V = V_1 + V_2 \tag{5-39}$$

$$\frac{V_1}{V_2} = \frac{f \cdot a}{\frac{1}{2} f \cdot b} = \frac{2a}{b} \tag{5-40}$$

式中:a——刃脚踏面底宽(m);

$\quad b$——刃脚入土斜面的水平投影(m);

$\quad f$——竖直反力强度(kN/m)。

由式(5-39)、(5-40)可解得:

$$V_1 = a\frac{R_V}{a+\dfrac{b}{2}} = \frac{2a}{2a+b}R_V \tag{5-41}$$

$$V_2 = \frac{b}{2a+b}R \tag{5-42}$$

$$U = V_2\tan(\alpha - \beta) \tag{5-43}$$

R_V 的作用点距离井壁外侧的距离为:

$$X = \frac{1}{R_V}\left[V_1\frac{a}{2} + V_2\left(a + \frac{b}{3}\right) \right] \tag{5-44}$$

β 为土与刃脚斜面间的外摩擦角,一般取 30°,刃脚斜面上水平反力 U 作用点离刃脚底面 $1/3$m。

(4)刃脚自重。刃脚单位宽度上的自重为:

$$g = \frac{t+a}{2}h\gamma_h \tag{5-45}$$

式中:t——井壁厚度;

$\quad \gamma_h$——刃脚重度,不排水施工时应扣除浮力。

g 作用点距离刃脚根部中心轴的距离为:

$$x_1 = \frac{t^2 + at - 2a^2}{6(t+a)} \tag{5-46}$$

(5)作用在刃脚外侧的摩阻力。作用在刃脚外侧的摩阻力,其计算方法与计算井壁外侧摩阻力 T 的方法相同,但取两式中的较大值,其目的为使刃脚弯矩最大。

所有力算出后,计算各力对刃脚根部截面上的内力,即:

对截面中心轴的弯矩为:

$$M = M_R + M_H + M_{E+W} + M_T + M_g \tag{5-47}$$

竖向力为:

$$N = R_v + T + g \qquad (5-48)$$

剪力为:

$$Q = E + W + U \qquad (5-49)$$

根据 M、N、Q 可计算配筋,刃脚悬臂部分无论内侧还是外侧竖向钢筋,均应伸入悬臂根部截面以上 $0.5l_1$(l_1 为支承于隔墙间的井壁最大计算跨径)。

2)刃脚向内挠曲的内力计算

当沉井沉到设计高程,刃脚下的土已挖空,这时刃脚处于向内弯曲的不利情况,如图 5-21 所示。按此情况确定刃脚外侧竖向钢筋。

作用在刃脚外侧的外力,沿沉井周边取一单位周长计算,计算步骤和刃脚向外挠曲的内力计算的情况相似。其计算方法简述如下:

(1)计算刃脚外侧的土压力和水压力。土压力与刃脚向外挠曲的内力计算的情况相同。水压力计算,当不排水下沉时,井壁外侧水压力按 100% 计算,井内水压力一般按 50% 计算,但也可按施工中可能出现的水头差计算;当排水下沉时,在透水不良土中,外侧水压力可按静水压力的 70% 计算。这里土压力和水压力的总和不受"不超过 70% 的静水压力"的限制。

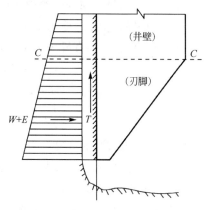

图 5-21　刃脚向内弯曲

(2)由于刃脚下的土已掏空,故刃脚下的垂直反力 R_v 和刃脚斜面水平反力 U(图 5-20)均等于零。

(3)作用在井壁外侧的摩阻力 T 与刃脚向外挠曲的内力计算方法相同,但取较小值。

(4)刃脚重力 g 与刃脚向外挠曲的内力计算相同。

(5)根据以上计算的所有外力,可以算出刃脚根部处截面上每单位周长(外侧)内的轴向力 N、水平力 Q 及对截面重心轴的弯矩 M。并据以计算刃脚外侧的竖向钢筋数量。此项钢筋也应延伸至刃脚根部以上 $0.5l_1$(l_1 为沉井外壁的最大计算跨径)。

2. 刃脚水平钢筋的计算

当沉井下沉到设计高程,刃脚下的土已被掏空时,刃脚将受到最大的水平力。图 5-22 表示刃脚上沿井壁水平方向截取的单位高度水平框架,作用在这个水平框架上的外力计算与上述求算刃脚外侧钢筋的方法相同。但水平钢筋只分担作用在水平框架上的荷载,故作用在水平框架全周上的均布荷载为刃脚上的最大水平力乘以分配系数 β。

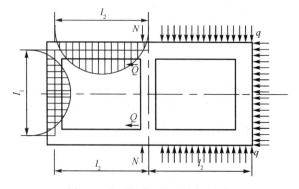

图 5-22　矩形沉井刃脚上的水平框架

作用在矩形沉井上的最大弯矩 M、轴向力 N 及剪力 Q 可按下列近似公式计算如下:

$$M = \frac{q \cdot l_1^2}{16} \qquad (5-50)$$

$$N = \frac{q \cdot l_1^2}{2} \qquad (5-51)$$

$$Q = \frac{q \cdot l_1}{2} \qquad (5-52)$$

式中:q——作用在刃脚框架上的水平均布荷载;

l_1——沉井外壁的最大和最小计算跨径。

根据以上计算的 M、N 和 Q,设计刃脚内的水平钢筋。为便于施工,不必按正负弯矩将钢筋弯起,可按正负弯矩的需要布置成内、外两圈。

(四)井壁受力计算

1. 井壁竖向拉应力验算

沉井在下沉的过程中,有可能遇到上部被四周土体摩擦力而箍住,而刃脚下的土体已被挖空,使沉井下部处于悬吊状态的情况(一般下部土体比上部土体软的情况下出现)。井壁在自重的作用下有被拉断的可能,因此要验算井壁的竖向拉应力。拉应力的分布可假定为倒三角形,在地面最大,在刃脚底面处为零。

设沉井自重为 G_k,h 为沉井的入土深度,u 为井壁周长,q_d 为底面处井壁的摩阻力,q_x 为距离刃脚底部 x 处的摩阻力,如图 5-23 所示。

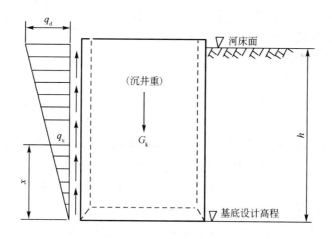

图 5-23　等截面沉井井壁竖向受拉计算图

由于

$$G_k = \frac{1}{2} q_d \cdot h \cdot u$$

$$q_d = \frac{2G_k}{h \cdot u}$$

得

$$q_x = \frac{q_d}{h} x = \frac{2G_k x}{h^2 u} \qquad (5-53)$$

距离刃脚底面 x 处井壁的拉力为：

$$p_x = \frac{G_k x}{h} - \frac{q_x}{2} xu = \frac{G_k x}{h} - \frac{G_k x^2}{h^2}$$

令

$$\frac{dp_x}{dx} = 0$$

则

$$\frac{dp_x}{dx} = \frac{G_k}{h} - \frac{2G_k x}{h^2} = 0$$

得 $x = h/2$ 时

$$p_{max} = \frac{1}{4} G_k \tag{5-54}$$

当 p_{max} 大于井壁圬工材料容许值时，应布置必要的竖向受力钢筋，对每节井壁接缝处的竖向拉应力的验算，可以假定该处的混凝土不承受拉应力，全部由接缝钢筋承受。

2. 水平受力计算

沉井下沉至设计高程，刃脚下的土已被掏空，沉井井壁在水压力和土压力作用下井壁受最大水平力，此时把井壁作为水平框架来验算。这种水平弯曲验算分为两部分：

（1）刃脚根部以上高度等于井壁厚度 t 的一段井壁

验算位于刃脚根部以上其高度等于井壁厚度 t 的一段井壁，据此设置该段的水平钢筋。因这段井壁 t 又是刃脚悬臂梁的固定端，施工阶段作用于该段的水平荷载，除本身所受的水平荷载外，还承受由刃脚传来的水平力 Q（图5-24）。

（2）其余段井壁。其余各段井壁的计算，可按井壁断面的变化，将井壁分成数段，取每一段中控制设计的井壁（位于每一段最下端的单位高度）进行计算。作用在框架上的均布荷载 $q = W + E$。然后用同样的计算方法，求得水平框架内截面的作用效应。并将水平筋布置在全段上。

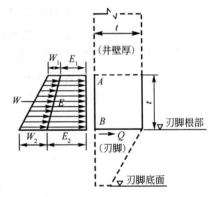

图5-24 刃脚根部以上高度等于井壁厚度的一段井壁框架荷载分布图

采用泥浆套下沉的沉井，在下沉过程中所受到的侧压力，应将沉井外侧泥浆压力按100%计算，因为泥浆压力一定要大于水压力及土压力总和，才能保证泥浆套不被破坏。

采用空气幕沉井，在下沉过程中受到土侧压力，根据试验沉井测量结果，压气时气压对井壁的作用不明显，可以略去不计，仍按普通沉井的有关规定计算。

在计算空气幕沉井下沉过程中结构强度时，由于井壁的摩擦力在开气时减小，不开气时仍与普通沉井相同。因此视计算内容，按最不利情况采用。

（五）沉井封底的计算

混凝土封底的厚度应根据基底的水压力和地基土的向上反力计算确定。井孔不填充混凝土的沉井，封底混凝土须承受沉井基础全部荷载所产生的基底反力，井内如填砂时应扣除其重力。井孔内如填充混凝土（或片石混凝土），封底混凝土须承受填充混凝土前的沉井底部的静水压力。

沉井封底混凝土应按如下规定计算：

（1）在施工抽水时，封底混凝土应承受基底水和土的向上反力，此时如因混凝土的龄期不足,应考虑降低混凝土强度。

（2）沉井井孔用混凝土或石砌圬工填实时,封底混凝土应承受基础设计的最大基底反力,并计入井孔内填充物的重力。

（3）封底层混凝土厚度,一般不宜小于1.5倍井孔直径或短边边长。

第六节　沉井计算示例

一、设计资料

（一）上部结构

上部结构为跨径70m的预应力钢筋混凝土T形刚构。

（二）下部结构

中墩为C15混凝土重力式桥墩,基础为钢筋混凝土沉井,尺寸如图5-25所示。

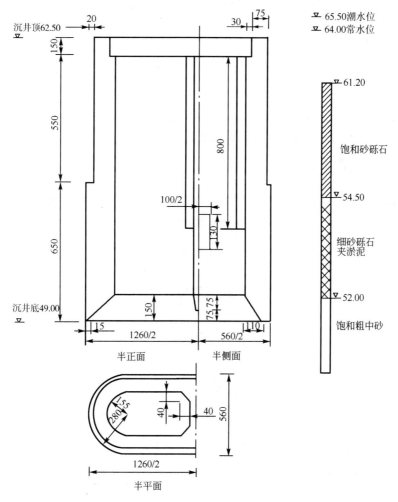

图5-25　沉井计算图示(尺寸单位:cm,高程单位:m)

(三)地质资料

地基土质由上往下分别为饱和砂砾石、细砂砾石夹淤泥和饱和粗中砂,各层土的指标值如下:

(1)饱和砂砾石:密实,天然重度20.6kN/m³,浮重度12.0 kN/m³,$\varphi = 40°$,$\tau = 16$kPa。

(2)细砂砾石夹淤泥:天然重度18kN/m³,浮重度11.0 kN/m³,$\varphi = 30°$,$\tau = 15$kPa。

(3)饱和粗中砂:稍松,天然重度17.6kN/m³,浮重度10.8 kN/m³,$\varphi = 25°$,$\tau = 14$kPa。

(四)水文资料

常水位高程64.00m,潮水位高程65.50m。一般冲刷线高程61.00m,局部冲刷线高程58.00m。

(五)施工方法

常水位时筑岛制作沉井,不排水下沉。

二、沉井高度及各部分尺寸

(一)沉井高度

按水文计算,大、中桥的基础埋置深度应在最大冲刷线以下2.0m,沉井所需高度:

$$H = 62.5 - 58.0 + 2.0 = 6.5\text{m}$$

按地质条件与地基容许承载力考虑,沉井底面应位于密实的砂砾层中,根据分析拟采用沉井高度$H = 13.5$m,沉井的底面高程49.00m,顶面高程62.5m,顶节沉井高7.0m,底节沉井高6.5m。

(二)沉井的平面尺寸

考虑到桥墩的形式,采用两端半圆形中间为矩形的沉井,详细尺寸如图5-25所示。

刃脚踏面宽度0.15m,刃脚高度1.5m,刃脚内侧倾角:

$$\tan\theta = \frac{1.5}{1.25 - 0.15} = 53.74° > 45°$$

三、作用效应计算

(一)沉井自重

1. 刃脚自重

重度:$\qquad \gamma_1 = 25.00\text{kN/m}^3$

刃脚截面面积:$\qquad F_1 = \frac{1}{2}(1.25 + 0.15) \times 1.50 = 1.05 \text{ m}^2$

形心到井壁外侧的距离(图5-26)为:

$$x = \left[0.15 \times 1.5 \times \frac{1}{2} \times 0.15 + \frac{1}{2} \times 1.5 \times 1.1 \times \left(0.15 + \frac{1}{3} \times 1.1\right)\right]\frac{1}{1.05}$$

$$= 0.422\text{m}$$

刃脚的体积为：

$$V_1 = [2 \times \pi \times (2.8 - 0.422) + 7 \times 2] \times 1.05$$
$$= 30.39 \text{m}^3$$

则刃脚自重为：$Q_1 = 30.39 \times 25.00 = 759.71 \text{kN}$

2. 底节沉井的井壁自重

重度：　　　　$\gamma_2 = 24.50 \text{kN/m}^3$

井壁截面面积：$F_2 = 1.25 \times 6.5 = 8.125 \text{ m}^2$

井壁体积：　　$V_2 = (2 \times 2.175 \times \pi + 2 \times 7) \times 8.125$
$$= 224.79 \text{m}^3$$

则底节沉井的井壁自重为：$Q_2 = 224.79 \times 24.5 = 5\,507.36 \text{kN}$

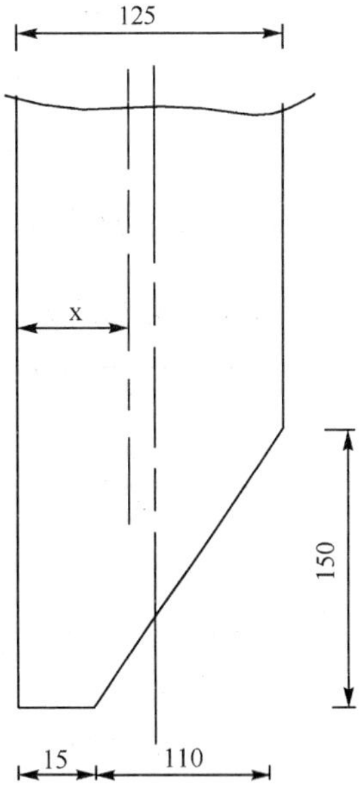

3. 底节沉井的隔墙自重

$$\gamma_3 = 24.50 \text{kN/m}^3$$

$$V_3 = \left[0.80 \times 10.5 + \frac{0.15 + 0.80}{2} \times 0.75 \right] \times 3.1 + 0.4 \times 0.4$$
$$\times 2 \times 8 = 29.70 \text{m}^3$$

$$Q_3 = 29.70 \times 24.50 = 727.73 \text{ kN}$$

4. 第二节沉井井壁自重

$$\gamma_4 = 24.50 \text{ kN/m}^3$$

$$V_4 = (1.05 \times 5.5) \times (2 \times \pi \times 2.075 + 7 \times 2) + (0.75 \times 1.5) \times (2 \times \pi \times 2.225 + 7 \times 2)$$
$$= 187.62 \text{m}^3$$

$$Q_4 = 187.62 \times 24.5 = 4\,596.63 \text{ kN}$$

5. 盖板自重

$$\gamma_5 = 24.50 \text{kN/m}^3$$

$$V_5 = [\pi \times 1.85^2 + 7 \times 3.7] \times 1.5 = 54.98 \text{m}^3$$

$$Q_5 = 54.98 \times 24.50 = 1\,346.97 \text{kN}$$

6. 井孔填石自重

沉井自底面以上5m用水泥混凝土封底，以上用砂卵石填孔。

$$\gamma_6 = 20.00 \text{kN/m}^3$$

$$V_6 = (\pi \times 1.55^2 + 7 \times 3.1 - 0.4 \times 0.4 \times 2 - 0.8 \times 3.1) \times 7 = 185.13 \text{m}^3$$

$$Q_6 = 20.00 \times 185.13 = 3\,702.60 \text{kN}$$

7. 封底混凝土自重

$$\gamma_7 = 24.50 \text{kN/m}^3$$

$$V_7 = (\pi \times 2.8^2 + 5.60 \times 7) \times 13.5 - (30.38 + 224.79 + 29.70 + 187.62 + 54.98 + 185.13)$$
$$= 149.11 \text{m}^3$$

$$Q_7 = 149.11 \times 24.5 = 3\,653.20 \text{kN}$$

8. 沉井总重

$$G = Q_1 + Q_2 + Q_3 + Q_4 + Q_5 + Q_6 + Q_7$$
$$= 759.71 + 5\,507.36 + 727.73 + 4\,596.63 + 1\,346.97 + 3\,702.60 + 3\,653.20$$
$$= 20\,294.02 \text{ kN}$$

9. 常水位时沉井的浮力

图 5-26　形心到井壁外侧的
距离示意图

（尺寸单位：cm）

$$V_8 = (\pi \times 2.8^2 + 5.60 \times 7) \times 13.5 - 0.20 \times 7 \times (2 \times \pi \times 2.6 + 2 \times 7)$$
$$= 819.24 \text{m}^3$$
$$G' = 819.24 \times 10.00 = 8\,192.4 \text{kN}$$

(二)作用效应组合

为验算地基强度,选取最不利作用效应组合汇总于下表:

力的名称	$N(\text{kN})$	$H(\text{kN})$	$M(\text{kN} \cdot \text{m})$
自重	20 294.02		
恒载	24 580.41		
一孔活载(竖向)	723.0	0	1 504.0
制动力产生的竖向力	30.2		62.7
一孔活载(水平)		106	−14 474.96
制动力(水平)		70	−9 558.94
作用短期效应组合值	45 410.73	144.2	−18 575.91

四、基底应力验算

沉井自最大冲刷线至井底的埋置深度为:
$$h = 58.0 - 49.0 = 9.0 > 5\text{m}$$

考虑井壁侧面土的弹性抗力:

$$p_{\min}^{\max} = \frac{N}{A_0} \pm \frac{3Hd}{A\beta}$$

$$N = \sum P = 45\,410.73 \text{ kN}$$

$$A_0 = \pi \times 2.8^2 + 7 \times 5.6 = 63.83\text{m}^2$$

$$A = \frac{\beta b_1 h^3 + 18 W_0 d}{2\beta(3\lambda - h)}$$

$$b_1 = \left(1 - 0.1\frac{a}{b}\right)(b+1) = \left(1 - 0.1\frac{5.6}{12.6}\right)(12.6 + 1) = 13.00\text{m}$$

$$\beta = \frac{C_h}{C_0} \approx 0.9\,(h < 10\text{m 时}, C_0 = 10m_0, C_h = mh, h = 9\text{m})$$

$$W_0 = \frac{\pi d^3}{32} + \frac{a^2 b}{6} = \frac{3.141\,6}{32} \times 5.6^3 + \frac{5.6^2 \times 7}{6} = 53.83\text{m}^3$$

$$\lambda = \frac{M}{H} = \frac{18\,575.91}{144.2} = 128.8\text{m}$$

$$A = \frac{13 \times 0.9 \times 9^3 + 18 \times 5.6 \times 53.83}{2 \times 0.9 \times (3 \times 128.8 - 9)} = 20.54\text{m}^2$$

$$p_{\min}^{\max} = \frac{N}{A_0} \pm \frac{3Hd}{A\beta} = \frac{45410.73}{63.83} \pm \frac{3 \times 144.2 \times 5.6}{20.54 \times 0.9} = 711.43 \pm 131.05 = \frac{842.48}{580.38}\text{ kPa}$$

沉井底面处地基容许承载力为:

$$[f_a] = [f_{a0}] + K_1 \gamma_1 (b - 2) + K_2 \gamma_2 (h - 3)$$

按地质资料,基底土属于密实的粗砂土,取:

$$[f_{a0}] = 550\text{kPa}, k_1 = 4, k_2 = 6, \text{土的重度} \gamma_1 = 10.8\text{kN/m}^3, \gamma_2 = 11.5\text{kN/m}^3$$

则

$$[f_a] = [550 + 4 \times 10.8 \times (5.6 - 2) + 6 \times 11.5 \times (9.0 - 3)] \times 1.25$$
$$= 1399.4\text{kPa} > 842.48\text{kPa}$$

五、横向抗力验算

根据式(5-9),在地面下 z 深度处井壁承受的土横向抗力为:

$$p_z = \frac{6H}{Ah^2} z(z_0 - z)$$

$$z_0 = \frac{\beta b_1 h^2(4\lambda - h) + 6dW_0}{2\beta b_1 h(3\lambda - h)}$$

$$= \frac{0.9 \times 13.0 \times 9.0^2 \times (4 \times 128.8 - 9) + 6 \times 5.6 \times 53.83}{2 \times 0.9 \times 13.0 \times 9 \times (3 \times 128.8 - 9)}$$

$$= 6.059\text{m}$$

当 $z = \dfrac{h}{3} = 3\text{m}$ 时,

$$p_{\frac{h}{3}} = \frac{6 \times 144.2}{20.54 \times 9} \times 3 \times (6.059 - 3) = 43.46\text{kPa}$$

当 $z = h = 9\text{m}$ 时,

$$p_h = \frac{6 \times 144.2}{20.54 \times 9} \times 9 \times (6.095 - 9) = -122.37\text{kPa}$$

根据式(5-28)、式(5-29)有:

当 $z = h/3$ 时 $\qquad p_{\frac{h}{3}} \leqslant \eta_1 \eta_2 \dfrac{4}{\cos\varphi}\left(\dfrac{\gamma h}{3}\tan\varphi + c\right)$

当 $z = h$ 时 $\qquad p_h \leqslant \eta_1 \eta_2 \dfrac{4}{\cos\varphi}(\gamma h \tan\varphi + c)$

$$\eta_1 = 1.0, \eta_2 = 1.0$$

$$1.0 \times 1.0 \times \frac{4}{\cos 40°}\left(\frac{10.8 \times 9}{3}\tan 40°\right) = 141.96\text{kPa} > 43.46\text{kPa}$$

$$1.0 \times 1.0 \times \frac{4}{\cos 40°}(11.50 \times 9.0 \times \tan 40°) = 453.48\text{kPa} > 122.37\text{kPa}$$

可见,井壁承受的侧面土的横向抗力均满足要求,计算时可以考虑沉井侧面土的横向抗力。

六、沉井在施工过程中的强度验算(不排水下沉)

(一)沉井自重下沉验算

沉井自重:

$$G = 759.71 + 5507.36 + 727.73 + 4596.63 = 11591.43\text{kN}$$

沉井浮力:

$$G' = (30.39 + 224.79 + 29.70 + 187.62) \times 10.00$$
$$= 4725\text{kN}$$

土与井壁间的摩阻力：

$$T = (2\pi \times 2.8 + 2 \times 7) \times 6.5 \times 16 + (2\pi \times 2.6 + 2 \times 7) \times 7 \times 14 = 6\,258.63\text{kPa}$$

考虑井顶围堰（高出潮水位）重力预计为600kN，则：

$$\frac{G}{T} = \frac{11\,591.43 + 600 - 4\,725.0}{6\,258.63} = 1.19$$

沉井自重大于摩阻力，在施工中，下沉如有困难，可以采取部分排水法或其他措施。

(二)刃脚受力验算

1. 刃脚向外挠曲

刃脚向外挠曲最不利的情况，经分析定为刃脚下沉到中途，刃脚切入土中1m，第二节沉井已经接上，刃脚悬臂作用的分配系数为：

$$\alpha = \frac{0.1 l_1^4}{h^4 + 0.05 l_1^4} = \frac{0.1 \times 4.65^4}{1.0^4 + 0.05 \times 4.65^4} = 1.92 > 1.0$$

所以取 $\alpha = 1.0$。

1)计算各个力值

$$\tan^2\left(45° - \frac{40°}{2}\right) = 0.217$$

$$W_1 = (64 - 50.5) \times 10 = 135\text{kN/m}$$

$$W_2 = (64 - 49) \times 10 = 150\text{kN/m}$$

$$E_1 = 12 \times (62.5 - 50.5) \times 0.217 = 31.25\text{kN/m}$$

$$E_2 = 12 \times (62.5 - 49) \times 0.217 = 35.15\text{kN/m}$$

根据施工情况，从安全考虑，刃脚外侧的水压力按50%计算，作用在刃脚外侧的土压力和水压力为：

$$P_{W_1 + E_1} = 135 \times 0.5 + 31.25 = 98.75\text{kN}$$

$$P_{W_2 + E_2} = 150 \times 0.5 + 35.15 = 110.15\text{kN}$$

$$E + W = \frac{1}{2}(98.75 + 110.15) \times 1.5 = 156.68\text{kN}$$

如按静水压力的70%计算为：

$$0.7 \times 10 \times 14.25 \times 1.5 = 149.63\text{kN} < 156.68\text{kN}$$

取 $W + E = 149.63\text{kN}$。

刃脚摩阻力：　　$T = 0.5E = 0.5 \times \frac{1}{2} \times 1(31.25 + 35.15) = 16.6\text{kN}$

$$T = qA = 16\text{kN}$$

两者取大值，故摩阻力为16.6 kN。

单位宽沉井自重为：

$$G = 1.05 \times 25 + 5.625 \times 24.50 + (1.05 \times 5.5 + 1.5 \times 0.75) \times 24.5$$
$$= 345.97\text{kN(未考虑沉井浮力及隔墙重力)}$$

刃脚斜面竖向反力为(图5-27)：

$$R_V = G - T$$
$$= 394.36 - 0.5 \times (61.2 - 49.00) \times 35.15 \times 0.5 = 287.15\text{kN}(T \text{ 按 } 0.5E \text{ 计算})$$

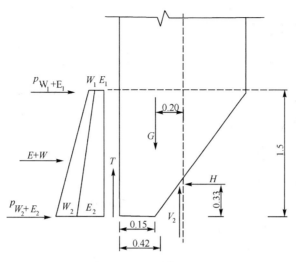

图 5-27 刃脚斜面竖向反力计算图式(尺寸单位:m)

刃脚斜面横向力为:

$$V_2 = \frac{b}{2a+b} R_V$$

$$U = V_2 \tan(\alpha - \beta)$$

$$= \frac{1.1 \times 287.15}{2 \times 0.15 + 1.1} \tan(53.74° - 40°)$$

$$= 63.40 \text{kN}$$

井壁自重 G 的作用点至刃脚根部的距离:

$$x_1 = \frac{t^2 + at - 2t^2}{6(t+a)}$$

$$= \frac{1.25^2 + 0.15 \times 1.25 - 2 \times 0.15^2}{6 \times (1.25 + 0.15)}$$

$$= 0.20 \text{m}$$

$$V_1 = a\frac{R_V}{a + \dfrac{b}{2}} = \frac{2a}{2a+b} R_V$$

$$= \frac{0.15 \times 2}{2 \times 0.15 + 1.1} R_V$$

$$= 0.21 R_V$$

$$V_2 = R_V - 0.21 R_V = 0.79 R_V$$

R_V 的作用点距离井壁外侧为:

$$x = \frac{1}{R_V}\left[V_1 \frac{a}{2} + V_2\left(a + \frac{b}{3}\right)\right]$$

$$= \frac{1}{R_V}\left[0.21 R_V \frac{0.15}{2} + 0.79 R_V \left(0.15 + \frac{1.1}{3}\right)\right]$$

$$= 0.42 \text{m}$$

2)各力对刃脚根部截面中心的弯矩计算*

刃脚斜面水平反力引起的弯矩为:

$$M_U = 63.40 \times (1 - 0.33) = 42.48 \text{kN} \cdot \text{m}$$

水平水压力及土压力引起的弯矩为:

$$M_p = [(E_1 + W_1) + (E_2 + W_2)] \cdot \frac{h}{3} \cdot \frac{2(E_2 + W_2) + (E_1 + W_1)}{(E_2 + W_2) + (E_1 + W_1)}$$

$$= 149.63 \times \frac{1}{3} \times \frac{2 \times 110.15 + 98.75}{98.75 + 110.15} \times 1.5 = 114.26 \text{kN} \cdot \text{m}$$

反力 R_V 引起的弯矩为:

$$M_{R_v} = 329.37 \times \left(\frac{1.25}{2} - 0.42 \right) = 67.52 \text{kN} \cdot \text{m}$$

刃脚自重引起的弯矩为:

$$M_G = 1.05 \times 1.5 \times 25 \times 0.203 = 8.00 \text{kN} \cdot \text{m}$$

刃脚侧面摩阻力引起的弯矩为:

$$M_T = 16.6 \times \frac{1.25}{2} = 10.38 \text{kN} \cdot \text{m}$$

总弯矩为:

$$M_0 = 42.48 + 67.52 + 10.38 - 8.00 - 114.26 = -1.88 \text{kN} \cdot \text{m}$$

3)刃脚根部处的应力验算

$$\sigma_h = \frac{N_0}{F} \pm \frac{M_0}{W} = \frac{260.9}{1.25} \pm \frac{1.88}{0.26} = \frac{215.95}{201.49} \text{kPa}$$

$$N_0 = 287.15 - 1.05 \times 25 = 260.6 \text{kN}$$

由于水平剪力很小,验算时未考虑。

2. 刃脚向内挠曲(图 5-28)

1)计算各力值

(1)水压力及土压力为:

$$W_1 = (65.5 - 49 - 1.5) \times 10 = 150 \text{kN/m}^2$$

$$W_2 = (65.5 - 49) \times 10 = 165 \text{kN/m}^2$$

$$E_1 = 12 \times (62.5 - 49 - 1.5) \times \tan^2 \left(45° - \frac{40°}{2} \right)$$

$$= 31.25 \text{kN/m}^2$$

$$E_2 = 12 \times (62.5 - 49) \times \tan^2 \left(45° - \frac{40°}{2} \right)$$

$$= 35.145 \text{kN/m}^2$$

$$P = \frac{1}{2}(150 + 165 + 31.25 + 35.154) \times 1.5$$

$$= 286.05 \text{kN}$$

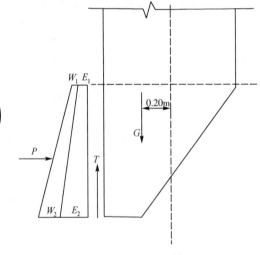

图 5-28 刃脚向内挠曲计算示意图

P 对刃脚根部形心轴的弯矩为:

$$M_p = 314.41 \times \frac{1}{3} \times \frac{2(165 + 35.154) + 150 + 31.25}{150 + 165 + 31.25 + 35.154} = 145.39 \text{kN} \cdot \text{m}$$

(2)刃脚摩阻力产生的弯矩为:

$$T = 0.5E = 0.5 \times \frac{1}{2}(35.145 + 31.25) \times 1.5 = 24.90 \text{kN}$$

$$T = qA = 16 \times 1 = 16 \text{kN}$$

两者取小值,则:

$$M_T = -16 \times \frac{1.25}{2} = -10 \text{kN} \cdot \text{m}$$

(3)刃脚自重产生的弯矩为:

$$G = 1.05 \times 25.00 = 26 \text{kN}$$
$$M_G = 26 \times 0.203 = 5.278 \text{kN} \cdot \text{m}$$

(4)所有力对刃脚根部的弯矩、轴向力、剪力为:

$$M = 145.39 - 10 + 5.278 = 130.67 \text{kN} \cdot \text{m}$$
$$N = T - G = 16 - 26 = -10 \text{kN}$$
$$Q = 286.05 \text{kN}$$

2)刃脚根部截面应力验算

(1)弯矩应力验算如下:

$$\sigma_h = \frac{N}{F} \pm \frac{M}{W} = \frac{-10}{1.25} \pm \frac{130.67}{0.26} = \begin{array}{c} 494.7 \\ -510.7 \end{array} \text{kPa}$$

(2)剪力验算如下:

$$\tau = \frac{286.05}{1.25} = 228.8 \text{kPa}$$

(三)沉井井壁竖向拉力验算

$$P_{max} = \frac{1}{4}(Q_1 + Q_2 + Q_4 + Q_3) = 2897.86 \text{kN（未考虑浮力）}$$

井壁受拉面积为:

$$F_1 = 3.1416 \times (2.8^2 - 1.55^2) + 7 \times 5.6 - 2 \times 1.55 \times 7 = 34.58 \text{m}^2$$

混凝土受拉应力为:

$$\sigma_h = \frac{P_{max}}{F_1} = \frac{2897.86}{34.58} = 83.80 \text{kPa}$$

(四)井壁横向受力计算(图5-29)

最不利的位置是在沉井沉至设计高程,这时刃脚根部以上一段井壁承受的外力最大。它不仅承受本身范围内的水平力,还要承受刃脚作为悬臂传来的剪力。

1. 常水位时单位宽度井壁上的水压力

$$W_1 = (64.00 - 49.00 - 1.50 - 1.25) \times 10.00 = 122.5 \text{kN/m}^2$$
$$W_2 = (64.00 - 49.00 - 1.50) \times 10.00 = 135.00 \text{kN/m}^2$$
$$W_3 = (64.00 - 49.00) \times 10.00 = 150.00 \text{kN/m}^2$$

单位宽度井壁上的土压力为:

$$E_1 = 12.00 \times (62.50 - 49.00 - 1.50 - 1.25)$$
$$\times \tan\left(45° - \frac{40°}{2}\right) = 28.00 \text{kPa}$$

$$E_2 = 31.25 \text{kPa}$$

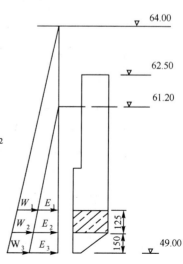

图 5-29 井壁横向受力计算示意图

(尺寸单位:cm,高程单位:m)

189

$E_3 = 35.15\text{kPa}$

刃脚及刃脚根部以上 1.25m 井壁范围的外力为：

$$p = \frac{1}{2}(28.00 + 35.15 \times 1 + 122.5 + 150.00 \times 1) \times 2.75 = 461.45\text{kN/m} \ (\alpha = 1)$$

2. 圆端型沉井各部分受力

$$L = 3.5\text{m}$$

$$r = \frac{2.8 + 1.55}{2} = 2.18\text{m}$$

$$\xi = \frac{L\left(0.25L^3 + \frac{\pi}{2}rL^2 + 3r^2L + \frac{\pi}{2}r^2\right)}{L^2 + \pi rL + 2r^2}$$

$$= \frac{3.5(0.25 \times 3.5^3 + 1.57 \times 3.5^2 \times 2.18 + 3 \times 2.18^2 \times 3.5 + 1.57 \times 2.18^2)}{3.5^2 + 3.1416 \times 2.18 \times 3.5 + 2 \times 2.18^2}$$

$$= 8.42\text{m}^2$$

$$\eta = \frac{0.67L^3 + \pi rL^2 + 4r^2L + 1.57r^3}{L^2 + \pi rL + 2r^2}$$

$$= \frac{0.67 \times 3.5^3 + 3.1416 \times 2.18 \times 3.5^2 + 4 \times 2.18^2 \times 3.5 + 1.57 \times 2.18^3}{3.5^2 + 3.1416 \times 2.18 \times 3.5 + 2 \times 2.18^2}$$

$$= 4.27\text{m}$$

$$\rho = \frac{0.33L^3 + 1.57rL^2 + 2r^2L}{2L + \pi r}$$

$$= \frac{0.33 \times 3.5^3 + 1.57 \times 2.18 \times 3.5^2 + 2 \times 2.18^2 \times 3.5}{2 \times 3.5 + 3.1416 \times 2.18}$$

$$= 6.45\text{m}^2$$

$$\delta_1 = \frac{L^2 + \pi rL + 2r^2}{2L + \pi r}$$

$$= \frac{3.5^2 + 3.1416 \times 2.18 \times 3.5 + 2 \times 2.18^2}{2 \times 3.5 + 3.1416 \times 2.18}$$

$$= 2.93\text{m}$$

$$N = p\frac{\xi - \rho}{\eta - \delta_1} = 461.45\frac{8.42 - 6.45}{-2.93 + 4.27} = 678.40\text{kN}$$

$$N_1 = 2N = 1\,356.80\text{kN}$$

$$N_2 = pr = 461.45 \times 2.18 = 1\,005.96\text{kN}$$

$$N_3 = p(L + r) - N = 461.45 \times (3.5 + 2.18) - 678.40 = 1\,942.64\text{kN}$$

$$M_1 = p\frac{\xi\delta_1 - \rho\eta}{\delta_1 - \eta} = 461.45\frac{8.42 \times 2.93 - 6.45 \times 4.27}{2.93 - 4.27} = 988.33\text{kN} \cdot \text{m}$$

$$M_2 = M_1 + NL - p\frac{L^2}{2} = 988.33 + 678.40 \times 3.5 - 461.45 \times \frac{3.5^2}{2} = 536.35\text{kN} \cdot \text{m}$$

$$M_3 = M_1 + N(L + r) - pL\left(\frac{1}{2} + r\right)$$

$$= 988.33 + 678.40(3.5 + 2.18) - 461.45 \times 3.5(0.5 + 2.18)$$

$$= 512.96\text{kN} \cdot \text{m}$$

$$\sigma^{max}_{min} = \frac{N_2}{F} \pm \frac{M_1}{W} = \frac{1\,005.96}{1.25 \times 1.25} \pm \frac{988.33}{\frac{1}{6} \times 1.25^3} = 643.8 \pm 3\,036.15$$

$$= \begin{matrix} 3679.94\text{kPa} \\ -640.44\text{kPa} \end{matrix}$$

（五）第一节沉井竖向挠曲验算（图 5-30）

井壁截面不对称，井壁截面形心轴的位置为：

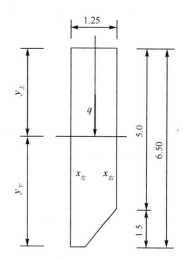

图 5-30　第一节沉井竖向挠曲
（尺寸单位：m）

$$y_{\text{下}} = \frac{6.5 \times 1.25 \times 3.25 - \frac{1}{2} \times 1.1 \times 1.5 \times \frac{1}{3} \times 1.5}{6.5 \times 1.25 - \frac{1}{2} \times 1.1 \times 1.5}$$

$$= 3.56\text{m}$$

$$y_{\text{上}} = 6.5 - 3.56 = 2.94\text{m}$$

$$x_{\text{左}} = \frac{6.5 \times 1.25 \times 0.625 - \frac{1}{2} \times 1.1 \times 1.5 \left(\frac{2}{3} \times 1.1 + 0.15 \right)}{6.5 \times 1.25 - \frac{1}{2} \times 1.1 \times 1.5}$$

$$= 0.60\text{m}$$

$$x_{\text{右}} = 1.25 - 0.60 = 0.65\text{m}$$

$$I_{x-x} = \frac{1}{12} \times 1.25 \times 6.5^3 + 1.25 \times 6.5(3.56 - 2.94)^2 - \frac{1}{36}$$

$$\times 1.1 \times 1.5^3 - \frac{1}{2} \times 1.1 \times 1.5 \times (3.56 - 0.5)^2$$

$$= 223.91\text{m}^4$$

单位宽度井壁重力计算为：

$$q = 1.05 \times 25.00 + 8.125 \times 24.50 = 225.31\text{kN/m}$$

根据圆弧重心公式为：

$$x_C = \frac{r\sin\alpha}{\alpha} = \frac{2.4\sin(90° - 22°17')}{\frac{\pi}{180°}(90° - 22°17')} = 1.88\text{m}$$

当沉井长宽比大于 1.5，设两支点的距离为 0.7L（L 为长边长度），使支点和跨中的弯矩大致相等，则支点处的弯矩（图 5-29）为：

$$M_{\text{支上}} = \frac{\pi}{180°}(180° - 2 \times 22°17') \times 2.4 \times 225.31 \times (1.88 - 0.91) = 1\,239.87\text{kN} \cdot \text{m}$$

井壁上端的弯曲拉应力为：

$$\sigma = \frac{M_{\text{支上}}y_{\text{上}}}{2I_{x-x}} = \frac{1\,239.87 \times 2.94}{2 \times 23.91} = 76.23 \text{ kPa}$$

按最不利荷载计算，假定长边中点搁住或长边两端点搁住。

当长边中点搁住时，最危险的截面是离隔墙中点 0.8m 处（弯矩大且截面小），该处的弯矩为：

$$M_{\text{中上}} = \pi \times 2.4 \times 225.31 \times \left(\frac{2 \times 2.4}{\pi} + 2.7 \right) + 225.31 \times 2.7^2 = 8\,824.84\text{kN} \cdot \text{m}$$

$$\sigma = \frac{M_{中上} \cdot y_{上}}{2I_{x-x}} = \frac{8\,824.84 \times 2.94}{2 \times 23.91} = 542.56\text{kPa}$$

当长边两端点搁住时,沉井的支点反力为:

$$R_1 = \frac{1}{2}(759.71 + 5\,507.36 + 727.73) = 3\,497.40\text{kN}$$

离隔墙中线 0.8m 处的弯矩为:

$$M_{中下} = 3\,497.40 \times (2.4 + 3.5 - 0.8) - 8\,824.84 = 9\,011.9\text{kN} \cdot \text{m}$$

井壁下端的挠曲应力为:

$$\sigma = \frac{M_{中下}y_{下}}{2I_{x-x}} = \frac{9\,011.9 \times 3.56}{2 \times 23.91} = 670.90\text{kPa}$$

$$\tau = \frac{908.07 \times 14.62}{22.45} = 591.36\text{kPa}$$

满足要求。

七、封底混凝土验算

封底混凝土情况如图 5-31 所示。

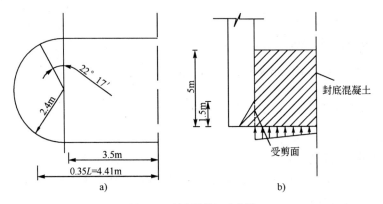

图 5-31 封底混凝土受力图

基底考虑弹性抗力的验算如下:

$$p_{min}^{max} = \frac{N}{A_0} \pm \frac{3Hd}{A\beta} = \frac{873.31}{556.35}\text{kPa}$$

填料和混凝土封底的重力为:$3\,702.6 + 3\,653.2 = 7\,355.8\text{kN}$。

水压力为:$(64.00 - 49.00) \times 10 = 150\text{kPa}$。

混凝土封底承受的竖向反力(最不利情况)为:

$$P = 873.31 + 150 - \frac{7\,355.8}{\pi \times 2.8^2 + 5.6 \times 7}$$

$$= 1\,023.31 - 115.24 = 908.07\text{kPa}$$

(一)弯矩验算

按四周支承的双面板计算。

计算跨度 $5.6\text{m} \times 4.2\text{m}$(以刃脚高度一半处的跨度计算)。

$$\frac{L_x}{L_y} = \frac{4.2}{5.6} = 0.75$$

查双向板弯矩计算表(参考公路设计手册《墩台与基础》中双向板弯矩计算表)得:M_x 的系数为 0.062 0,M_y 的系数为 0.031 7,则:

$$M_x = 0.062\ 0 \times 908.07 \times 4.2^2 = 993.14\text{kN} \cdot \text{m}$$

$$M_y = 0.031\ 7 \times 908.07 \times 5.6^2 = 902.72\text{kN} \cdot \text{m}$$

当泊松比 $\mu = 1/6$ 时:

$$M_x = 993.14 + \frac{1}{6} \times 902.72 = 1\ 143.59\text{kN} \cdot \text{m}$$

$$M_y = 902.72 + \frac{1}{6} \times 993.14 = 1\ 068.24\text{kN} \cdot \text{m}$$

封底混凝土中产生的拉应力为:

$$\sigma = \frac{1\ 143.59}{\frac{1}{6} \times 5^2} = 274.46\text{kPa}$$

满足要求。

(二)剪力验算

井孔面积为:

$$\frac{\pi}{2} \times 1.55^2 + 3.1 \times 3.5 = 14.62\text{m}^2$$

井孔中周边混凝土的剪切面积为:

$$1.5(\pi \times 1.55 + 3.1 + 2 \times 3.5) = 22.45\text{m}^2$$

$$\tau = \frac{908.07 \times 14.62}{22.45} = 591.36\text{kPa}$$

满足要求。

八、盖板混凝土验算

$$q = \frac{墩身重量 + 盖板重量}{盖板面积} = \frac{25\ 333.61 + 1\ 346.97}{\pi \times 1.85^2 + 7 \times 3.7} = 727.94\text{kPa}$$

$$\frac{L_y}{L_x} = \frac{3.7}{5.35} = 0.69$$

按双面板计算(可参考公路设计手册《墩台与基础》中双向板弯矩计算表)。
M_x 的系数为 0.069 6,M_y 的系数为 0.030 1。

$$M_x = 0.069\ 6 \times 727.94 \times 3.7^2 = 693.6\text{kN} \cdot \text{m}$$

$$M_y = 0.030\ 1 + 727.94 \times 3.7^2 = 299.96\text{kN} \cdot \text{m}$$

当泊松比 $\mu = 1/6$ 时:

$$M_x = 693.6 + \frac{1}{6} \times 299.96 = 743.59\text{kN} \cdot \text{m}$$

$$M_y = 299.96 + \frac{1}{6} \times 693.6 = 415.52\text{kN} \cdot \text{m}$$

$$\sigma = \frac{743.59}{\frac{1}{6} \times 1.5^2} = 1\,982.91 \text{kPa}$$

思考题

1. 什么是沉井基础？有何特点？
2. 沉井的类型有哪些？
3. 沉井的构造包括哪些部分？
4. 沉井的施工包括哪些内容？在施工中易发生哪些问题？应如何处理？
5. 什么是泥浆润滑套？其作用是什么？其构造包括哪几部分？
6. 沉井基础的设计计算包括哪些内容？

第六章

地 基 处 理

学习目标

1. 解释软弱地基的概念、特点和处理方法分类；

2. 解释换土垫层法的适用条件和加固原理，描述其施工要点，进行垫层厚度和宽度的设计计算；

3. 解释强夯法的加固机理和施工方法；

4. 解释砂桩挤密法的适用条件和加固原理，描述其施工要点，进行砂桩布置范围、根数、长度和平面排列形式的设计计算；

5. 解释排水固结法的适用条件和加固原理；

6. 解释砂井(普通砂井、袋装砂井和塑料排水板)预压法中砂井的布置形式与要求；

7. 解释真空预压法、天然地基堆载预压法和井点降低地下水位法的基本原理，描述其实施过程；

8. 解释深层搅拌法和注浆法的原理及施工过程。

第一节　概　　述

一、软弱地基的概念及性质

在工程建设中，有时会不可避免地遇到工程地质条件不良的软弱地基，普通浅基础下的软弱地基，容许承载力约为 $60 \sim 80 kPa$，如果不作任何处理，这样的地基一般不能满足建筑物的要求，所以必须先经过人工加固处理，然后才能建造基础。

软弱地基系指主要由软土(淤泥、淤泥质土)、冲填土、杂填土或其他高压缩性土构成的地基。

(一)软土

软土一般是指在滨海、湖泊、河滩、谷地、沼泽等静水或缓流环境中形成的以细颗粒为主的沉积土。这类土是一种呈软塑到流塑状态的饱和(或接近饱和)的黏性土或粉土，常含有机质，天然孔隙比 $e>1$。当 $e>1.5$ 时称为淤泥；当 $1<e<1.5$ 时称为淤泥质土。习惯上也把工程性质很差、接近于淤泥土的黏性土统称为软土，部分冲填土也视为软土。

软土在我国沿海地区、内陆平原及山区沟谷都有广泛分布。工程设计中按地质特点将其分为滨海沉积、湖泊沉积、河滩沉积、谷地沉积和沼泽沉积五个类型。沿海地区的软土主要为滨海沉积，分布于沿海岸边、海滨平原及各江河入海口处。内陆软土大多属湖泊沉积或河滩沉积，厚度一般不超过20m。湖泊沉积分布在各种湖泊周围，以粉土为主，有明显层理，结构较松软。河滩沉积主要分布在大中河流中下游，以软黏土及淤泥为主，夹有砂及泥炭层。此外在排水不畅、低洼、多雨地带及森林地带常有含有泥炭的沼泽相软土。

软土又可根据土质不同分为泥炭、腐殖土、有机质土、黏性土和粉土五种类型。当土的燃灼量大于5%小于60%、天然孔隙比大于1.5时称为有机质土；当土的燃灼量大于60%、天然孔隙比大于5时称为泥炭。

由于沉积环境的不同和成因的区别，各处软土的性质、成层情况也各有特点，但它们都具有如下的不利的工程特性：孔隙比大、天然含水率高、压缩性高、强度低、渗透性小，多数还具有高灵敏度的结构性。其具体鉴别指标应符合表6-1的规定。

软土地基鉴别指标

表6-1

指标名称	天然含水率 $w(\%)$	天然孔隙比 e	直剪内摩擦角 $\varphi(°)$	十字板剪切强度 $C_u(kPa)$	压缩系数 $a_{1-2}(MPa^{-1})$
指标值	≥35或液限	≥1.0	宜小于5	<35	宜大于0.5

软土的力学性质参数宜尽可能通过现场原位测试取得。

(二)冲填土

冲填土是指在水利建设或江河整治中，用挖泥船或泥浆泵将江河或港湾底部的泥沙用水力冲填（吹填）形成的沉积土。冲填土的物质成分比较复杂，它的工程特性主要取决于颗粒成分、均匀程度和排水固结条件，若以粉土、黏土为主，因含水率较大且排水困难，则属于欠固结的软弱土；若以中砂以上的粗颗粒土为主，则不属于软弱土范畴。

(三)杂填土

杂填土是指因人类活动而填积形成的无规则堆积物，包括建筑垃圾、工业废料和生活垃圾等。它成因无规律，成分复杂，分布极不均匀，结构疏松，一般还具有浸水湿陷性。

(四)其他高压缩性土

其他高压缩性土包括松散饱和的粉（细）砂、松散的亚砂土、湿陷性黄土、膨胀土和震动液化土等特殊土以及在基坑开挖时可能产生流沙、管涌等不良工程地质现象的土。

有时，地基土虽不属上述软弱土或特殊土，但由于不能满足建筑物的强度、稳定性和沉降要求，也应考虑进行地基处理。

二、地基处理的目的和加固原理

地基处理的目的是针对软弱地基上建造建筑物可能产生的问题，采取人工的方法改善地基土的工程性质，以满足上部结构对地基强度、稳定和变形的要求。

地基处理的基本加固原理主要为：

（1）提高地基土的抗剪强度，增大地基承载力，防止剪切破坏或减轻土压力。

（2）改善地基土的压缩特性，减少沉降和不均匀沉降。

（3）改善地基土的渗透性，加速固结沉降过程。

（4）改善地基土的动力特性，防止液化，减轻振动。

（5）消除或减少特殊土的不良工程特性（如黄土的湿陷性、膨胀土的膨胀性等）。

三、地基处理方法分类

地基处理的方法有很多，各有其特点、作用机理和适用范围，在不同的土类中产生不同的加固效果，并也存在着局限性。地基的工程地质条件是千变万化的，具体工程对地基的要求也是不尽相同的，材料、施工机具和施工条件等亦存在显著差别，没有哪一种方法是万能的。因此，对于每一工程必须进行综合考虑，通过方案的比选，选择一种技术可靠、经济合理、施工可行的方案，既可以采用单一的地基处理方法，也可以采用多种方法综合处理。

根据地基的加固原理分类，基本上可以分为表 6-2 所示的几类常见的处理方法。

地基处理方法的分类 表 6-2

分 类	具 体 方 法	适用地基土条件
换土垫层法	置换出软弱土层，换填强度高的土	各种浅层的软弱土
挤密压实法	1. 表层压实（碾压、振动压实）法	接近于最佳含水率的浅层疏松黏性土、松散砂性土、湿陷性黄土及杂填土
	2. 重锤夯实法	无黏性土、杂填土、非饱和黏性土和湿陷性黄土
	3. 强夯法	碎石土、砂土、素填土、杂填土、低饱和度的粉土与黏性土及湿陷性黄土地基
	4. 砂（碎石、石灰、二灰、素土）桩挤密法	松散地基和杂填土
	5. 振冲法	砂性土和黏粒含量小于 10% 的粉土
排水固结法	1. 砂井（普通砂井、袋装砂井、塑料排水板）预压法	透水性低的软黏土，但不适合于有机质沉积物地基
	2. 堆载预压法	透水性稍好的软黏土
	3. 真空预压法	能在加固区形成稳定负压边界条件的软土
	4. 降低水位法	特别是饱和粉、细砂地基
	5. 电渗法	饱和软黏土
深层搅拌法	1. 粉体喷射搅拌法	接近饱和的软黏土及其他软弱土层
	2. 水泥浆搅拌法	
	3. 高压喷射注浆法	各种软弱土层
灌浆胶结法（注浆法）	1. 硅化法	松散砂类土、饱和软黏土及湿陷性黄土
	2. 水泥灌注法	松散砂类土、碎石类土
其他方法	1. 加筋法	各种软弱土
	2. 热加固法	非饱和黏性土、粉土和湿陷性黄土
	3. 冻结法	饱和砂土和软黏土的临时处理

必须指出，很多地基处理方法具有多重加固处理的功能，例如碎石桩具有置换、挤密、排水和加筋的多重功能；而石灰桩则具有挤密、吸水和置换等功能。

近几十年来,大量的土木工程实践推动了软弱土地基处理技术的迅速发展,地基处理的方法多种多样,地基处理的新技术、新理论不断涌现并日趋完善,地基处理已成为基础工程领域中的一个分支。

第二节　换土垫层法

一、换土垫层法的概念、适用条件及作用机理

换土垫层法也称为开挖置换法,是将地基软弱土层部分或全部挖除,然后换填工程特性良好的材料,并予以分层压实,作为地基持力层。它是一种常用的较经济、简便的浅层处理方法。

常用的换填材料主要有:砂、碎(卵)石、灰土、素土、煤渣以及其他强度高、压缩性低、稳定性好和无侵蚀性的工程特性良好的材料。

按垫层回填材料的不同,可分别称为砂砾垫层、碎石垫层、灰土垫层等。

当建筑物荷载不大(中小桥或一般结构物)、冲刷较小、软弱或不良土层较薄(如不超过3m)时,采用换土垫层法可取得较好的效果。

换土垫层法的作用机理主要表现在以下几个方面:

(1)提高基底持力层的承载力,减少沉降量。地基中的剪切破坏一般是从基础底面边角处开始,并主要发生在地基上部浅层范围内。另外,由于地基中附加应力随深度增大而减小,所以在总沉降中,浅层地基的沉降量也占较大比例。因此,当基底面以下浅层范围可能破坏的软弱土被强度较大的垫层材料置换后,可以提高承载力和减少沉降量。

(2)加速地基的排水固结。用砂石作为垫层材料时,由于其渗透性大,在地基受压后垫层便是良好的排水体,可使下卧层中的孔隙水压力加速消散,从而加速其固结。

(3)防止冻胀。采用颗粒粗大的材料如碎石、砂等作为垫层,可以降低甚至不产生毛细水上升现象,因而可以防止结冰而导致的冻胀。

(4)消除地基的湿陷性和胀缩性。在湿陷性黄土地基中,采用素土或灰土垫层,置换基础底面下一定范围内的湿陷性土层,可免除土层浸水后湿陷变形的发生或减少土层湿陷沉降量。同时,垫层还可作为地基的防水层,减少下卧天然黄土层浸水的可能性。采用非膨胀性的黏性土、砂、灰土以及矿渣等置换膨胀土,可以减少地基的胀缩变形量。

以下将主要介绍工程中常用的砂砾垫层的处理方法。

二、砂砾垫层的设计计算

砂砾垫层的设计计算主要是确定垫层厚度和宽度,并进行垫层承载力和基础沉降量验算。

(一)垫层厚度和宽度的确定

1. 垫层厚度的确定

垫层的厚度应满足垫层底面(软弱下卧层顶面)承载力符合要求。

由于砂砾垫层具有较大的变形模量和强度,基础底面的压力将通过垫层以一定扩散角 θ 向下扩散(图6-1)。要求扩散到垫层底面(下卧层顶面)处的附加压应力与土中自重应力之和不超过该处承载力容许值,即:

$$p_{ok} + p_{gk} \leq \gamma_R [f_a] \tag{6-1}$$

对平面为矩形或条形的基础,假定扩散到垫层底面(下卧层顶面)的附加压应力呈矩形分布,根据力的平衡条件可得到:

矩形基础:
$$p_{ok} = \frac{bl(p'_{ok} - p'_{gk})}{(b + 2h_z\tan\theta)(l + 2h_z\tan\theta)} \qquad (6\text{-}2)$$

条形基础:
$$p_{ok} = \frac{b(p'_{ok} - p'_{gk})}{b + 2h_z\tan\theta} \qquad (6\text{-}3)$$

以上各式中:p_{ok}——垫层底面处的附加压应力(kPa);

$\quad\quad\quad\quad p_{gk}$——垫层底面处土的自重压应力(kPa);

$\quad\quad\quad\quad [f_a]$——垫层底面处地基的承载力容许值(kPa),按第三章的有关规定采用;

$\quad\quad\quad\quad \gamma_R$——地基承载力的抗力系数,按第三章的有关规定采用;

$\quad\quad\quad\quad b$——矩形基础或条形基础底面的宽度(m);

$\quad\quad\quad\quad l$——矩形基础底面的长度(m);

$\quad\quad\quad\quad p'_{ok}$——基础底面压应力(kPa);

$\quad\quad\quad\quad p'_{gk}$——基础底面处的自重压应力(kPa);

$\quad\quad\quad\quad h_z$——基础底面下垫层的厚度(m);

$\quad\quad\quad\quad \theta$——垫层的压力扩散角,可按表6-3采用。

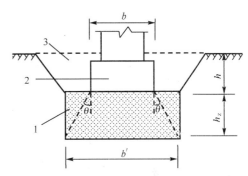

图6-1 砂垫层应力扩散图
1-垫层;2-基础;3-回填土

垫层压力扩散角 θ(°) 表6-3

h_z/b （垫层材料）	中砂、粗砂、砾砂、圆砾、角砾、卵石、碎石
≤0.25	20
≥0.5	30

注:当 0.25≤h_z/b<0.5 时,θ 值可内插确定。

计算时,一般可采用试算的方法,即先初步拟定一个垫层厚度,再用式(6-1)验算,如不符合要求,则改变厚度,重新验算,直到满足要求为止。垫层厚度一般不宜小于 0.5m,且不宜大于 3.0m。如垫层太薄(小于 0.5m),作用效果不明显;过厚(大于 3.0m)则需开挖深坑,费工耗料,施工困难,经济、技术上往往不合理。当地基土软且厚或基底压力较大时,应考虑其他加固方案。

2. 垫层宽度的确定

垫层的宽度应满足基础底面压应力扩散的要求,并防止垫层向两边挤出。若垫层宽度不足,四周侧面土质又较软弱时,垫层就有可能部分挤入侧面软弱土中,使基础沉降增大。

垫层底面的宽度可按下式或根据当地经验确定:
$$b' \geq b + 2h_z\tan\theta \qquad (6\text{-}4)$$

式中:b'——垫层底面的宽度;

$\quad\quad$ 其余符号意义同上。

垫层顶面每边应超出基底尺寸不小于 0.3m。

(二)垫层承载力的确定

垫层承载力容许值$[f_{cu}]$宜通过现场确定,当无试验资料时,可按表6-4参考使用。

各种垫层承载力容许值$[f_{cu}]$

表6-4

施工方法	垫层材料	压实系数λ_c	承载力容许值(kPa)
碾压、振实或夯实	碎石、卵石	0.94~0.97	200~300
	砂夹石(其中碎石、卵石占总质量30%~50%)		200~250
	土夹石(其中碎石、卵石占总质量30%~50%)		150~200
	中砂、粗砂、砾砂		150~200

注:1. 压实系数λ_c为土的控制干密度ρ_d与最大干密度ρ_{dmax}的比值。土的最大干密度宜采用击实试验确定;碎石最大干密度可取2.0~2.2t/m³。

2. 当采用轻型击实试验时,压实系数λ_c宜取高值;采用重型击实试验时,压实系数λ_c可取低值。

(三)基础沉降量的计算

砂垫层上基础的沉降量由垫层本身的压缩量s_{cu}与软弱下卧层的沉降量s_s所组成,即:

$$s = s_{cu} + s_s \tag{6-5}$$

$$s_{cu} = p_m \frac{h_z}{E_{cu}} \tag{6-6}$$

式中:s——基础的沉降量;

s_{cu}——垫层本身的压缩量;

s_s——软弱下卧层的沉降量;

p_m——垫层内的平均压应力;

h_z——垫层厚度;

E_{cu}——垫层的压缩模量,如无实测资料时,可取12~24MPa。

由于砂垫层压缩模量比较下卧层大得多,其压缩量较小,且在施工阶段已基本完成,实际可以忽略不计。必要时s_{cu}可按式(6-6)计算。

s的计算值应符合建筑物容许沉降量的要求,否则应加厚垫层或考虑其他加固方案。

三、砂砾垫层的材料要求和施工要点

(一)砂砾垫层的材料要求

砂砾垫层材料应就地取材,同时又要符合强度要求,一般可采用中砂、粗砂、砾砂和碎(卵)石。其中黏粒含量不应大于5%,粉粒含量不应大于25%,因为这些成分含量过多,不利排水和夯实。另外,砾料粒径以不大于50mm为宜,并且不应含有植物残体等杂质。

垫层材料应以中砂为主,其颗粒的不均匀系数不应小于5。也可掺入一定数量的碎石(碎石粒径不应超过100mm),这样既能提高强度,又易于夯实。

(二)砂砾垫层的施工要点

(1)垫层材料应分层填筑,分层压实。分层厚度和压实遍数应根据具体方法和压实机具而定。一般分层厚度可取 20～30cm,压实方法可采用振动法、碾压法、夯实法和水撼法等。分层压实必须达到设计要求的密实度。

（2）施工中应控制最佳含水率,以利于达到最大的密实度。

（3）当地下水位高于基坑底面时,应采取排水或降低水位措施,以利于施工和保证垫层质量。

（4）基坑开挖时应避免扰动垫层下的软弱土层,可保留20cm左右厚的土层暂不挖,待铺填垫层前再挖至设计高程。在基坑挖好经检验后,应迅速铺压垫层材料,以防坑底暴露过久、被践踏、浸水或受冻,使地基土结构遭受破坏、强度降低。

（5）在碎石或卵石垫层底部宜设置 15～30cm 厚的砂垫层,以防止淤泥或淤泥质土层表面的局部破坏。同时必须防止基坑边坡土体坍落混入垫层。

（6）砂砾垫层的质量检验,可选用环刀取样法或灌入法进行,以干重度和贯入度为控制指标。

（7）垫层底面应尽量水平。

（8）垫层竣工后,应及时进行基础施工与基坑回填。

四、挤淤置换法

对于淤泥或淤泥质土层,当其厚度较小、在碾压或强夯下抛石能挤入该层底面时,可采用抛石挤淤法置换软土。先在软弱土层上堆填块石、片石等,然后将其碾压或夯入土层,以置换和挤出软弱土。

在滨河海开阔地带,可利用爆破挤淤。先在淤泥面堆填块石,然后在其侧边下部淤泥中按设计量放入炸药,通过爆炸挤出淤泥,使块石沉落于底部坚实土层之上。

第三节　挤密压实法

一、砂桩挤密法

（一）砂桩的概念、适用条件及作用

1. 砂桩的概念

砂桩是用振动、冲击或打入套管等方法在地基中成孔（孔径一般为 0.3～0.8m）,然后向孔中填入砂石料,再加以夯挤密实形成的桩体。

砂桩内填料宜采用砾砂、粗砂、中砂、圆砾、角砾、卵石、碎石等,填料中含泥量不应大于5%,并不宜含有粒径大于50mm 的粒料。

2. 砂桩的适用条件

在不发生冲刷或冲刷深度不大的松散砂土、素填土、杂填土以及 $I_L < 1$、孔隙比接近或大于1 的含砂量较多的松软黏性土地基,如其厚度较大,用砂垫层处理施工困难时,可考虑采用砂桩深层挤密法,以提高地基承载力,减少沉降量和增强抗液化能力。

对于厚度大的饱和软黏土地基,由于土的渗透性小,采用此法不仅不易将土挤密实,反而还会破坏土的结构强度。此时砂桩主要起到置换作用,加固效果不大,宜考虑采用其他加固方法如砂井预压、深层搅拌法等。

3. 砂桩的作用

对松散的砂土层,砂桩的主要作用是挤密地基土,同时还起到排水减压作用和砂土地基防振作用。

对于松软黏性土,砂桩挤密效果不如在砂土中明显,主要是通过桩体的置换和排水作用加速桩间土的排水固结,并形成复合地基,从而提高地基的承载力和稳定性,改善地基土的力学性质。

对于砂土与黏性土互层的地基及冲填土,砂桩也能起到一定的压实加固作用。

除用砂石作为挤密填料外,还可用石灰、二灰(石灰、粉煤灰)、素土等填冲桩孔,相应的桩体分别称为石灰桩、二灰桩、灰土桩、素土桩等,此时石灰、二灰还具有吸水膨胀及化学反应而挤密软弱土层的作用。这类桩的加固原理与设计方法与砂桩挤密法相同。

(二)砂桩的设计计算

砂桩的设计计算主要包括以下内容:

(1)确定砂桩加固的范围。

(2)计算加固范围内所需砂桩的总截面积。

(3)确定砂桩的桩数及其排列。

(4)估算砂桩的长度及灌砂量。

1. 砂桩加固范围的确定

砂桩加固的范围应大于基础的面积(图6-2),每边放宽宜为1~3排。当砂桩用于防止砂土液化时,每边放宽不宜小于处理深度的1/2,且不小于5m;当可液化层上覆盖有厚度大于3m的非液化土层时,每边放宽不应小于液化层厚度的1/2,并不应小于3m。

根据上述要求,即可确定加固范围的面积A。

2. 加固范围内所需砂桩的总截面积A_1

A_1的大小除与加固范围面积A有关外,主要与土层加固后所需达到的地基容许承载力相对应的孔隙比有关。

如图6-3所示,设砂桩加固深度为l_0,加固前地基土的孔隙比为e_0,地基土面积为A;加固后地基土的孔隙比为e_1,地基土面积为A_2。从加固前后的地基中取相同大小的土样[图6-3b)],由于加固前后原地基土颗粒所占体积不变,所以可得如下关系式:

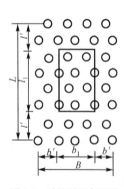

图6-2 砂桩平面布置图

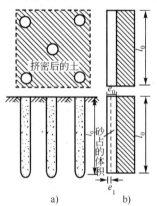

图6-3 砂桩加固前后地基的变化情况

$$Al_0 \frac{1}{1+e_0} = A_2 l_0 \frac{1}{1+e_1}$$

所以

$$A_2 = \frac{1+e_1}{1+e_0}A$$

则砂桩的总截面积为：

$$A_1 = A - A_2 = \frac{e_0 - e_1}{1 + e_0} A \tag{6-7}$$

式中： e_1——地基土挤密后要求达到的孔隙比,可按下式计算：

对于砂土： $e_1 = e_{max} - D_{r1}(e_{max} - e_{min})$ ；

对于饱和黏性土： $e_1 = d_s[w_p - I_L(w_L - w_p)]$ ；

e_{max} 、 e_{min} ——分别为砂土的最大、最小孔隙比,由相对密度试验确定；

D_{r1} ——地基土挤密后要求达到的相对密度,根据地质情况、荷载大小及施工条件选择, 可取 $0.70 \sim 0.85$ ；

d_s ——土粒的相对密度；

w_L 、 w_p ——土的液限和塑限；

I_L ——液性指数,黏土可取 0.75,粉质黏土可取 0.5。

对粉土,根据试验资料 $e_1 = 0.6 \sim 0.8$,砂质粉土取较低值,黏质粉土取较高值。

3. 砂桩直径和砂桩根数的确定

1)砂桩直径

砂桩的直径可根据施工设备能力、地基类型和地基处理的要求确定。桩径不宜过小和过大,过小则桩数增多,施工时机具移动频繁;过大则需大型机具。目前国内实际采用的砂桩直径一般为 $0.3 \sim 0.8 \mathrm{m}$ 。

2)砂桩根数

设砂桩直径为 d ,则一根砂桩的截面积为：

$$A_p = \frac{\pi d^2}{4}$$

则所需砂桩根数约为：

$$n = \frac{A_1}{A_P} = \frac{4A_1}{\pi d^2} \tag{6-8}$$

4. 砂桩的平面布置及其间距

为了使挤密作用比较均匀,砂桩一般可布置为正方形或等边三角形,如图 6-4 所示。

砂桩的中距应通过现场试验确定,但不宜大于砂桩直径的 4 倍。如无试验资料,也可按下式计算：

1)松散砂土地基

等边三角形布置：

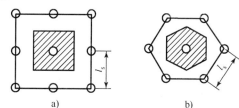

图 6-4　砂桩的布置及中距

a)正方形;b)等边三角形

$$l_s = 0.95d \sqrt{\frac{1 + e_0}{e_0 - e_1}} \tag{6-9}$$

正方形布置：

$$l_s = 0.90d \sqrt{\frac{1 + e_0}{e_0 - e_1}} \tag{6-10}$$

式中： l_s ——砂桩中距；

其他符号意义同上。

2)黏性土地基

等边三角形布置：
$$l_s = 1.08 \sqrt{A_e} \qquad (6-11)$$

正方形布置：
$$l_s = \sqrt{A_e} \qquad (6-12)$$

式中：A_e——一根砂桩承担的处理面积，$A_e = \dfrac{A_p}{m}$；

A_p——砂桩截面面积；

m——面积置换率，$m = \dfrac{d^2}{d_e^2}$；

d_e——等效影响直径，当按等边三角形布置时，$d_e = 1.05 l_s$；当按正方形布置时，$d_e = 1.13 l_s$；

d——砂桩直径。

5. 砂桩长度的确定

如软弱土层不很厚，砂桩一般应穿透软土层，砂桩长度 l_0 应为基底到松软土层底的距离。如软弱土层很厚，砂桩长度可按桩底承载力和沉降量的要求，根据地基的稳定性和变形验算确定。

另外，砂桩长度的确定也应考虑施工机具设备的条件。

6. 砂桩的灌砂量的计算

为保证砂桩加固后的地基达到设计要求的质量，每根桩应灌入足够的砂量，以保证加固后土的密实度达到设计要求。

设加固后地基土和砂桩的孔隙比相同，均为 e_1，则每根砂桩的灌砂量为：
$$Q = \frac{\pi d^2}{4} l_0 \gamma \qquad (6-13)$$

$$\gamma = \frac{\gamma_s (1 + w)}{1 + e_1} \qquad (6-14)$$

式中：d——砂桩直径；

l_0——砂桩长度；

γ——加固后砂桩内砂石料的重度（kN/m^3）；

w——砂桩内砂石料的含水率。

由式(6-13)计算所得灌砂量是理论计算值，施工时应考虑各种可能损耗，备砂量应大于此值。

砂桩用于加固黏性土时，地基承载力应按复合地基计算或复核，并在需要时进行沉降验算。

(三)砂桩的施工要点

(1)砂桩施工可采用振动式或锤击式成孔。振动式是靠振动机的垂直上下振动作用，把带桩靴或底盖的钢套管打入土中成孔，填入砂料振动密实成桩(一边振动一边拔出套管)；锤击式是将钢套管打入土中，其他工艺与振动式基本相同，但灌砂成桩和扩大是用内管向下冲击而成。

(2)砂料应分层填筑、分层夯实。

(3)确定砂料的最佳含水率。

(4)砂桩必须上下连续，确保设计长度。

(5)砂桩的灌砂量应保证，如实际灌砂量未达到设计用量时，应在原处复打，或在旁边补桩。

(6)为增加挤密效果，砂桩可从外圈向内圈施打。

(7)加固后地基承载力可用静载试验确定，桩及桩间土的挤密质量可采用标准贯入法、动力触探法、静力触探法等进行检测。

二、压 实 法

压实法主要适用于砂土及含水率在一定范围内的软弱黏性土地基,也适用于加固杂填土和黄土以及换土垫层的分层填土压实等。按采用的压实手段不同可分别对浅层或深层土起加固作用,常用的压实方法有机械碾压法、振动压实法、重锤夯实法及强夯法(也称动力固结法)。

(一)机械碾压法

机械碾压法是一种采用平碾、羊足碾、压路机、推土机或其他机械压实松散土的方法。该法主要适用于大面积回填土和杂填土地基的浅层压实。

碾压的效果主要取决于被压实土的含水率和压实机械的压实能量,施工时应控制碾压土的最佳含水率,选择适当的碾压分层厚度和碾压遍数。

黏性土的碾压,通常用 80 ~ 100kN 的平碾或 120kN 的羊足碾,每层铺土厚度约为 20 ~ 30cm,碾压 8 ~ 12 遍。杂填土的碾压,应先将建筑范围内一定深度的杂填土挖除,开挖深度视设计要求而定,用 80 ~ 120kN 压路机或其他压实机械将坑底碾压几遍,再将原土分层回填碾压,每层土的虚铺厚度约 30cm。有时还可在原土中掺入部分碎石、碎砖、白灰等,以提高地基强度。

由于杂填土的性质比较复杂。碾压后的地基承载力相差较大。根据一些地区的经验,用 80 ~ 120kN 压路机碾压后的杂填土地基,承载力约为 80 ~ 120kPa。

碾压的质量标准以分层检验压实土的干重度和含水率来控制。

(二)振动压实法

振动压实法是通过在地基表面施加振动把浅层松散土振实的方法。可用于处理砂土和由炉灰、炉渣、碎砖等组成的杂填土地基。

竖向振动力由机内设置的两个偏心块产生。振动压实的效果与振动力的大小、填土的成分和振动时间有关。当杂填土的颗粒或碎块较大时,应采用振动力较大的机械。一般来说,振动时间越长,效果越好。但振动超过一定时间后振实效果将趋于稳定。因此,在施工前应进行试振,找出振实稳定所需要的时间。振实范围应从基础边缘放出 0.6m 左右,先振基坑两边,后振中间。经过振实的杂填土地基,承载力基本值可达 100 ~ 120kPa。

(三)重锤夯实法

重锤夯实法是运用起重机械将重锤(一般不轻于 15kN)提到一定高度(2.5 ~ 4.5m),然后让锤自由落下,不断重复夯击地基,使地基浅层得到密实。它适用于砂土、稍湿的黏性土、部分杂填土和湿陷性黄土等的浅层处理。

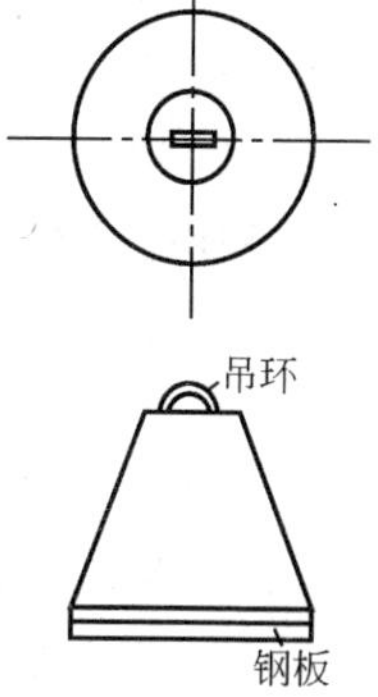

重锤的样式常为一截头圆锥体(图 6-5),重为 15 ~ 30kN,锤底直径 0.7 ~ 1.5m,锤底面自重静压力约为 15 ~ 25kPa,落距一般采用 2.5 ~ 4.5m。

重锤夯实的有效影响深度与锤重、锤底直径、落距及地质条件有关。为达到预期加固密实度和深度,应在现场进行试夯,确定需要的落距、夯击遍数等。

吊环

钢板

图 6-5 夯锤

夯击时,土的饱和度不宜太高,地下水位应低于击实影响深度,在此深度范围内也不应有饱和的软弱下卧层,否则会出现"橡皮土"现象,严重影响夯实效果。若含水率过低,消耗夯击功能较大,还往往达不到预期效果。一般含水率应尽量控制接近击实土的最佳含水率或控制在塑液限之间而稍接近塑限为佳,也可由试夯确定含水率与锤击功能的规律,以求能用较少的夯击遍数达到预期的设计加固深度和密实度,进而指导施工。一般夯击遍数不宜超过8~12遍,否则应考虑增加锤重、落距或调整土层含水率。

重锤夯实法加固后的地基应经静载试验确定其承载力,需要时还应对软弱下卧层承载力及地基沉降进行验算。

(四)强夯法

1. 强夯法的概念、特点及适用条件

强夯法,亦称为动力固结法,是一种将较大的重锤(一般约为100~600kN,最重达2 000kN)从6~40m高处自由落下,对较厚的软弱层进行强力夯实的地基处理方法,如图6-6所示。

强夯法的显著特点是夯击能量大,因此影响深度也大。并具有工艺简单,施工速度快、费用低、适用范围广、效果好等优点。

强夯法适用于碎石类土、砂类土、杂填土、低饱和粉土和黏土、湿陷性黄土等地基的加固,效果较好。对于高饱和软黏土(淤泥及淤泥质土)强夯处理效果较差,但若结合夯坑内回填块石、碎石或其他粗粒料,强行夯入形成复合地基(称为强夯置换或动力挤淤),处理效果较好。

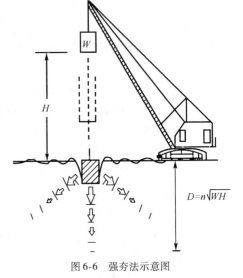

图6-6 强夯法示意图

2. 强夯法的加固机理

强夯法的加固机理与重锤夯实法有着本质的区别,强夯法主要是将势能转化为夯击能,在地基中产生强大的应力和冲击波,对土体产生加密和固结作用。

强夯法虽然在实践中已被证实是一种较好的地基处理方法,但其加固机理研究尚待完善。强夯法根据土的类别和强夯施工工艺的不同可分为三种加固机理:

(1)动力挤密。在冲击型荷载作用下,在多孔隙、粗颗粒、非饱和土中,土颗粒相对位移,孔隙中气体被挤出,从而使得土体的孔隙减小、密实度增加、强度提高以及变形减小。

(2)动力固结。在饱和的细粒土中,土体在夯击能量作用下产生孔隙水压力使土体结构被破坏,土颗粒间出现裂隙,形成排水通道,渗透性改变,随着孔隙水压力的消散土开始密实,抗剪强度、变形模量增大。在夯击过程中伴随着土中气体体积的压缩、触变的恢复、黏粒结合水向自由水转化等。

(3)动力置换。在饱和软黏土特别是淤泥及淤泥质土中,通过强夯将碎石填充于土体中,形成复合地基,从而提高地基的承载力。

3. 强夯法的设计要点

强夯法的主要设计参数包括:有效加固深度、夯击能、夯击次数与遍数、间歇时间、夯点布置与间距等。

1）有效加固深度

强夯的有效加固深度影响因素很多，有锤重、锤底面积和落距，还有地基土性质、土层分布、地下水位以及其他有关设计参数等。

强夯的有效加固深度应根据现场试夯或当地经验确定，在缺少试验资料或经验时，可按表6-5预估。

强夯法的有效加固深度参考值 表6-5

单位夯击能（kN·m）	碎石土、砂土等（m）	粉土、黏性土、湿陷性黄土等（m）
1 000	5.0~6.0	4.0~5.0
2 000	6.0~7.0	5.0~6.0
3 000	7.0~8.0	6.0~7.0
4 000	8.0~9.0	7.0~8.0
5 000	9.0~9.5	8.0~8.5
6 000	9.5~10.0	8.5~9.0

强夯的有效加固深度也可采用梅那提出的下列估算公式计算：

$$H = \alpha \sqrt{Mh} \qquad (6-15)$$

式中：H——有效加固深度（m）；

M——锤重（以10kN为单位）；

h——落距（m）；

α——对不同土质的修正系数，参见表6-6。

修 正 系 数 α 表6-6

土的名称	黄土	一般黏性土、粉土	砂土	碎石土（不包括块石、漂石）	块石、矿渣	人工填土
α	0.45~0.60	0.55~0.65	0.65~0.70	0.60~0.75	0.49~0.50	0.55~0.75

2）强夯的单位夯击能

单位夯击能指单位面积上所施加的总夯击能，它的大小应根据地基土的类别、结构类型、荷载大小和处理的深度等综合考虑，并通过现场试夯确定。对于粗粒土可取1 000~3 000kN·m/m²；对细粒土可取1 500~4 000kN·m/m²。夯锤底面积对砂类土一般为3~4m²，对黏性土不宜小于6m²。夯锤底面静压力值可取24~40kPa，强夯置换锤底静压力值可取40~200 kPa。实践证明，圆形夯锤底设置250~300mm的纵向贯通孔的夯锤，地基处理的效果较好。

3）夯击次数

夯击次数是指每一夯点的夯击次数，一般通过现场试夯并结合现场具体情况，按照夯击次数和夯沉降量关系曲线确定。以夯坑的压缩量最大、夯坑周围隆起量最小为确定原则。施工的合理夯击次数，应取单击夯沉量开始趋于稳定时的累计夯击次数，且这一稳定的单击夯沉量即可用作施工时收锤的控制夯沉量。夯击次数一般为5~15击。

对于碎石土、砂土、低饱和度的湿陷性黄土和填土等地基，夯坑周围往往隆起的量很小，应尽量增多夯击次数，以减少夯击遍数。对于饱和性较高的黏性土地基，随着夯击次数的增加，夯坑周围地面隆起较大，此时如继续夯击，则不会使地基土得到有效的夯实而造成浪费。

实际工程中，除了按照试夯得到的夯击次数和沉降量关系曲线确定外，还应同时满足下列条件：

（1）最后两击的平均夯沉量不大于50mm，当单击夯击能量较大时，应不大于100mm，当单击夯击能大于6 000kN·m时不大于200mm。

（2）夯坑周围地基不应发生过大的隆起，一般控制为小于等于100mm。

（3）不因夯坑过深而发生起锤困难。

4）夯击遍数

夯击遍数应根据地基土的性质来确定。由粗颗粒土组成的渗透性强的地基，夯击遍数可少些；反之，渗透性低的地基夯击遍数要多些。确定工程夯击遍数的原则是根据压实层的厚度、土质条件和设计对沉降的要求来确定。土体压缩层越厚，土质颗粒越细，同时含水率较高，需要的夯击遍数越多。国内外目前多采用2～3遍。最后再以低能量满夯一遍。

5）间歇时间

对于多遍夯击，两遍夯击之间应有一定的时间间隔，以利于土层孔隙水压力的消散，所以间歇时间主要取决于加固土层孔隙水压力的消散时间。对于渗透性较差的黏性土地基，间隔时间应适当加长，国内外目前一般采用的间歇时间为1～3周。对渗透性较好的地基土，可连续夯击，不必间歇。

6）夯点布置及间距

夯点的布置形式一般为正方形、等边三角形或等腰三角形。夯点间距应根据地基土的性质和要求处理的深度来确定。压缩层厚度大、土质差时，夯点间距应加大，可采用7～15m，以免形成弹簧土而影响加固效果。对于软土层较薄或砂质土，夯点间距可采用5～10m。处理范围应大于基础范围，宜超出1/2～2/3的处理深度，且不宜小于3m。

4. 强夯法的施工要点

强夯法施工前，应先在现场进行原位试验（旁压试验、十字板试验、触探试验等），取原状土样测定含水率、塑限液限、粒度成分等，并在试验室进行动力固结试验，以取得有关数据。

1）试夯

强夯正式开始施工前，应根据初步确定的参数，在现场有代表性的地方试夯，与夯前测试数据进行对比，检验强夯效果，确定工程采用的各项强夯参数。若不符合设计要求，应及时进行调整。在进行试夯时也可以采用不同的设计参数方案进行优选。

2）强夯施工

强夯施工按下列步骤进行：

（1）在整平后的场地上标出第一编夯击点的位置，并量测场地的高程。

（2）起重机就位，使夯锤对准夯击点位置。

（3）测量夯点锤顶高程。

（4）将夯锤起吊到预定高度，待夯锤脱钩下落后，放下吊钩，测量锤顶高程，若发现因坑底倾斜而造成夯锤歪斜时，应及时将坑底整平。

（5）重复步骤（4），按设计规定的夯击次数及控制标准，完成一个夯点的夯击。

（6）换夯点，重复步骤（2）～（5），直至完成第一遍全部夯点的夯击。

（7）用推土机将夯坑整平，并测量场地高程。

（8）在规定的间隔时间后，按上述步骤完成全部夯击遍数，最后用低能量满夯，将表层松土夯实并测量场地高程。

强夯法的施工顺序应该是先深后浅，即先加固深层土，再加固中层土，最后加固表层土。

图 6-7 所示为强夯法的施工现场。

施工过程中还应对现场地基土层进行一系列对比的观测工作,包括:地面沉降测定;孔隙水压力测定;侧向压力、振动加速度测定等。

图 6-7　强夯法的施工现场

5. 强夯法加固效果检验

强夯施工结束后,应间隔一定时间才能对地基加固效果进行检验。对于碎石土和砂土地基,其间隔时间可取 1~2 周;对于低饱和度的粉土和黏性土地基可取 3~4 周。

检验方法可根据土性选用原位测试(如十字板剪切、触探、旁压、载荷或波速试验等),也可采用室内常规试验、室内动力固结试验等。

近年来国内外有采用强夯法作为软土的置换手段,用强夯法将碎石挤入软土形成碎石垫层或间隔夯入形成碎石墩(桩),构成复合地基,且已列相关的行业规范。

强夯法尚无完整的设计计算方法,施工前后及施工过程中需进行大量测试工作,另外还有噪声大、振动大等缺点,不宜在建筑物或人口密集处使用。当加固范围较小(小于 5 000cm²)时,采用此法不经济。

三、振动水冲法

(一)振动水冲法的施工

1. 施工机具及其作用

振动水冲法(振冲法)主要的施工机具是振冲器、吊机和水泵。振冲器是一个类似插入式混凝土振捣器的机具,其外壳直径为 0.2~0.45m,长 2~5m,重约 20~50kN,筒内主要由一组偏心块、潜水电机和通水管三部分组成,如图 6-8 所示。

振冲器有两个功能,一是产生水平向振动力(40~90kN)作用于周围土体;二是从端部和侧部进行射水和补给水。振动力是加固地基的主要因素,射水起协助振动力在土中使振冲器钻进成孔,并在成孔后清孔及实现护壁作用。

2. 施工过程(图 6-9)

(1)振冲器由吊车或卷扬机就位后,打开下喷水口,启动振冲器,在振动力和水冲作用下,在土层中形成孔洞,直至设计高程。

(2)进行清孔,用循环水带出孔中稠泥浆后,向桩孔逐段添加填料(粗砂、砾砂、碎石、卵石等)。填料粒径不宜大于80mm,碎石常用20～50mm。每段填料均在振冲器振动作用下振挤密实,达到要求密实度后就可以上提。

(3)重复上述操作直至地面,从而在地基中形成一根具有相当直径的密实桩体,同时桩孔周围一定范围的土也被挤密。孔内填料的密实度可以从振动所耗的电量来反映,通过观察电流变化来控制。

不加填料的振冲法密实法仅适用于处理黏粒含量不大于10%的粗砂、中砂地基。

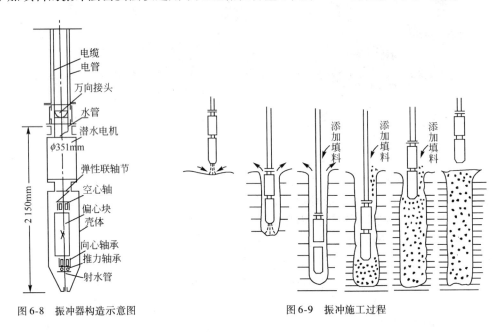

图6-8 振冲器构造示意图　　　　　　图6-9 振冲施工过程

(二)振冲法按加固机理的分类

振冲法根据其加固机理不同,可分为振冲置换和振冲密实法两类。

1. 振冲置换法

振冲置换法是利用振冲器在高压水的作用下边振、边冲,在地基中成孔,同时在孔内回填碎石料,把添加料振密并挤压到周围黏土中去形成粗大密实的碎石桩柱,碎石桩柱体与桩间土形成复合地基。复合地基承受荷载后,由于地基土和桩体材料的变形模量不同,故土中应力集中到桩柱上,从而使桩周软土负担的应力相应减少。与原地基相比,复合地基的承载力得到提高,沉降量减少。

振冲置换法适于处理不排水剪切强度小于20kPa的黏性土、粉土、饱和黄土和人工填土等地基,若桩周土的强度过低,则难以形成桩体。

对于软黏性土地基,由于透水性很低,振动力并不能使饱和土中孔隙水迅速排除而减小孔隙比,而主要是桩柱与软黏土组成复合地基。

2. 振冲密实法

振冲密实法是利用振冲器的强力振动,使得饱和砂层发生液化,砂粒重新排列,孔隙率降低;同时,利用振冲器的水平振冲力回填碎石料,使得砂层被挤密,达到提高地基承载力,降低沉降的目的。

振冲密实法适用于处理砂土和粉土等地基,不加填料的振冲密实法仅适用于处理黏粒含量小于10%的粗砂、中砂地基。

振冲法处理地基最有效的土层为砂类土和粉土,其次为黏粒含量较小的黏性土,对于黏粒含量大于30%的黏性土,则挤密效果明显降低,主要产生置换作用。振冲法不适于在地下水位较高、土质松散易塌方和含有大块石等障碍物的土层中使用。

(三)振冲法的特点

1. 优点

(1)振冲法是用一个较轻便的机具,将强大的水平振动力(有的振冲器也附有垂直向的振动)直接传送到深度可达20m左右的软弱地基内,施工设备较简单,操作方便,施工速度快,造价较低。

(2)可因地制宜,就地取材(可采用碎石、卵石、砂、矿渣等作填料)。

(3)碎石桩具有良好的透水性,能加速地基固结,地基承载力可提高1.2~1.35倍。

(4)振冲过程中的预振效应,可使砂土地基增加抗液化能力。

2. 缺点

振冲法的缺点是加固地基时要排出大量的泥浆,并且有噪声,环境污染比较严重。

(四)振冲桩的设计方法

振冲桩加固砂类土的设计计算,类似于挤密砂桩的计算,即根据地基土振冲挤密前后孔隙比进行;对黏性土地基应按后面介绍的复合地基理论进行,另外也可通过现场试验取得各项参数。当缺乏资料时,可参考表6-7进行设计。

振冲桩加固黏性土地基的设计要点

表6-7

加固方法	振冲置换法	振冲密实法
孔位的布置	等边三角形和正方形	等边三角形和正方形
孔位的间距和桩长	间距应根据荷载大小,原地基土的抗剪强度确定,可用1.5~2.5m。荷载大或原土强度低时,宜取较小距;反之,宜取较大间距。对桩端未达到相对硬层的短桩,应取小间距 桩长的确定,当相对硬层的埋深不大时,按其深度确定,当相对硬层的埋深较大时,按地基的变形允许值确定。不宜短于4m。在可液化的地基中,桩长应按要求的抗震处理深度确定 桩直径按所用的填料量计算,常为0.8~1.2m	间距视砂土的颗粒组成、密实要求、振冲器功率等而定,砂的粒径越细,密实要求越高,则间距应越小。使用30kW振冲器,间距一般为1.3~2.0m;55kW振冲器间距可采用1.4~2.5m;使用75kW大型振冲器,间距可加大到1.6~3.0m
填料	碎石、卵石、角砾、圆砾等硬质材料,最大直径不宜大于80mm,对碎石常用粒径为20~50mm	宜用碎石、卵石、角砾、圆砾、砾砂、粗砂、中砂等硬质材料,在施工不发生困难的前提下,粒径越粗,加密效果越好

振冲法加固砂性土地基,宜在加固半个月后进行效果检验,加固黏性土地基则至少要一个月才能进行效果检验。检验方法可采用静载试验、标准贯入试验、静力触探或土工试验等。

国内应用振冲法加固地基的深度一般为14m以内,最大深度达18m,桩径为0.8~1.2m,置换率一般在10%~30%,每米桩的填料量为0.3~0.7m³。地基加固后相对密度可提高70%以上,大面积加固后地基承载力可提高一倍以上。

第四节　排水固结法

饱和软黏土地基渗透系数很低,在荷载作用下,孔隙水的排出和固结速度缓慢。如在其上建造结构物或填土,地基可能产生较大的沉降,甚至由于强度不足而失稳破坏。

排水固结法是利用软弱地基土排水固结的特性,通过在地基土中采用各种排水技术措施(设置竖向排水体和水平排水体),再分级加载预压,以加速饱和软黏土排水固结和沉降的一种地基处理方法。

排水固结法加固软土地基是一种比较成熟、应用广泛的方法,常用于解决饱和软黏土的沉降和稳定问题,可以使地基沉降在预压期内基本完成或大部分完成,以减少建筑物施工后的沉降,同时提高地基强度和稳定性。

排水固结法根据排水体系的构造及加载方法不同,一般可以分为砂井(普通砂井、袋装砂井、塑料排水板)堆载预压法、真空预压法、降低地下水位法及天然地基堆载预压法等。

一、砂井堆载预压法

(一)砂井的加固原理、特点及适用范围

砂井堆载预压法是在软弱地基中设置砂井(普通砂井、袋装砂井、塑料排水板)作为竖向排水通道,并在砂井顶部设置砂垫层作为水平排水通道,形成排水系统(图6-10),借此增加排水通道,缩短排水途程,改善地基渗透性能。然后在砂垫层上部堆载,以增加地基土中附加应力,使土体中孔隙水较快地通过竖向砂井和水平砂垫层排出,达到加速土体固结、提高软弱地基承载力之目的。

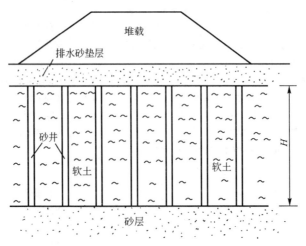

图6-10　砂井堆载预压

砂井堆载预压可以提高软弱土地基的抗剪强度和地基承载力,加速饱和软黏土的排水固结速率,施工机具和方法简单,施工速度快,造价低。

该法适用于厚度较大和渗透系数很低的饱和软黏土,主要用于道路路堤、土坝、机场跑道、工业建筑油罐、码头、岸坡等工程的地基处理,对于泥炭等有机沉积地基则不适用。

(二)砂井的设计

砂井的设计主要包括选择适当的砂井直径、间距、深度、布置方式与范围以及砂井所需的材料、砂垫层材料与厚度等,以使地基在堆载预压过程中,在预期的时间内,达到所需要的固结度(通常定为80%)。

1. 砂井的平面布置、直径及间距

砂井的平面布置可采用正方形或等边三角形,后者排列较紧凑,应用较多。在大面积荷载作用下,认为每个砂井均起独立排水作用。正方形排列的砂井排水范围为正方立柱体,等边三角形排列的砂井排水范围则为六边形棱柱体,为了简化计算,将每个砂井平面上的排水范围以等面积的圆来代替,其直径为 d_e。

砂井的直径和间距主要取决于土的固结特性和施工期的要求。从原则上讲,在达到相同的固结度时,缩短砂井间距比增加砂井直径效果要好,即以"细而密"的原则布置为佳。

但砂井过细,则施工困难且不宜保证质量,考虑到施工的可操作性,普通砂井的直径宜为 $300\sim500mm$,袋装砂井的直径宜为 $70\sim100mm$,塑料排水板的当量换算直径可按式(6-18)进行计算。

如砂井间距过密,则对周围土扰动较大,会降低土的强度和渗透性,影响加固效果,一般不应小于1.5m。

砂井的中距 l_s 可按下式计算:

等边三角形布置:
$$l_s = \frac{d_e}{1.05} \tag{6-16}$$

正方形布置:
$$l_s = \frac{d_e}{1.13} \tag{6-17}$$

式中:d_e——一根砂井的有效排水圆柱体直径,$d_e = nd_w$;

$\quad d_w$——砂井直径;

$\quad n$——井径比,普通砂井 $n = 6\sim8$;袋装砂井或塑料排水板 $n = 15\sim20$。

2. 砂井的布置范围

由于在基础以外一定的范围内仍然存在压应力和剪应力,所以砂井的布置范围应比基础范围大为好,一般由基础的轮廓线向外增加 $2\sim4m$。

3. 砂井的深度

砂井深度主要根据土层的分布、地基中的附加应力大小、施工期限和条件及地基稳定性等因素确定。

对以沉降控制的桥涵,当软土层不厚(一般为 $10\sim20m$)时,尽量要穿过软土层达到砂层;当软土过厚(超过20m),则不必打穿软土层,可根据建筑物对地基的稳定性和变形的要求确定。

对以地基抗滑稳定性控制的工程,如拱式结构的墩台,砂井深度应超过最危险滑动面2.0m 以上。

4. 砂井填筑材料

砂井中的填料宜用中、粗砂,必须保证良好的透水性,含泥量应小于3%,渗透系数应大于 10^{-3} cm/s。

5. 砂垫层的设置

为了使砂井有良好的排水通道,砂井顶部应铺设砂垫层,其宽度应超出堆载宽度,并伸出砂井区外边线2倍砂井直径,厚度宜大于0.4m,以免地基沉降时切断排水通道。

在预压区内宜设置与砂垫层相连的排水盲沟,以把地基中排出的水引出预压区。

垫层材料宜用中、粗砂,含泥量应小于5%,砂料中可混有少量粒径小于50mm的石粒。砂垫层的干密度应大于1.5t/m³。

砂井的施工工艺与砂桩大体相近,具体参照砂桩的施工工艺。

二、袋装砂井和塑料排水板预压法

用砂井法处理软土地基时,如地基土变形较大或施工质量稍差,常会出现砂井被挤压截断的现象,从而不能保持砂井在软土中排水通道的畅通,影响加固效果。近年来在普通砂井的基础上,出现了以袋装砂井和塑料排水板代替普通砂井的方法,避免了砂井不连续缺点,而且施工简便,加快了地基的固结,节约用砂,在工程中得到日益广泛应用。

(一)袋装砂井预压法

目前国内应用的袋装砂井直径一般为70～100mm,间距通常为1.0～2.0m,可按式(6-16)、式(6-17)计算确定。

砂袋可采用聚丙烯或聚乙烯等长链聚合物编织制成,应具有足够的抗拉强度、耐腐蚀性以及较好的透水性和耐水性。

装砂后砂袋的渗透系数不应小于砂的渗透系数。灌入砂袋的砂应为中、粗砂并振捣密实,袋口扎进。砂袋长度应超出孔口长度,并保证伸入砂垫层内至少300mm,以保证排水的连续性。

袋装砂井的设计理论、计算方法基本与普通砂井相同,它的施工已有相应的定型埋设机械。与普通砂井相比,其优点是:①施工工艺和机具简单;②用砂量少;③间距较小,排水固结效率高;④井径小,成孔时对软土扰动也小,有利于地基土的稳定。

(二)塑料排水板预压法

塑料排水板预压法是将塑料排水板用插板机插入加固的软土中,然后在地面加载预压,使土中水沿塑料板的通道向上经砂垫层排除,从而使地基加速固结。

塑料板排水与砂井比较具有如下优点:

(1)塑料板由工厂生产,材料质地均匀可靠,排水效果稳定。

(2)塑料板重量轻,便于施工操作。

(3)施工机械轻便,能在超软弱地基上施工。

(4)施工速度快,工程费用低。

塑料排水板所用材料、制造方法不同,结构也不同,基本上分为两类:一类为多孔单一结构型,是用单一材料制成的多孔管道的板带,表面刺有许多微孔(图6-11);另一

图6-11 多孔单一结构型塑料排水板

类为复合结构型,是由塑料芯板外套一层无纺土工织物滤膜组合而成(图 6-12)。

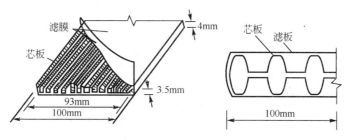

图 6-12　复合结构型塑料排水板

塑料排水板可采用砂井加固地基的固结理论和设计计算方法。计算时应将塑料板换算成相当直径的砂井,根据两种排水体与周围土接触面积相等的原理进行换算。

塑料排水板当量换算直径可按下式换算:

$$D_p = \alpha \frac{2(b + \delta)}{\pi} \qquad (6\text{-}18)$$

式中:D_p——塑料排水板当量换算直径;

　　　α——换算系数,无试验资料时,可取 0.75 ~ 1.00;

　　　b——塑料板宽度;

　　　δ——塑料板厚度。

目前应用的塑料排水板产品成卷包装,每卷长约数百米,用专门的插板机将其插入软土地基(图 6-13)。先在空心套管内装入塑料排水板,并将其一端与预制的专用钢靴连接,插入地基下预定高程处,然后拔出空心套管。由于土对钢靴的阻力,塑料板留在软土中,在地面将塑料板切断,即可移动插板机进行下一个循环作业。

图 6-13　插板机插入塑料排水板施工现场

三、真空预压法

真空预压法实质上是以大气压作为预压荷重的一种预压固结法(图 6-14)。在需要加固的软土地基表面铺设砂垫层,然后埋设垂直排水通道(普通砂井、袋装砂井或塑料排水板),再用不透气的封闭薄膜覆盖软土地基,使其与大气隔绝,薄膜四周埋入土中。通过砂垫层内埋设的吸水管道,用真空泵进行抽气,使其形成真空。当真空泵抽气时,先后在地表砂垫层及竖向排水通道内逐渐形成负压,使土体内部与排水通道、垫层之间形成压力差,在此压力差作用下,土体中的孔隙水不断排出,从而使土体固结。

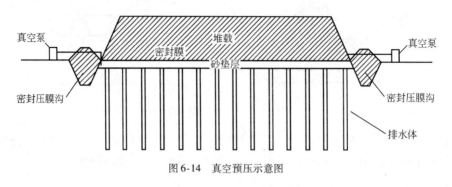

图 6-14 真空预压示意图

四、降低地下水位预压法

降低水位预压法是借井点抽水降低地下水位,以增加土的自重应力,达到预压目的。其降低地下水位原理、方法和需要的设备基本与井点法基坑排水相同。地下水位的降低使地基中的软弱土层承受了相当于水位下降高度水柱的重量,增加了土中的有效应力。

这一方法最适用于渗透性较好的砂土或粉土或在软黏土层中存在砂土层的情况。使用前应摸清土层分布及地下水位情况等。

五、天然地基堆载预压法

天然地基堆载预压法是在建筑物施工前,用与设计荷载相等(或略大)的预压荷载(如砂、土、石等重物)堆压在天然地基上,也可以利用施工过程中建筑物本身的重量缓慢预压,使地基软土压缩固结,强度提高,减少工后沉降。待地基承载力、变形达到设计预期要求后,将预压荷载撤除,在经预压的地基上修建建筑物。

此方法费用较少,但工期较长。如软土层不太厚,或软土中夹有多层细、粉砂夹层,渗透性能较好,不需很长时间就可获得较好预压效果时,可考虑采用。否则排水固结时间很长,应用就受到限制。

采用各种排水固结方法加固后的地基,均应进行质量检验。检验方法可采用十字板剪切试验、旁压试验、荷载试验或常规土工试验,以测定其加固效果。

第五节 深层搅拌(桩)法

深层搅拌法是用于加固饱和软黏土地基的一种新颖方法,它是通过深层搅拌机械,在地基深处就地利用固化剂与软土之间所产生的一系列物理化学反应,使软土固化成具有整体性、水稳性和一定强度的桩体,其与桩间土组成复合地基。固化剂主要采用水泥、石灰等材料,与砂类土或黏性土搅拌均匀,在土中形成竖向加固体。它对提高软土地基承载能力,减小地基的沉降量有明显效果。

深层搅拌法按加固材料的状态可分为粉体类(水泥、石灰粉末)和浆液类(水泥浆及其他化学浆液);按施工工艺可分为低压搅拌法(粉体喷射搅拌桩、水泥浆搅拌桩)和高压喷射注浆法(高压旋喷桩)两类,下面分别予以介绍。

一、粉体喷射搅拌(桩)法和水泥浆搅拌(桩)法

深层搅拌法当采用粉状固化剂时,常称为粉体喷射搅拌(桩)法;当采用水泥浆液固化剂时,常称为水泥浆搅拌(桩)法。这两种方法均属低压搅拌法,是国内目前较常用的地基处理方法。这两者的加固原理、设计计算方法和质量检验方法基本一致,但施工工艺有所不同。

(一)粉体喷射搅拌(桩)法(粉喷桩)

1. 粉体喷射搅拌法的概念及施工

粉体喷射搅拌法是通过专用的施工机械,将搅拌钻头下沉到预计孔底后,用压缩空气将固化剂(生石灰或水泥粉体材料)以雾状喷入加固部位的地基土,凭借钻头和叶片旋转使粉体加固料与软土原位搅拌混合,自下而上边搅拌边喷粉,直到设计高程。为保证质量,可再次将搅拌头下沉至孔底,重复搅拌。

粉体喷射搅拌桩施工作业顺序如图 6-15 所示。

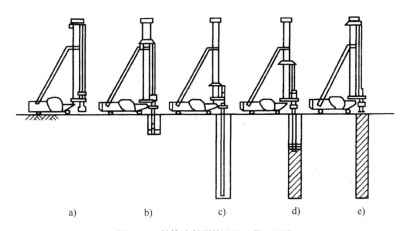

图 6-15　粉体喷射搅拌法施工作业顺序
a)搅拌机对准桩位;b)下钻;c)钻进结束;d)提升喷射搅拌;e)提升结束

施工结束后,对加固的地基应作质量检验,包括标准贯入试验、取芯抗压试验、载荷试验等。桩柱体的强度、压缩模量、搅拌的均匀性以及尺寸均应符合设计要求。

粉体喷射搅拌桩加固地基的具体设计计算可按复合地基设计。桩柱长度确定原则上与砂桩相同。

2. 粉体喷射搅拌法的加固机理

粉体喷射搅拌法的加固机理因加固材料的不同而稍有不同。

当采用石灰作为固化剂时,其原理与公路常用的石灰加固土基本相同。石灰与软土主要发生如下作用:石灰的吸水、发热、膨胀作用;离子交换作用;碳酸化作用(化学胶结反应);火山灰作用(化学凝胶作用)以及结晶作用。这些作用使土体中水分降低,土颗粒凝聚而形成较大团粒,同时生成复合的水化物 $4CaO \cdot Al_2O_3 \cdot 13H_2O$ 和 $2CaO \cdot Al_2O_3 \cdot SiO_2 \cdot 6H_2O$ 等,它们在水中逐渐硬化,并与土颗粒黏结在一起,从而提高了地基土的物理力学性质。

当采用水泥作为固化剂时,在加固过程中发生水泥的水解和水化反应、黏土颗粒与水泥水化物的相互作用和碳酸化作用,这些反应使土颗粒形成凝胶体和较大颗粒,颗粒间形成蜂窝状

结构,并生成稳定的不溶于水的结晶化合物,从而提高软土强度。

3. 粉体喷射搅拌法的加固效果

石灰、水泥粉体加固形成的桩柱的力学性质变形幅度相差较大,主要取决于软土特性、掺加料种类、质量、用量、施工条件及养护方法等。石灰用量一般为干土重的 6% ~ 15%,软土含水率以接近液限时效果较好。水泥掺入量一般为干土重 5% 以上(7% ~ 15%)时效果较好。

粉体喷射搅拌法形成的粉喷桩直径为 50 ~ 100cm,加固深度可达 10 ~ 30m。石灰粉体形成的加固桩柱体抗压强度可达 800kPa,压缩模量达 20 000 ~ 30 000kPa。水泥粉体形成的桩柱体抗压强度可达 5 000kPa,压缩模量达 100 000kPa 左右。地基承载力一般提高 2 ~ 3 倍,减少沉降量 1/3 ~ 2/3。

4. 粉体喷射搅拌法的特点与适用范围

粉体喷射搅拌法具有以下优点:

(1)以粉体作为主要加固料,不需向地基注入水分,因此加固后地基土初期强度高。

(2)可以根据不同土的特性、含水率、设计要求合理选择加固材料及配合比。

(3)对于含水率较大的软土,加固效果更为显著。

(4)施工时不需高压设备,安全可靠,如严格遵守操作规程,可避免对周围环境产生污染、振动等不良影响。

粉体喷射搅拌法的缺点是:由于目前施工工艺的限制,加固深度不能过深,一般为 8 ~ 15m。

我国粉体材料资源丰富,粉体喷射搅拌法常用于公路、铁路、水利、市政、港口等工程软土地基的加固,较多用于边坡稳定及构筑地下连续墙或深基坑支护结构。被加固软土中有机质含量不应过多,否则效果不大。

(二)水泥浆搅拌(桩)法

1. 水泥浆搅拌法的概念及施工

水泥浆搅拌法是用回转的搅拌叶将压入软土内的水泥浆与周围软土强制拌和形成水泥加固体。搅拌机由电动机、中心管、输浆管、搅拌轴和搅拌头组成,并有灰浆搅拌机、灰浆泵等配套设备。我国生产的搅拌机现有单搅头和双搅头两种,加固深度可达 30m,形成的桩柱体直径为 60 ~ 80cm(双搅头形成 8 字形桩柱体)。

其加固原理基本和水泥粉喷搅拌桩相同。

水泥浆搅拌法的施工顺序大致为:

(1)在深层搅拌机起吊就位后,搅拌机先沿导向架切土下沉。

(2)下沉到设计深度后开启灰浆泵将制备好的水泥浆压入地基。

(3)边喷边旋转搅拌头,并按设计确定的提升速度,进行提升、喷浆、搅拌作业,使软土与水泥浆搅拌均匀。提升到上面设计高程后,再次控制速度将搅拌头搅拌下沉,达到设计加固深度后,再搅拌提升出地面。

为控制加固体的均匀性和加固质量,施工时应严格控制搅拌头的提升速度,并保证喷压阶段不出现断桩现象。

2. 水泥浆搅拌法的加固效果

水泥浆搅拌法加固形成的桩柱体强度与加固时所用水泥强度等级、用量、被加固土含水率等有密切关系,应在施工前通过现场试验取得有关数据。一般用 42.5 强度等级水泥,水泥用量为加固土干重度的2%～15%,三个月龄期试块变形模量可达75 000kPa以上,抗压强度达1 500～3 000kPa以上,加固软土含水率为40%～100%。按复合地基设计计算,加固软土地基承载力可提高2～3倍以上,沉降量减少,稳定性也明显提高,而且施工方便。

3. 水泥浆搅拌法的优点及适用范围

与粉体喷射搅拌法相比,水泥浆搅拌法另有其独特的优点:

(1)加固深度加深。

(2)由于将固化剂和原地基软土就地搅拌,因而最大限度利用了原土。

(3)搅拌时不会侧向挤土,环境效应较小。

水泥浆搅拌法是目前公路、铁路厚层软土地基加固常用的技术措施,也用于深基坑支护结构、港口码头护岸等。由于水泥浆与原地基软土搅拌结合对周围建筑物影响很小,施工时无振动和噪声,对环境无污染,更适用于市政工程。但不适用于含有树根、石块等的软土层。

二、高压喷射注浆法

(一)高压喷射注浆法的概念

高压喷射注浆法是20世纪60年代后期由日本提出的,我国在20世纪70年代开始用于桥墩、房屋等地基处理。它是利用钻机将带有喷嘴的注浆管钻至土层的预定位置后,以20MPa左右的高压将加固用浆液(一般为水泥浆)从喷嘴喷射出冲击土层,土层在高压喷射流的冲击力、离心力和重力等作用下,与浆液搅拌混合,浆液凝固后,便在土中形成一个固结柱体。

高压喷射注浆法按喷射方向和形成固体的形状可分为旋转喷射、定向喷射和摆动喷射三种。旋转喷射为喷嘴边喷边旋转和提升,固结体呈圆柱状,此法又称为旋喷法,主要用于加固地基;定向喷射为喷嘴边喷边提升,喷射方向固定,固结体呈壁状;摆动喷射为喷嘴边喷边左右摆动,固结体呈扇状墙。后两种方式常用于基坑防渗和边坡稳定等工程。

按注浆的基本工艺可分为单管法(浆液管)、二重管法(浆液管和气管)、三重管法(浆液管、气管和水管)和多重管法(水管、气管、浆液管和抽泥浆管等)。

(二)高压喷射注浆法的施工

旋喷法加固地基的施工程序如图6-16所示,图中:

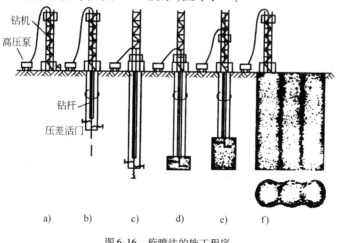

图6-16　旋喷法的施工程序

a）表示钻机就位后先进行射水试验；

b）、c）表示钻杆旋转射水下沉，直到设计高程为止；

d）、e）表示压力升高到20MPa时喷射浆液，钻杆约以20r/min旋转，提升速度约每喷射三圈提升25～50mm，这与喷嘴直径，加固土体所需加固液量有关（加固液量经试验确定）；

f）表示已旋喷成桩。

再移动钻机重新以b）～f）程序进行。

（三）高压喷射注浆法的适用土质条件及加固效果

高压喷射注浆法适用于砂类土、黏性土、湿陷性黄土、淤泥和人工填土等多种土类，加固直径或厚度为0.5～1.5m，固结体抗压强度（32.5强度等级的水泥三个月龄期）加固软土为5～10MPa，加固砂类土为10～20MPa。对于砾石粒径过大、含腐殖质过多的土加固效果较差。对地下水流较大、对水泥有严重腐蚀的地基土也不宜采用。

此法因加固费用较高，可在其他加固方法效果不理想等情况下考虑选用。

旋喷桩的平面布置可根据加固需要确定，当喷嘴直径为1.5～1.8mm，压力为20MPa时，形成的固结桩柱体的有效直径可参考下列经验公式估算：

对于标准贯入击数 $N = 0 \sim 5$ 的黏性土为：

$$D = \frac{1}{2} - \frac{1}{200}N^2 \quad （m） \tag{6-19}$$

对于 $5 \leqslant N \leqslant 15$ 的砂类土为：

$$D = \frac{1}{1\,000}(350 + 10N - N^2) \quad （m） \tag{6-20}$$

第六节　灌浆胶结法

一、灌浆胶结法的概念、分类及所用浆液材料

灌浆胶结法，亦称注浆法，是利用压力或电化学原理通过注浆管将加固浆液注入地层中，经一定时间后，浆液将松散的土体或缝隙岩体胶结成整体，形成强度大、防水防渗性能好的人工地基。

灌浆法可分为压力灌浆和电动灌浆两类。压力灌浆是常用的方法，是在各种大小压力下使水泥浆液或化学浆液挤压充填土的孔隙或岩层缝隙。电动化学灌浆是在施工中以注浆管为阳极，滤水管为阴极，通过直流电电渗作用孔隙水由阳极流向阴极，在土中形成渗浆通道，化学浆液随之渗入孔隙而使土体结硬。

灌浆胶结法所用浆液材料分为粒状浆液（纯水泥浆、水泥黏土浆和水泥砂浆等，统称为水泥基浆液）和化学浆液（环氧树脂类、甲基丙烯酸脂类和聚氨脂等）两大类。

粒状浆液中常用的水泥一般为强度等级4.0以上的普通硅酸盐水泥。由于含有水泥颗粒，对孔隙小的土层，虽在压力下也难于压进，所以只适用于粗砂、砾砂、大裂隙岩石等孔隙直径大于0.2mm的地基加固。如获得超细水泥，则可适用于细砂等地基。水泥浆液有取材容易、价格便宜、操作方便、不污染环境等优点，是国内外常用的压力灌浆材料。

化学浆液中常用的是以水玻璃（$Na_2O \cdot nSiO_2$）为主剂的浆液，由于它无毒、价廉，流动性

好等优点,在化学浆材中应用最多,约占90%。其他还有以丙烯酰胺为主剂和以纸浆废液木质素为主剂的化学浆液,它们性能较好、黏滞度低,能注入细砂等土中。但有的价格较高,有的虽价廉源广,但有含毒的缺点,用于加固地基受到一定限制。

二、硅 化 法

利用硅酸钠(水玻璃)为主剂的化学浆液加固方法称为硅化法,现将其加固机理、设计计算及施工扼要介绍如下:

(一)硅化法的加固机理

硅化法按浆液成分可分为单液法和双液法。

单液法使用单一的水玻璃溶液,它较适用于渗透系数为 $0.1 \sim 0.2 m/d$ 的湿陷性黄土等地基的加固。此时,水玻璃较易渗透入土孔隙。

双液法常用的有水玻璃—氯化钙溶液、水玻璃—水泥浆液或水玻璃—铝酸钠溶液等,可适用于渗透系数 $K > 2.0 m/d$ 的砂类土。

化学浆液在土中发生化学反应生成硅酸胶凝体,使土粒胶结成一定强度的土体,无侧限抗压强度可达 1 500kPa 以上。

对于受沥青、油脂、石油化合物等浸透的土以及地下水 pH 值大于 9 的土不宜采用硅化法加固。

(二)硅化法的有关参数确定

加固范围及深度应根据地基承载力和沉降量验算确定,一般情况加固厚度不宜小于 3m,加固范围的底面不小于由基底边缘按30°扩散的范围。

浆液灌注量可按经验公式估算。如果用水玻璃—氯化钙浆液,两种浆液用量(体积)相同。

灌注有效半径 r 应通过现场试验确定,它与土的渗透系数、压力值有关。一般 r 为 $0.3 \sim 1.0 m$;灌注间距常用 $1.75r$,每排间距取 $1.5r$。

(三)硅化法的施工要点

硅化法的施工包括打管入土、冲洗管、试水、注浆及拔管等工序。

注浆管用内径 $19 \sim 38mm$ 的钢管,下端约 0.5m 段钻有若干直径为 $2 \sim 5mm$ 的孔眼,供浆液向外流出,用机械设备将注浆管打入土中。然后用泵压水冲洗注浆管以保证浆液能畅通灌入土中。试水即将清水压入注浆管,以了解土的渗透系数,以便调整浆液相对密度、确定有效灌注半径、灌注速度等。

灌浆压力不应超过该处上覆土层的压力过多(有土上荷重者除外),一般灌注压力随深度变化,每加深1m可增大 $20 \sim 50kPa$。灌浆速度应以在浆液胶凝时间以前完成一次灌注量为宜,可根据土的渗透系数以压力控制速度,在一般情况砂类土为 $0.001 \sim 0.005 m^3/min$,渗透性好的选用高值,否则用低值。

灌浆宜按孔间隔进行,每孔灌浆次序与土层渗透系数变化有关,如加固土渗透系数相同,应先上后下灌注,如渗透系数不同,则应先灌注渗透系数大的土层。

灌浆后应立即拔出注浆管并进行清洗。

在软黏土中,土的渗透性很低,压力灌注法效果极差,可采用电动硅化法代替压力灌注。但电动硅化法由于灌注范围、电压梯度、电极布置等条件限制,仅适用于较小范围的地基加固。

硅化法加固地基在公路上仅用于少数已有构造物地基的加固。

第七节　土工合成材料加固法

目前,土工合成新材料中,具有代表性的有土工格栅、土工网等及其组合产品。在近二十年中,这类材料相继在岩土工程中应用获得成功,成为建材领域中继木材、钢材和水泥之后的第四大类材料,目前已成为土工加筋法中最具代表性加筋材料。

土工合成材料一般具有多种功能,在实际应用中,往往是一种功能起主导作用,而其他功能则不同程度地发挥作用。土工合成材料的功能包括隔离、加筋、反滤、排水、防渗和防护六大类,各类土工合成材料在应用中的主要功能见表6-8。

各类土工合成材料的主要功能　　　　表6-8

功能 类型	土工合成材料的功能分类					
	隔离	加筋	反滤	排水	防渗	防护
土工织物(GT)	P	P	P	P	P	S
土工格栅(GG)		P				
土工网(GN)				P		P
土工膜(GM)	S				P	S
土工垫块(GCL)	S				P	
复合土工材料(GC)	P 或 S	P 或 S	P 或 S	P 或 S	P 或 S	P 或 S

注:P 表示主要功能,S 表示辅助功能。

一、土工合成材料的排水作用

用土工合成材料代替砂石能起到排水作用。具有一定厚度的土工合成材料具有良好的三维透水特性,利用这一特性可以使水经过土工合成材料的平面迅速沿水平方向排走。土工合成材料也可和其他排水材料(如塑料排水板等)共同构成排水系统或深层排水井,而起到排水作用,如图6-17所示。

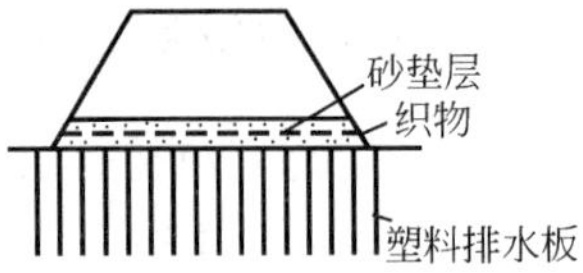

具有相同孔径尺寸的无纺土工合成材料和砂的渗透性大致相同,但土工合成材料的孔隙率比砂高得多。

图 6-17　土工合成材料用于排水过滤

此外,土工合成材料放在两种不同的材料之间,或用在同一材料不同粒径之间以及地基于基础之间会起到隔离作用,不会使两者之间相互混杂,从而保持材料的整体结构和功能。

二、土工合成材料的加筋作用

当土工合成材料用作土体加筋时,其基本作用是给土体提供抗拉强度,主要应用于土坡、堤坝、挡土墙及地基等方面。

在加固地基方面,由于土工合成材料有较高的强度和韧性等力学性能,且能紧贴于地基表面,使其上部施加的荷载能均匀分布在地层中。当地基可能产生冲切破坏时,铺设的土工合成材料将阻止破坏面的出现,从而提高地基承载力。当受集中荷载作用时,在较大的荷载作用下,高模量的土工合成材料受力后将产生一垂直分力,抵消部分荷载。由于软土地基的扭性流动,铺垫土周围的地基向侧面隆起。如将土工合成材料铺设在软土地基的表面,由于其承受拉力和土的摩擦作用而增大侧向限制,阻止侧向挤出,从而减小变形和增大地基的稳定性。

将土工合成材料用于地基加筋,已开始在我国大型工程中应用。根据实测的结果和理论分析,认为土工合成材料加筋垫层的加固原理主要是:

(1)增强垫层的整体性和刚度,调整不均匀沉降。

(2)由于垫层刚度的增大,扩大了荷载扩散的范围,使垫层底部应力减小并均匀分布。

(3)约束下卧软弱土地基的侧向变形。

铺设土工合成材料时,下卧层顶面应均匀平整,以防止土工合成材料被刺穿顶破。铺设时端头应固定,如回折锚固,应避免长时间暴晒或暴露,边沿宜用搭接法(缝接法和胶接法)。缝接法的搭接长度宜为300~1 000mm,基底较软者应选取较大的搭接长。当采用胶接法时。搭接长度应不小于100mm,并保证主要受力方向的连接强度不低于所采用材料的抗拉强度。

思考题

1. 什么是软弱地基?有哪些特点?

2. 常用的软弱地基处理方法有哪些?

3. 换土垫层法适用于什么条件?砂垫层的宽度和厚度如何确定?

4. 强夯法的加固机理是什么?

5. 砂桩挤密法的作用原理是什么?砂桩的设计计算包括哪些内容?

6. 排水固结法的加固机理是什么?包括哪些方法?各适用于什么条件?

7. 深层搅拌法加固地基的原理是什么?是如何进行的?

习题

某小桥桥台采用刚性扩大基础,尺寸为$2m \times 7m \times 1m$(厚),埋置深度为1m,地基土为流塑黏性土,$I_L = 1.0, e = 1.0, \gamma = 18kN/m^3$,基底平均压应力为180kPa,拟采用砂垫层进行地基处理。要求确定砂垫层的厚度及平面尺寸。

第七章
特殊土地基

学习目标

1. 解释湿陷性黄土的概念、特点、危害、湿陷类型、湿陷性的判定方法及湿陷性黄土地基的处理方法；
2. 解释膨胀土的概念、特点、危害、判别方法及膨胀土地基的处理方法；
3. 解释红黏土的概念、特点、危害及红黏土地基的工程措施；
4. 解释山区地基的工程特性及采取的工程措施；
5. 解释冻土的分类及冻土地区基础工程的处理措施；
6. 解释地震对工程的危害及采取的工程措施。

在我国辽阔的地域上，分布着各种各样的土。由于受不同的地理环境、气候条件、地质历史及物质成分等因素的影响，使一些土类具有不同于一般土的特殊的成分、结构和工程性质。通常把这些具有特殊成分、结构和性质的土类称为特殊土，这些特殊土在分布上也存在一定的规律，表现出明显的区域性，所以也称为区域性特殊土。当作为地基时，如果不注意到土的这些特殊性，很容易造成工程事故。我国的特殊土主要有湿陷性黄土、膨胀土、红黏土、软土、盐渍土及冻土等。

本章主要介绍湿陷性黄土、膨胀土、红黏土、冻土和山区地基以及地震区地基的有关基础工程问题。

第一节　湿陷性黄土地基

一、湿陷性黄土的概念、分布及危害

黄土在天然含水率时往往具有较高的强度和较小的压缩性，但遇水浸湿后有的就会发生湿陷及剧烈而大量的变形，强度随之迅速降低。凡是天然黄土在一定压力作用下，受水浸湿后，土的结构迅速破坏，发生显著的湿陷变形，强度也随之下降的，称为湿陷性黄土。

湿陷性黄土除了具备黄土的一般特征，如呈黄色或黄褐色；粒度成分以粉土颗粒为主，约占50%以上；具有肉眼可见的孔隙；它呈松散多孔结构状态，孔隙比常在1.0以上，天然剖面上具有垂直节理，含水溶性盐（碳酸盐、硫酸盐类等）较多。垂直大孔性、松散多孔结构、土颗粒间的加固凝聚力遇水即降低或消失，是湿陷性黄土的特征。

湿陷性黄土分为自重湿陷性和非自重湿陷性两种类型。在上覆土层自重压力作用下受水

浸湿后即发生湿陷的黄土,称为自重湿陷性黄土;在上覆土层的自重压力下,土层受水浸湿不发生湿陷,而在自重应力和由外荷载引起的附加应力共同作用下,受水浸湿才发生湿陷的黄土,称为非自重湿陷性黄土。

黄土(原生黄土和次生黄土的统称)在我国分部广泛,地层全、厚度大,从东向西分布在黑龙江、吉林、辽宁、内蒙古、山东、河北、河南、山西、陕西、甘肃、宁夏和新疆等地,大致以昆仑山、祁连山、秦岭为界(其南方很少,分布零星)。

黄土的湿陷性会对结构物带来不同程度的危害,使结构物大幅度沉降、倾斜甚至严重影响其安全和使用。所以,黄土地区的工程地质问题应予重视,在黄土地区修筑桥涵等结构物对湿陷性黄土地基应有可靠的判定方法和全面的认识,在设计施工中要因势利导,选择合理而经济的方案,防止或消除它的湿陷性。

二、黄土湿陷性的判定及湿陷类型和湿陷等级的划分

黄土由于环境、成因的不同以及颗粒矿物成分、结构的差异,有湿陷性和非湿陷性的分别。湿陷性黄土地基中,自重湿陷性黄土地基与非自重湿陷性黄土地基在湿陷量大小、承载能力等方面也有较大差别。不同地区的自重或非自重湿陷性黄土也因上述原因,其湿陷性、湿陷敏感程度等都有明显不同。因此,对黄土是否属湿陷性应有统一的判定方法和标准,地基湿陷类型、湿陷程度也应评定正确、恰当。

(一)黄土湿陷性的判定

1. 黄土湿陷系数 δ_s 的确定

黄土的湿陷性按湿陷系数 δ_s 值来判定,δ_s 值可通过室内浸水侧限压缩试验确定(图7-1)。把保持天然含水率和结构的黄土土样,逐步加压,达到规定的压力,土样压缩稳定后,进行浸水,使含水率接近饱和,土样又迅速下沉,再次达到稳定后,得到土样的高度 h'_p。则黄土的湿陷系数可按下式计算:

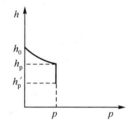

图7-1 黄土的浸水压缩曲线

$$\delta_s = \frac{h_p - h'_p}{h_0} \tag{7-1}$$

式中:h_0——土样的原始高度(mm);

h_p——土样在规定试验压力 p 下,下沉稳定后的高度(mm);

h'_p——土样在压力 p 作用下加压稳定后浸水(饱和)作用下,附加下沉稳定后的高度(mm)。

根据我国《湿陷性黄土地区建筑规范》(GB 50025—2004)规定,上述室内压缩试验浸水压力应按下列要求取值:

对于基础底面压应力不大于300kPa 的桥涵,自基底算起10m 以上的土层采用200kPa,10m 以下到非湿陷性黄土层顶面,采用上覆土层的饱和自重压应力(当其大于300kPa 时,采用300kPa);当基底压应力大于300kPa 时,宜采用实际压应力。

对压缩性较高的新堆积黄土,基底以下 5m 以内的土层,宜采用 100 ~ 150kPa 的压应力;5 ~ 10m 及 10m 以下至非湿陷性黄土层顶面,应分别采用 200kPa 和上覆土的饱和自重压应力。

2. 黄土湿陷性的判定

当 $\delta_s \geqslant 0.015$ 时为湿陷性黄土,否则为非湿陷性黄土。一般认为 $\delta_s < 0.03$ 为弱湿陷性黄土,$0.03 < \delta_s \leqslant 0.07$ 为中等湿陷性黄土,$\delta_s > 0.07$ 为强湿陷性黄土。

(二)湿陷性黄土地基湿陷类型的划分

如上所述,湿陷性黄土分为非自重湿陷性和自重湿陷性两种。《湿陷性黄土地区建筑规范》(GB 50025—2004)采用自重湿陷量 Δ_{zs} 来划分这两种湿陷性黄土类型,Δ_{zs} 按下式计算:

$$\Delta_{zs} = \beta_0 \sum_{i=1}^{n} \delta_{zsi} h_i \tag{7-2}$$

式中:β_0——根据我国建筑经验,因各地区土质而异的修正系数。对陇西地区取 1.5,陇东、陕北、晋西地区取 1.5,关中地区取 0.9,其他地区可取 0.5;

δ_{zsi}——第 i 层地基土样,当压力值等于上覆土的饱和自重应力时,由试验测定的自重湿陷系数(当饱和自重应力大于 300kPa 时,仍用 300kPa);

h_i——地基中第 i 层土的厚度(m);

n——计算总厚度内土层数。

当 $\Delta_{zs} > 7cm$ 时为自重湿陷性黄土地基,$\Delta_{zs} \leqslant 7cm$ 时为非自重湿陷性黄土地基。

用上式计算时,计算土层深度从天然地面算起,到其下面的非湿陷性黄土层的顶面为止,其中 $\delta_{zs} < 0.015$ 的土层(属于非自重湿陷性黄土层)不包括在内。

自重湿陷性黄土浸水后,在其上覆土自重压力作用下,迅速发生比较强烈的湿陷,所以应采取较非自重湿陷性黄土地基更有效的措施,以保证桥涵等结构物的安全和正常使用。

(三)湿陷性黄土地基湿陷等级的划分

湿陷性黄土地基的湿陷等级,即地基土受水浸湿,发生湿陷的程度,可以用地基内各土层湿陷下沉稳定后所发生湿陷量的总和(总湿陷量)来衡量,总湿陷量越大,对桥涵等结构物的危害性越大,其设计、施工和处理措施要求也应越高。

基底以下地基的总湿陷量 Δ_s 按下式计算:

$$\Delta_s = \sum_{i=1}^{n} \beta \delta_{si} h_i \tag{7-3}$$

式中:β——考虑地基土侧向挤出或浸水机工率等因素的修正系数,基底下 5m 深度内取 1.5;5~10m 取 1.0;10m 以下至非湿陷性黄土层顶面及非自重湿陷性黄土取 0,自重湿陷性黄土地基可采用式(7-2)中的 β_0 值;

δ_{si}——自基底算起第 i 层土的湿陷系数;

h_i——基底以下第 i 层土的厚度(cm)。

计算土层深度应从基底算起,对于非自重湿陷性黄土,计算到基底以下 5m(或压缩层)深度为止;对自重湿陷性黄土地基,计算到非湿陷性土层顶面为止;其中 δ_s(10m 以下为 δ_{zs})小于 0.015 的土层不计在内;地下水浸泡的那部分黄土层一般不具有湿陷性,如计算上层深度内已见地下水,则算到年平均地下水位为止。

湿陷性黄土地基的湿陷等级,应根据地基总湿陷量 Δ_s 和自重湿陷量 Δ_{zs} 按表 7-1 综合确定。

湿陷性类型		非自重湿陷性地基	自重湿陷性地基	
自重湿陷量 Δ_{zs} (mm)		$\Delta_{zs}\leq70$	$70<\Delta_{zs}\leq350$	$\Delta_{zs}>350$
基底以下地基的湿陷量 Δ_s (mm)	$\Delta_s\leq300$	Ⅰ(轻微)	Ⅱ(中等)	—
	$300<\Delta_s\leq700$	Ⅱ(中等)	Ⅱ或Ⅲ(严重)	Ⅲ(严重)
	$\Delta_s>700$	Ⅱ(中等)	Ⅲ(严重)	Ⅳ(很严重)

注:当湿陷量的计算值 $\Delta_s>600$mm,且自重湿陷量的计算值 $\Delta_{zs}>300$mm 时,可判定为Ⅲ级,其他情况可判定为Ⅱ级。

三、湿陷性黄土地基的处理

对湿陷性黄土地基处理的目的是改善土的性质和结构,减少土的渗水性和压缩性,部分或全部消除它的湿陷性,减少地基因浸水而引起的湿陷性变形。同时,湿陷性黄土地基经处理后,承载能力也有所提高。在明确地基湿陷性黄土层的厚度、湿陷性类型和等级等后,应结合建筑物的工程性质、施工条件和材料来源等,采取必要的措施对地基进行处理,以满足建筑物在安全、使用方面的要求。

(一)湿陷性黄土地基的处理方法

常见的处理湿陷性黄土地基的方法有灰土或素土垫层、重锤夯实、强夯、石灰土或素土桩挤密及预浸水法等。

1. 灰土或素土垫层法

挖出基础底下的一定厚度的湿陷土层,然后用体积比为 3:7 的石灰与土(黏性土)回填,分层夯实。这种方法施工简易,效果显著。但施工时要保证施工质量,对回填的灰土或素土,应通过室内击实试验,控制最佳含水率和最大干重度,否则达不到预期效果。

2. 重锤夯实法

重锤夯实法是将重锤提升到一定的高度,自由下落将地基进行夯实。这种方法属于浅层加固,加固土的含水率为最佳含水率时,可在 1~1.5m 内消除湿陷。

3. 挤密桩法

先用打入桩、钻孔等方法在土中成孔,然后用灰土或最佳含水率的素土分层夯填桩孔。这种方法可以挤密黄土的松散、大孔结构,从而消除或减少地基的湿陷性,提高地基的强度。此法可以消除 5~15m 的地基土的湿陷性。采用这种方法应在地基表层采取防水措施(如表层夯实)。

4. 预浸水法

利用自重性湿陷黄土地基的自重湿陷性,可在结构物修筑之前,先将地基充分浸水,使其在自重作用下发生湿陷,然后再修建筑物。这样可以消除地表以下数米以内黄土的自重湿陷性,更深的土层需另外处理。但这种方法需水量大,处理时间长(约 3~6 月),可能使附近地表发生开裂、下沉。

湿陷性黄土地区桥涵根据其重要性、结构特点、受水浸湿后的危害程度和修复难易程度分为 A、B、C、D 四类:

A 类:20m 及以上高墩台和外超静定桥梁;

B 类:一般桥梁基础,拱涵;

C 类:一般涵洞及倒虹吸;

D 类:桥涵附属工程。

湿陷性黄土地区的桥涵应根据湿陷性黄土的等级、结构物分类和水流特征,采取相应的设计措施和处理方案以满足沉降控制的要求。

湿陷性黄土地区地基处理的措施可参考表 7-2 采用。

湿陷性黄土地区地基处理的措施 表 7-2

类型及措施		经济常性流水(或浸湿可能性较大)				季节性流水(或浸湿可能性较小)			
水流特征及湿陷等级		Ⅰ	Ⅱ	Ⅲ	Ⅳ	Ⅰ	Ⅱ	Ⅲ	Ⅳ
A	措施	①				①			
B	措施	②、③	②、③	①、②	①	③		②、③	②
	处理深度(m)	2.0~3.0	3.0~5.0	4.0~6.0	6.0	0.8~1.0	1.0~2.0	2.0~3.0	5.0
C	措施	③			②	③			
	处理深度(m)	0.8~1.0	1.0~1.5	1.5~2.0	3.0	0.5~0.8	0.8~1.2	1.2~2.0	2.0
D	措施	④				④			

注:表中①、②、③、④为措施编号,各编号所代表的处理措施如下;①墩台基础采用明挖、沉井或桩基,基于非湿陷性土层中;②采用强夯法或挤密桩法,并采取防水和结构措施;③采用重锤夯实,并采取防水和结构措施;④地基表层夯实。

(二)湿陷性黄土地基上的结构措施

建在湿陷性黄土地基上的建筑物,其结构形式尽量采用简支梁等对不均匀沉降不敏感的结构;或加大基础刚度,使受力均匀;对长度较大、形体复杂的结构物,应采用沉降缝等将其分为若干独立单元。

桥梁工程中,对较高的墩、台和超静定结构,采用刚性扩大基础、桩基础或沉井等形式,并将其基底设置到非湿陷的土层中;对一般结构的大中桥梁,重要的道路人工结构物,如地基属于Ⅱ级非自重湿陷性黄土,也应将基础置于非湿陷性黄土层中或对全部湿陷性黄土层进行处理或加强结构措施,如属于Ⅰ级非自重湿陷性黄土,也应对全部湿陷性黄土进行处理;对小桥涵及其附属工程和一般道路人工构造物,视地基湿陷程度,可对全部湿陷性土层进行处理,也可消除地基的部分湿陷性或仅采取结构措施。

(三)湿陷性黄土地基处理的注意事项

在雨季、冬季选择垫层法、强夯法和挤密法等处理地基时,施工期间应采取防雨和防冻措施,防止填料(土或灰土)被雨水淋湿或冻结,并应防止地面水流入已处理和未处理的基坑或基槽内。

选择垫层法和挤密法处理湿陷性黄土地基,不得使用盐渍土、膨胀土、冻土、有机质等不良土料和粗颗粒的透水性(如砂、石)材料作填料。

地基处理前,除应做好场地平整、道路畅通和接通水、电外,还应清除场地内影响地基处理施工的地上和地下管线及其他障碍物。在地基处理施工进程中,应对地基处理的施工质量进行监理,地基处理施工结束后,应按有关现行国家标准进行工程质量检验和验收。

采用垫层、强夯和挤密等方法处理后的地基承载力值,应在现场通过试验测定结果确定。

试验点的数量,应根据建筑物类别和地基处理面积确定。但单独建筑物或在同一土层参加统计的试验点,不宜少于 3 点。

四、湿陷性黄土地区地基的容许承载力和沉降计算

湿陷性黄土地区地基的容许承载力,可根据地基荷载试验、规范及经验数据确定。根据相关公路桥梁规范按表 7-3 及表 7-4 计算基底 5m 深度内压缩量变化不显著且水平向物理力学性质稳定的地基容许承载力。

一般黄土的容许承载力 $[f_{a0}]$（kPa）　　　　　表 7-3

w_L/e ＼ w	≤10	13	16	19	22	25	28	31	34
22	190	180	170	150	130	110	90	70	50
25	200	190	180	160	140	120	100	80	60
28	210	200	190	170	150	130	110	90	70
31	230	210	200	180	160	140	120	100	80
34	250	230	210	190	170	150	130	110	100
37	—	250	230	210	190	170	150	130	110
40	—	—	250	230	210	190	170	150	130
43	—	—	—	250	230	210	190	170	150

新近堆积黄土的容许承载力 $[f_{a0}]$（kPa）　　　　　表 7-4

w/w_L	0.4	0.5	0.6	0.7	0.8	1.0	1.2
$[f_{a0}]$	130	120	110	100	90	80	70

经灰土垫层(或素土垫层)、重锤夯实处理后地基土承载力应通过现场测试或根据当地建筑经验确定,其容许承载力一般不宜超过 250kPa(素土垫层为 200kPa)。垫层下如有软弱下卧层,也需验算其强度。对各种深层挤密桩、强夯等处理的地基,其承载力也应作静载荷试验来确定。

湿陷性黄土的地基上的桥台,应验算沉降。湿陷性黄土地基沉降的计算,应结合地基的情况进行,除考虑地层的压缩变形以外,对全部消除湿陷性处理的地基,可不计算湿陷性;对消除部分湿陷性的地基,应计算地基在处理后的剩余湿陷量;对仅进行结构处理或防水处理的地基应计算其全部湿陷量。

第二节　膨胀土地基

一、膨胀土的概念、特征、危害及分布

膨胀土是指土中黏粒成分主要由亲水性矿物组成,同时具有显著的吸水膨胀和失水收缩两种变形特性的黏性土。

膨胀土是一种特殊的黏性土,其黏粒含量很高,黏土矿物成分中含有较多的蒙脱石、伊犁石和多水高岭石等亲水性矿物,这类矿物具有较强的与水结合的能力,具有吸水膨胀性。膨胀

土的塑性指数 $I_p > 17$，一般在 22 ~ 35 之间。膨胀土的含水率接近或略小于塑限，液性指数常小于零。

膨胀土一般呈灰白、灰绿、灰黄、棕红、褐黄等颜色，常出现于二级或二级以上的河谷阶地、山前丘陵和盆地的边缘，膨胀土所处地形平缓，无明显自然陡坎。在天然状态下，膨胀土常呈坚硬或硬塑状态，结构致密，裂隙发育，遇水则软化。

膨胀土一般强度高、压缩性低，因此易被误认为是良好的地基。实际上，由于膨胀土具有明显的膨胀和收缩特征，在工程建设中，如不采取一定的工程措施，很容易导致土体变形、基础沉降、建筑物开裂倒坍、公路路基发生破坏以及堤岸、路堑产生滑坡等严重的工程事故。

我国过去修建的公路一般等级较低，膨胀土引起的工程问题不太突出，所以尚未引起广泛关注。然而，近年来由于高等级公路的兴建，在膨胀土地区新建的高等级公路，也出现了严重的病害，已引起了公路交通部门的重视。

据现有的资料，广西、云南、湖北、安徽、四川、河南、山东等 20 多个省、自治区、市均有膨胀土。国外也一样，如美国，50 个州中有膨胀土的占 40 个州，此外在印度、澳大利亚、南美洲、非洲和中东广大地区，也都有不同程度的分布。目前膨胀土的工程问题，已成为世界性的研究课题。

二、膨胀土的判别和胀缩等级

(一)膨胀土的胀缩性指标

1. 自由膨胀率 δ_{ef}

将人工制备的磨细烘干土样注入量杯，量其体积，然后倒入盛水的量筒中，经充分吸水膨胀稳定后，再测其体积。增加的体积与原体积的比值 δ_{ef} 称为自由膨胀率。

$$\delta_{ef} = \frac{V_w - V_0}{V_0} \tag{7-4}$$

式中：V_0——干土样原有体积，即量土杯体积(mL)；

V_w——土样在水中膨胀稳定后的体积，由量筒刻度量出(mL)。

2. 膨胀率 δ_{ep} 与膨胀力 P_e

膨胀率表示原状土在侧限压缩仪中，在一定压力下，浸水膨胀稳定后，土样增加的高度与原高度之比，表示为：

$$\delta_{ep} = \frac{h_w - h_0}{h_0} \tag{7-5}$$

式中：h_w——土样浸水膨胀稳定后的高度(mm)；

h_0——土样的原始高度(mm)。

以各级压力下的膨胀率 δ_{ep} 为纵坐标，压力 p 为横坐标，将试验结果绘制成 p-δ_{ep} 关系曲线，该曲线与横坐标的交点 P_e 称为试样的膨胀力，膨胀力表示原状土样在体积不变时，由于浸水膨胀产生的最大内应力。

3. 线缩率 δ_{sr} 与收缩系数 λ_s

膨胀土失水收缩，其收缩性可用线缩率与收缩系数表示。

线缩率 δ_{sr} 是指土的竖向收缩变形与原状土样高度之比，表示为：

$$\delta_{sr} = \frac{h_0 - h_i}{h_0} \times 100\% \qquad (7\text{-}6)$$

式中: h_0——土样的原始高度(mm);

$\quad h_i$——某含水率 w_i 时的土样高度(mm)。

利用收缩曲线直线收缩段可求得收缩系数 λ_s,其定义为:原状土样在直线收缩阶段内,含水率每减少1%时所对应的线缩率的改变值,即:

$$\lambda_s = \frac{\Delta\delta_{sr}}{\Delta w} \qquad (7\text{-}7)$$

式中: Δw——收缩过程中,直线变化阶段内,两点含水率之差(%);

$\quad \Delta\delta_{sr}$——两点含水率之差对应的竖向线缩率之差(%)。

(二)膨胀土的判别

《膨胀土地区建筑技术规范》(GBJ 112—87)中规定,凡具有下列工程地质特征的场地,且自由膨胀率 $\delta_{ef} \geqslant 40\%$ 的土应判定为膨胀土。

(1)裂隙发育,常有光滑面和擦痕,有的裂隙中充填着灰白、灰绿色黏土。在自然条件下呈坚硬或硬塑状态。

(2)多出露于二级或二级以上阶地、山前和盆地边缘丘陵地带,地形平缓,无明显自然陡坎。

(3)常见浅层塑性滑坡、地裂,新开挖坑(槽)壁易发生坍塌等。

(4)建筑物裂缝随气候变化而张开和闭合。

(三)膨胀土地基的胀缩等级

《膨胀土地区建筑技术规范》(GBJ 112—87)规定以50kPa压力下测定的土的膨胀率,计算地基分级变形量,作为划分胀缩等级的标准,表7-5给出了膨胀土地基的胀、缩等级。

膨胀土地基的胀缩等级 表7-5

地基分级变形量 S_e(mm)	级　别	破坏程度
$15 \leqslant S_e < 35$	I	轻　微
$35 \leqslant S_e < 70$	II	中　等
$S_e \geqslant 70$	III	严　重

注:地基分级变形量 S_e 应按公式(7-8)计算,式中膨胀率采用的压力应为50kPa。

三、膨胀土地基变形量和地基承载力的计算

(一)膨胀土地基变形量的计算

在不同条件下可表现为三种不同的变形形态,即:上升型变形、下降型变形和升降型变形。因此,膨胀土地基变形量计算应根据实际情况,可按下列三种情况分别计算:

(1)当离地表1m处地基土的天然含水率等于或接近最小值时,或地面有覆盖且无蒸发可能时,以及建筑物在使用期间经常受水浸湿的地基,可按膨胀变形量计算。

(2)当离地表1m处地基土的天然含水率大于1.2倍塑限含水率时,或直接受高温作用的

地基,可按收缩变形量计算。

(3)其他情况下可按胀、缩变形量计算。

地基变形量的计算方法仍采用分层总和法。下面分别将上述 3 种变形量计算方法介绍如下:

①地基土的膨胀变形量 S_e 计算如下:

$$S_e = \psi_e \sum_{i=1}^{n} \delta_{epi} h_i \tag{7-8}$$

式中:ψ_e——计算膨胀变形量的经验系数,宜根据当地经验确定,若无可依据经验时,3 层及 3 层以下建筑物,可采用0.6;

δ_{epi}——基础底面下第 i 层土在该层土的平均自重应力与平均附加应力之和作用下的膨胀率,由室内试验确定(%);

h_i——第 i 层土的计算厚度(mm);

n——自基础底面至计算深度 z_n 内所划分的土层数,计算深度应根据大气影响深度确定;有浸水可能时,可按浸水影响深度确定。

②地基土的收缩变形量 S_s 计算如下:

$$S_s = \psi_s \sum_{i=1}^{n} \lambda_{si} \Delta w_i h_i \tag{7-9}$$

式中:S_s——计算收缩变形量的经验系数,宜根据当地经验确定。若无可依据经验时,3 层及 3 层以下建筑物,可采用0.8;

λ_{si}——第 i 层土的收缩系数,应由室内试验确定;

Δw_i——地基土收缩过程中,第 i 层土可能发生的含水率变化的平均值(以小数表示);

n——自基础底面至计算深度内所划分的土层数;计算深度可取大气影响深度,当有热源影响时,应按热源影响深度确定;在计算深度时,各土层的含水率变化值 Δw_i 应按下式计算:

$$\Delta w_i = \Delta w_1 - (\Delta w_1 - 0.01) \frac{z_{i-1}}{z_{n-1}} \tag{7-10}$$

$$\Delta w_1 = w_1 - \psi_w w_p \tag{7-11}$$

式中:w_1、w_p——地表下 1m 处土的天然含水率和塑限含水率(以小数表示);

ψ_w——土的湿度系数;

z_i——第 i 层土的深度(m);

z_n——计算深度,可取大气影响深度(m)。

③地基土的胀缩变形量 s 计算如下:

$$s = \psi \sum_{i=1}^{n} (\delta_{epi} + \lambda_{si} \Delta w_i) h_i \tag{7-12}$$

式中:ψ——计算胀缩变形量的经验系数,可取0.7。

(二)膨胀土地基承载力的计算

1. 膨胀土地基的承载力同一般地基土的承载力的区别

(1)膨胀土在自然环境或人为因素等影响下,将产生显著的胀缩变形。

(2)膨胀土的强度具有显著的衰减性,地基承载力实际上是随若干因素而变动的。其中,尤其是地基膨胀土的湿度状态的变化。将明显地影响土的压缩性和承载力的改变。

2. 膨胀土基本承载力的特点

（1）各个地区及不同成因类型膨胀土的基本承载力是不同的,而且差异性比较显著。

（2）与膨胀土强度衰减关系最密切的含水率因素,同样明显地影响着地基承载力的变化。其规律是:对同一地区的同类膨胀土而言,膨胀土的含水率愈低,地基承载力愈大;相反,膨胀土的含水率愈高,则地基承载力愈小。

（3）不同地区膨胀土的基本承载力与含水率的变化关系,在不同地区无论是变化数值或变化范围都不一样。

3. 膨胀土地基承载力的确定方法

综上所述,在确定膨胀土地基承载力时,应综合考虑以上诸多规律及其影响因素,通过现场膨胀土的原位测试资料,结合桥涵地基的工作环境综合确定,在条件不具备的情况下,也可参考现有研究成果,初步选择合适的基本承载力,再进行必要的修正。

四、膨胀土地基的桥涵基础工程问题及工程措施

（一）膨胀土地基上的桥涵基础工程问题

桥梁主体工程的变形损害,在膨胀土地区很少见到。然而,在膨胀土地基上的桥梁附属工程,如桥台、护坡、桥的两端与填土路堤之间的结合部位等,各种工程问题发生比较普遍,变形病害也较严重,如:桥台不均匀下沉;护坡开裂破坏;桥台与路堤之间结合带不均匀下沉等。有的普通公路桥涵受地基膨胀土胀缩变形影响严重者,不仅桥台与护坡严重变形、开裂、位移,甚至桥面也遭破坏,导致整座桥梁废弃,公路行车中断。

涵洞因基础埋置深度较浅,自重荷载又较小,一方面直接受地基土胀缩变形影响,另一方面还受洞顶回填膨胀土不均匀沉降与膨胀压力的影响,故变形破坏比较普遍。

（二）膨胀土地基上的工程措施

1. 设计措施

1）合理选择建筑物地点

建在膨胀土地基上的建筑物应选择符合以下条件的地段:

（1）具有排水畅通或易于进行排水处理的地形条件。

（2）避开地裂、冲沟发育和可能发生浅层滑坡等地段,避免受到地下水的强烈作用。

（3）土质均匀,胀缩性较弱等地段。

2）合理选择基础埋置深度

桥涵基础埋置深度应根据膨胀土地区的气候特征、大气风化作用的影响深度,并结合膨胀土的胀缩特性确定。一般情况下,基础应埋置在大气风化作用影响深度以下。当以基础埋深为主要防治措施时,基础埋深还可适当增大。基础不宜设置在季节性干湿变化剧烈的土层内,一般膨胀土地基上的基础的埋置深度不应小于1m。当膨胀土位于地表下3m,或地下水位较高时,基础可以浅埋。若膨胀土层不厚,则尽可能将基础埋置在非膨胀土上。

3）合理选用基础类型

桥涵设计应合理选择有利于克服膨胀土胀缩变形的基础类型。

建筑物的体型应力求简单,不宜过长,必要时可用沉降缝分段隔开。对变形有严格要求的

建筑物,应布置在膨胀土埋藏较深、膨胀等级较低或地形平坦的地段,场地绿化,宜种植蒸腾量小的树种。

当大气影响深度较深,膨胀土层厚,选用地基加固或墩式基础施工有困难或不经济时,可选用桩基。这种情况下,桩尖应锚固在非膨胀土层或伸入大气影响急剧层以下的土层中。具体桩基设计应满足《膨胀土地区建筑技术规范》(GBJ 112—87)的要求。

2. 施工措施

1)换土垫层

在较强或强膨胀性土层出露较浅的建筑场地,可采用非膨胀性的黏性土、砂石、灰土等置换膨胀土,以减少可膨胀的土层,达到减少地基胀缩变形量的目的。

2)石灰灌浆加固

在膨胀土中掺入一定量的石灰能有效提高土的强度,增加土中湿度的稳定性,减少膨胀势。工程上可采用压力灌浆的办法将石灰浆液灌注入膨胀土的裂隙中起加固作用。

3)合理选择施工方法

在膨胀土地基上进行基础施工时,宜采用分段快速作业法,特别应防止基坑暴晒开裂与基坑浸水膨胀软化。因此,雨季应采取防水措施,最好在旱季施工,基坑随挖随砌基础,同时做好地表排水等。

施工灌注桩时,在成孔过程中不得向孔内注水。基础施工露出地面后,基坑(槽)应及时分层回填并夯实。填料可选用非膨胀土、弱膨胀土及掺有石灰或其他材料的膨胀土,每层虚铺厚度300mm。

第三节　红黏土地基

一、红黏土的概念及分布

红黏土是指石灰岩、白云岩等碳酸盐类岩石,在湿热气候条件下经长期的风化作用而形成的高塑性黏土,其液限一般大于50%,通常带红色,由此得名为红黏土。红黏土经搬运之后仍保留红黏土的特征,液限大于45%的土称为次生红黏土。红黏土一般堆积于洼地和山麓坡地,具有表面收缩、上硬下软、裂隙发育的特征,有时还呈棕红、黄褐等颜色。

红黏土的形成及分布与气候条件密切相关,一般气候变化大,潮湿多雨地区有利于岩石的风化,易形成红黏土。因此,红黏土在我国以贵州、云南、广西分布最为广泛和典型,在安徽、四川、湖南、湖北等省也有分布。

二、红黏土的工程地质特征及危害

红黏土的矿物成分以石英和高岭石为主。由于矿物成分亲水性不强以及相对较高的起始含水率等因素,使得天然状态下红黏土的膨胀性很小,具有较好的水稳定性。此外,由于红黏土具有较高孔隙比、高含水率、高分散性及呈饱和状态,致使红黏土有很高的收缩量,因此,红黏土的胀缩性表现为以收缩为主。呈坚硬、硬塑状态的红黏土由于收缩作用形成了大量孔隙,并且裂隙的发育速度极快,当地面水进入裂隙,导致土的抗剪强度降低时,常常造成边坡变形和失稳。

红黏土常处于饱和状态,它的天然含水率几乎与塑限相等,但液性指数却较小,故土中以含结合水为主。因此,虽然红黏土的含水率较高,但一般仍处于硬塑或坚硬状态,具有较高的强度和较低的压缩性。

红黏土由地表向下是从硬变软,土的强度逐渐降低,压缩性逐渐增大。红黏土厚度分布不均匀,当下卧基岩的溶沟、溶槽、石芽等发育时,上覆红黏土厚度变化极大,造成地基的不均匀性。

三、红黏土地基的工程措施

红黏土具有上硬下软的特性,上部常是坚硬或硬塑状态,在一般情况下强度较高且压缩性较低,为良好的地基。设计时应根据具体情况,充分利用表层硬壳作为天然地基的持力层,并对软弱下卧层进行承载力验算。

不均匀地基是丘陵山地中红黏土地基普遍的情况,对不均匀地基应优先考虑地基处理。为了消除红黏土地基中存在的石芽、土洞或土层不均匀等不利因素的影响,应对地基、基础或上部结构采取适当的措施,如换土、填洞、采用桩基等。

红黏土网状裂隙发育,对边坡和建筑物形成不利影响。对于天然土坡和人工开挖的边坡和基槽,必须注意土体中裂隙发育情况,避免水分渗入引起滑坡或崩塌事故。因此,应防止破坏自然排水系统和坡面植被,土表面上的裂隙应加堵塞,做好防水排水措施,以保证土体的稳定性。

由于红黏土具有干缩性,故施工时必须做好防水排水工作,开挖基槽后,不得长久暴露使地基土干缩或浸水软化,应及时进行基础施工并回填夯实。若不能及时进行基础施工,应采取措施对基槽进行保护,如采取预留一定厚度的土层或对基槽进行覆盖等措施。

第四节 山 区 地 基

一、山区地基的工程特性

山区地基由于工程地质条件复杂,表现出与平原地区不同的工程特性:

(1)山区地基覆盖层厚薄不均匀,基岩埋藏浅,下卧基岩起伏较大,有时出露地表,且地表高差悬殊;山区地基中常会遇到大块孤石、石芽密布和局部软土等成因不同的土层,这些地质条件造成了山区地基的不均匀性。

(2)山区具有许多不良的地质现象,如滑坡、崩塌、泥石流、岩溶和土洞等,这些不良的地质现象造成了山区地基的不稳定性。

二、土岩组合地基

土岩组合地基是指在建筑物地基的主要受力范围之内既有岩石又有土层,且岩土在平面和空间分布很不均匀,这类地基在山区建设中较为常见,其主要特点为地基在水平方向和垂直方向的不均匀性。土岩组合地基主要有以下 3 种类型。

(一)下卧基岩表面坡度较大的地基

这类地基在山区最为常见,由于下卧基岩表面坡度较大,上覆土层厚薄极不均匀,基础将会产生较大的不均匀沉降引起建筑物倾斜、开裂或土层沿岩面活动而丧失稳定性。如果建筑物处于稳定的单向倾斜的岩层上,基底离岩面不小于300mm,且岩层表面坡度及上部结构类型符合规范的要求时,这种地基的不均匀变形较小,可不进行变形验算,也不需要地基处理。为了防止建筑物的倾斜,可调整基础的底宽和埋置深度。如将条形基础沿基岩倾斜方向分阶段加深,做成阶梯形基底,使下部土层厚度趋于一致,从而使沉降均匀。当变形值超出建筑物地基变形允许值时,应调整基础的宽度、埋置深度或采用褥垫等方法进行处理。对于局部为软弱土层的,可采用基础梁、桩基、换土或其他方法进行处理。

(二)石芽密布并有出露的地基

这类地基的基本特点是基岩表面凹凸不平,其间充填黏性土。对石芽密布并有出露的地基,若石芽间距小于2m。期间为硬塑或坚硬状态的红黏土,建筑物为6层及其以下的砌体承重结构、3层及其以下的框架结构,或具有15t及其以下桥式起重机的单层排架结构,其基底压力小于200kPa时,可不作地基处理。如不能满足上述要求,可利用稳定可靠的石芽作支墩式基础。当石芽土层较薄时,可挖去土层,夯填碎石、土夹石等压缩性较低的材料。个别石芽露出部位可凿去,并设置褥垫。

(三)大块孤石或个别石芽出露的地基

这种地基的变形条件对建筑物最为不利,容易在软硬交界处产生不均匀沉降,导致建筑物开裂。因此,在地基处理时,应使局部坚硬部位的变形与周围土的变形条件相适应。

三、岩　溶

岩溶是指可溶性岩石在水的溶蚀作用下,产生沟槽、裂隙和空洞以及由于空洞顶板塌落使地表出现陷穴、洼地等现象的总称。

岩溶地区由于有溶洞、溶蚀裂隙、暗河等形态,在岩体自重或建筑物重量作用下,会发生地面变形、地基塌陷,影响建筑物的安全和使用。同时由于地下水的存在,建筑物地基可能出现涌水、淹没等突然事故。因此,在岩溶地区进行工程建设时,应注意上述因素对建筑场地稳定性的影响。

在岩溶地区进行工程建设时,应根据岩溶发育情况、水文地质条件、工程要求、施工条件等因素进行综合分析,因地制宜采取下列处理措施:

(1)跨越。对个体溶洞与溶蚀裂隙,可采用调整柱距,用钢筋混凝土梁板跨越的办法。

(2)挖填。对浅层洞体,若顶板不稳定,可清除覆土,爆开顶板,挖去软土,用块石、碎石等分层填实。

(3)支撑。若溶洞大,顶板具有一定厚度,但稳定条件较差,如能进入洞内,为了增加顶板岩体的稳定性,可用石砌柱、拱或钢筋混凝土支撑。

(4)灌注。地基岩体内的裂隙,可采用灌注水泥浆、沥青或黏土浆等方法处理。

(5)疏导。地下水宜疏不宜堵,在建筑物地基内宜用管道疏导,对建筑物附近排泄地表水的漏斗、溶洞以及建筑范围内的岩溶泉应注意清理和疏导,防止水流道路堵塞,避免场地或地基被水淹没。

四、土　洞

土洞是指岩溶地区上覆土层在地表水或地下水作用下形成的洞穴,土洞具有埋藏浅、发育快、分布密、顶板强度低等特点,因此,对建筑物的危害极大。

土洞按其成因可分为地表水形成的土洞和地下水形成的土洞。在土洞发育地区进行工程建设时,建筑场地最好选择在地势较高或地下水的最高水位低于基岩表面的地段,并避开岩溶强烈发育及基岩表面上软土厚而集中的地段。若地下水位高于基岩表面,应注意由于人工降低地下水位时可能造成土洞发生地表塌陷的现象。

在建筑场地范围内存在土洞和地表塌陷时,可采用防水、挖填、灌砂、垫层和梁板跨越等措施进行处理。

第五节　冻土地区的地基与基础

一、冻土的概念与分布

凡是温度等于或低于零摄氏度、含有冰且与土颗粒呈胶结状态的土称为冻土。根据冻土冻结延续时间可分为季节性冻土和多年冻土两大类。

冬季冻结,春(夏)季全部融化,冻结延续时间一般不超过一个季节的冻土称为季节性冻土。其冻结的最下边界线称为冻深线或冻结线。

冻结状态持续两年以上的冻土称为多年冻土。其表层受季节影响而发生年周期冻融变化的土层称为季节融化层。最大融化深度的界面线称为多年冻土的上限。当修筑建筑物后所形成的新上限,称为人为上限。

季节性冻土在我国分布很广,东北、华北、西北是季节性冻结层厚0.5m以上的主要分布地区;多年冻土主要分布在黑龙江的大小兴安岭一带、内蒙古纬度较大地区、青藏高原部分地区与甘肃、新疆的高山区,其厚度从不足一米到几十米,冰冻期长达7个月。

冻土地区建筑物产生冻害的影响因素是很复杂的,但主要的因素可以归结为温度、土质、水和压力四个要素。温度和压力的变化是外因,土质和水是内因。其中水是一个很重要的因素,水结冰,强度剧增;冰融成水,承载力几乎为零。同时还伴随着复杂的物理化学变化。这些特点会使多年冻土和季节性冻土对结构物带来不同的危害,因而对冻土区的地基和基础进行设计和施工要有特殊的要求。

二、季节性冻土地基与基础

(一)季节性冻土的冻胀性分类

季节性冻土地区结构物的破坏多是由地基土冻胀造成的。水结成冰后体积约增大9%,再加上水分的迁移积聚,造成冻土的体积膨胀。由于冻土的侧面和底面都有约束,所以冻胀多表现为向上的增量(隆胀)上。

公路桥涵地基季节性冻土的冻胀性按平均冻胀率 K_d 分为不冻胀、弱冻胀、冻胀、强冻胀、特强冻胀和极强冻胀六类(表7-6)。

平均冻胀率 K_d 按下式计算:

$$K_d = \frac{\Delta h}{z_0} \times 100\% \tag{7-13}$$

式中:Δh——地面最大冻胀量(m);

z_0——最大冻结深度(m)。

土 的 名 称	冻前天然含水率 $w(\%)$	冻前地下水位至地表距离 $z(m)$	平均冻胀率 $K_d(\%)$	冻胀等级	冻胀类别
岩石、碎石土、砾砂、粗砂、砂（粉黏粒含量≤15%）	不考虑	不考虑	$K_d \leqslant 1$	I	不冻胀
碎石土、砾砂、粗砂、中砂（粉黏粒含量>15%）	$w \leqslant 12$	$z > 1.5$	$K_d \leqslant 1$	I	不冻胀
		$z \leqslant 1.5$	$1 < K_d \leqslant 3.5$	II	弱冻胀
	$12 < w \leqslant 18$	$z > 1.5$			
		$z \leqslant 1.5$	$3.5 < K_d \leqslant 6$	III	冻胀
	$w < 18$	$z > 1.5$			
		$z \leqslant 1.5$	$6 < K_d \leqslant 12$	IV	强冻胀
细砂、粉砂	$w \leqslant 14$	$z > 1.0$	$K_d \leqslant 1$	I	不冻胀
		$z \leqslant 1.0$	$1 < K_d \leqslant 3.5$	II	弱冻胀
	$14 < w \leqslant 19$	$z > 1.0$			
		$1.0 > z \geqslant 0.25$	$3.5 < K_d \leqslant 6$	III	冻胀
		$z \leqslant 0.25$	$6 < K_d \leqslant 12$	IV	强冻胀
	$19 < w \leqslant 23$	$z > 1.0$	$3.5 < K_d \leqslant 6$	III	冻胀
		$1.0 > z \geqslant 0.25$	$6 < K_d \leqslant 12$	IV	强冻胀
		$z \leqslant 0.25$	$12 < K_d \leqslant 18$	V	特强冻胀
	$w > 23$	$z > 1.0$	$6 < K_d \leqslant 12$	IV	强冻胀
		$z \leqslant 1.0$	$12 < K_d \leqslant 18$	V	特强冻胀

(二)考虑地基土冻胀影响桥涵基础最小埋置深度的确定

上部结构为超静定结构时，除 I 类不冻胀土外，基底埋深应在冻结线以下不小于 0.25m。当建筑物基底设置在不冻胀土层中时，基底埋深可不考虑冻结问题。

冻胀量并不随冻深的增加而按比例增大，当冻深达到一定深度后，冻胀量将增加很少，甚至不再随冻深而增大。因此，对有些冻胀土，可以将结构物的基础底面埋在冻结线以上某一深度，使基底保留的季节性冻胀土层产生的冻胀量小于结构物的容许变形值。

当墩台基础设置在季节性冻胀土层中时，基底最小埋置深度可按下式计算：

$$d_{min} = z_d - h_{max} \tag{7-14}$$

$$z_d = \psi_{zs}\psi_{zw}\psi_{ze}\psi_{zg}\psi_{zf}z_0 \tag{7-15}$$

式中：d_{min}——基底最小埋置深度(m)；

z_d——设计冻深(m)；

z_0——标准冻深(m)；无实测资料时，可按《公路桥涵地基与基础设计规范》（JTGD 63—2007）中的中国季节性冻土标准冻深线图采用；

ψ_{zs}——土的类别对冻深的影响系数，黏性土取 1.00；细砂、粉砂、粉土取 1.20；中砂、粗砂、砾砂取 1.30；碎石土取 1.40；

ψ_{zw}——土的冻胀性对冻深的影响系数，不冻胀取 1.00；弱冻胀取 0.95；冻胀取 0.90；强

冻胀取 0.85;特强冻胀取 0.80;极强冻胀取 0.75;

ψ_{ze}——环境对冻深的影响系数,村、镇、旷野取 1.00;城市近郊取 0.95;城市市区取 0.90;

ψ_{zg}——地形坡向对冻深的影响系数,平坦取 1.0;阳坡取 0.9;阴坡取 1.1;

ψ_{zf}——基础对冻深的影响系数,取 $\psi_{zf} = 1.1$;

h_{max}——基础底面下容许最大冻层厚度(m),弱冻胀土取 $0.38z_0$;冻胀土取 $0.28z_0$;强冻胀土取 $0.15z_0$;特强冻胀土取 $0.08z_0$;极强冻胀土取 0 。

(三)基础的抗冻拔稳定性验算

基础埋置后,基底法向冻胀力由于允许冻胀变形而基本消失,在冻结深度较大地区,小桥涵扩大基础或桩基础的地基土为Ⅲ~Ⅴ级冻胀性土时,由于上部恒重较小,当基础较浅时常会因周围土冻胀而被上拔,使桥涵遭到破坏。基桩的入土长度往往由在冻结线以下抗冻拔需要的锚固长度控制。所以,应考虑基础侧面切向冻胀力对结构进行抗冻拔稳定性验算。

季节性冻土地基基础(含条形基础)抗冻拔稳定性按下式验算:

$$F_k + G_k + Q_{sk} \geq kT_k \qquad (7\text{-}16)$$
$$T_k = z_d \tau_{sk} u \qquad (7\text{-}17)$$

式中:F_k——作用在基础上的结构重力(kN);

G_k——基础自重力及襟边上的土重力(kN);

Q_{sk}——基础周边融化层的摩阻力标准值(kN),按公式(7-22)中的规定确定;

k——冻胀力修正系数,砌筑或架设上部结构前,$k = 1.1$;砌筑或架设上部结构后,对外静定结构 $k = 1.2$,对外超静定结构 $k = 1.3$;

T_k——对基础的切向冻胀力标准值(kN);

z_d——设计冻深(m),按式(7-15)计算;当基础埋置深度 h 小于 z_d 时,z_d 采用 h;

τ_{sk}——季节性冻土切向冻胀力标准值(kPa),按表 7-7 选用;

u——季节性冻土层中,基础和墩身的平均周长(m)。

季节性冻土切向冻胀力标准值 τ_{sk}(kPa)　　　　表 7-7

冻胀类别 基础形式	不冻胀	弱冻胀	冻　胀	强冻胀	特强冻胀
墩、台、柱、桩基础	0~15	15~80	80~120	120~160	160~200
条形基础	0~10	10~40	40~60	60~80	90~100

注:1. 条形基础系指基础长宽比等于或大于 10。

　　2. 对表面光滑的预制桩,τ_{sk} 乘以 0.8。

(四)基础薄弱截面的强度验算

当切向冻胀力较大时,应验算基桩在薄弱面的抗拉断能力。

$$P = kT - (F_k + G_k + Q) \qquad (7\text{-}18)$$

式中:P——验算截面拉力;

G_k——验算截面以上基桩重力;

Q——验算截面以上基桩在暖土部分摩阻力。

三、多年冻土地基与基础

(一) 多年冻土的分类

多年冻土的融沉性是评价其工程性质的重要指标,所以可按平均融沉系数 δ_0 将多年冻土分为不融沉、弱融沉、融沉、强融沉和融陷五类。多年冻土详细分类见表7-8。

表 7-8

多年冻土分类表

土 的 名 称	含水率 $w(\%)$	平均融沉系数 δ_0	融沉等级	融沉类别	冻土类型
碎(卵)石,砾、粗、中砂(粒径小于0.075mm的颗粒含量不大于15%)	$w < 10$	$\delta_0 \leqslant 1$	I	不融沉	少冰冻土
	$w \leqslant 10$	$1 < \delta_0 \leqslant 3$	II	弱融沉	多冰冻土
碎(卵)石,砾、粗、中砂(粒径小于0.075mm的颗粒含量不大于15%)	$w < 12$	$\delta_0 \leqslant 1$	I	不融沉	少冰冻土
	$12 \leqslant w < 15$	$1 < \delta_0 \leqslant 3$	II	弱融沉	多冰冻土
	$15 \leqslant w < 25$	$3 < \delta_0 \leqslant 10$	III	融沉	富冰冻土
	$w \geqslant 25$	$10 < \delta_0 \leqslant 25$	IV	强融沉	饱冰冻土
粉、细砂	$w < 14$	$\delta_0 \leqslant 1$	I	不融沉	少冰冻土
	$14 \leqslant w < 18$	$1 < \delta_0 \leqslant 3$	II	弱融沉	多冰冻土
	$18 \leqslant w < 28$	$3 < \delta_0 \leqslant 10$	III	融沉	富冰冻土
	$w \leqslant 28$	$10 < \delta_0 \leqslant 25$	IV	强融沉	饱冰冻土
粉土	$w < 17$	$\delta_0 \leqslant 1$	I	不融沉	少冰冻土
	$17 \leqslant w < 21$	$1 < \delta_0 \leqslant 3$	II	弱融沉	多冰冻土
	$21 \leqslant w < 32$	$3 < \delta_0 \leqslant 10$	III	融沉	富冰冻土
	$w \leqslant 32$	$10 < \delta_0 \leqslant 25$	IV	强融沉	饱冰冻土
黏性土	$w < w_p$	$\delta_0 \leqslant 1$	I	不融沉	少冰冻土
	$w_p \leqslant w < w_p + 4$	$1 < \delta_0 \leqslant 3$	II	弱融沉	多冰冻土
	$w_p + 4 \leqslant w < w_p + 15$	$3 < \delta_0 \leqslant 10$	III	融沉	富冰冻土
	$w_p + 15 \leqslant w < w_p + 35$	$10 < \delta_0 \leqslant 25$	IV	强融沉	饱冰冻土
含土冰层	$w \geqslant w_p + 35$	$\delta_0 > 25$	V	融陷	含土冰层

注:1. 总含水率 w,包括冰和未冻水。

2. 盐渍化冻土、冻结泥炭化土、腐殖土、高塑黏性土不在表列。

平均融沉系数 δ_0 可按下式计算:

$$\delta_0 = \frac{h_m - h_T}{h_m} \times 100\% \qquad (7\text{-}19)$$

式中:h_m——季节融化层冻土试样冻结时的高度(m);

h_T——季节融化层冻土试样融化后的高度(m)。

(二) 多年冻土地基设计原则

多年冻土地基,应根据冻土的稳定状态和修筑结构物后地基地温、冻深等可能发生的变化,分别采用保持冻结和容许融化两种设计原则。

1. 保持冻结原则

保持基础底部多年冻土在施工和营运过程中处于冻结状态。适用于多年冻土相对稳定地带,因其厚度较大、地温较低,易于保持其冻结状态。此时地基容许承载力可按多年冻土考虑。

采取这原则时地基土应按多年冻土物理力学指标进行基础工程设计和施工。基础埋入人为上限以下的最小深度为:对刚性扩大基础,弱融沉土为0.5m,融沉和强融沉土为1.0m;桩基础为4.0m。

2. 容许融化原则

容许基底下的多年冻土在施工和运营过程中融化。融化方式有自然融化和人工融化。

厚度不大、地温较高的不稳定状态冻土及地基土为不融沉或弱融沉冻土时宜采用自然融化原则。

对较薄的、不稳定状态的融沉和强融沉冻土地基,在砌筑基础前宜采用人工融化冻土,然后挖除换填。

基础类型的选择应与冻土地基设计原则相协调。如采用保持冻结原则时,应首先考虑桩基,因桩基施工对冻土暴露面小,有利保持冻结。施工方法宜以钻(挖)孔灌注(或插入、打入)桩等为主。小桥涵基础埋置深度不大时也可采用扩大基础。采用容许融化原则时,地基土取用融化土的物理力学指标进行强度和沉降验算,上部结构型式以静定结构为宜,小桥涵可采用整体性较好的基础形式或采用箱形涵等。

根据我国多年冻土特点,凡常年流水的较大河流沿岸,由于洪水的渗透和冲刷,多年冻土多退化呈不稳定状态,甚至没有,在这些地带地基基础设计一般不宜采用保持冻结原则。

(三)多年冻土地基容许承载力的确定

决定多年冻土承载力的主要因素有粒度成分、含水(冰)率和地温。在相同地温和含水(冰)率的状况下,碎石类土承载力最大,砂类土次之,黏性土最小。随冻土含水(冰)率增大,其流变性迅速增大,使其长期强度降低。

多年冻土地基容许承载力的具体确定方法如下:

1. 根据规范推荐值或实测确定

对中小桥涵当采用冻结原则设计时,可按有关规范查取。对于大型桥梁和含土冰层的承载力建议实测确定。

2. 理论公式计算

理论上可通过临塑荷载 p_{cr} 和极限荷载 p_u 确定冻土容许承载力,计算公式形式较多,可参考下式计算:

$$p_{cr} = 2C_s + \gamma_2 h$$
$$p_u = 5.71C_s + \gamma_2 h \tag{7-20}$$

式中:C_s——冻土的长期内聚力(kPa),由试验求得;

$\gamma_2 h$——基底埋置深度以上土的自重应力(kPa)。

p_{cr} 可直接作为冻土地基容许承载力,而 p_u 应除以1.5~2.0后作为冻土地基容许承载力。

(四)多年冻土地基基桩承载力的确定

采用保持冻结原则时,多年冻土地基基桩容许承载力可按下式计算:

$$[P] = \sum_{i=1}^{n} f_i A_{1i} + \sum_{i=1}^{n} \tau_{ji} A_{2i} + m_0 [\sigma_0] A \tag{7-21}$$

式中:f_i——各季节融土层单位面积容许摩阻力(kPa),黏性土为20kPa,砂性土为30kPa;

A_{1i}——地面到人为上限间各融土层的桩侧面积(m^2);

τ_{ji}——各多年冻土层在长期荷载和该土层月平均最高地温时单位面积容许冻结力(kPa);

A_{2i}——各多年冻土层与桩侧的冻结面积(m^2);

m_0——桩尖支承力折减系数,根据不同施工方法取0.5~0.9;

A——桩底支承面积(m^2)。

(五)多年冻土地基基础抗冻拔稳定性验算

1. 墩、台和基础(含条形基础)抗冻拔稳定性验算

可按下式进行验算(图7-2):

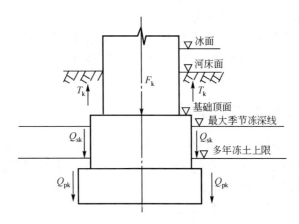

图7-2　多年冻土地基冻胀力图

T_k-对基础切向冻胀力;Q_{sk}-基础位于融化层的摩擦力;Q_{pk}-基础与多年冻土的冻结力

$$F_k + G_k + Q_{sk} + Q_{pk} \geqslant k T_k \tag{7-22}$$

式中:Q_{sk}——基础周边融化层的摩擦力标准值(kN),当季节冻土层与多年冻土衔接时 $Q_{sk} = 0$;当季节冻土层与多年冻土不衔接时,$Q_{sk} = q_{sk} \cdot A_s$,其中:$q_{sk}$为基础侧面与融化层的摩阻力标准值,无观测资料时,对黏性土可采用20~30kPa,对砂土及碎石土可采用30~40 kPa;A_s为融化层中基础的侧面面积(m^2);

Q_{pk}——基础周边与多年冻土的冻结力标准值(kN),按公式 $Q_{pk} = q_{pk} \cdot A_p$ 计算,其中:q_{pk}为多年冻土与基础侧面的冻结力标准值(kPa),按表7-9取用,A_p为多年冻土内基础侧面积。

其他符号意义同式(7-16)。

温度(℃) 土类及融沉等级		-0.2	-0.5	-1.0	-1.5	-2.0	-2.5	-3.0
粉土、黏性土	Ⅲ	35	50	85	115	145	170	200
	Ⅱ	30	40	60	80	100	120	140
	Ⅰ、Ⅳ	20	30	40	60	70	85	100
	Ⅴ	15	20	30	40	50	55	65
砂土	Ⅲ	40	60	100	130	165	200	230
	Ⅱ	30	50	80	100	130	155	180
	Ⅰ、Ⅳ	25	35	50	70	85	100	115
	Ⅴ	10	20	30	35	40	50	60
砾土(粒径小于 0.075mm 的颗粒含量小于或等10%)	Ⅲ	40	55	80	100	130	155	180
	Ⅱ	30	40	60	80	100	120	135
	Ⅰ、Ⅳ	25	35	50	60	70	85	95
	Ⅴ	15	20	30	40	45	55	65
砾土(粒径小于 0.075mm 的颗粒含量大于10%)	Ⅲ	35	55	85	115	150	170	200
	Ⅱ	30	40	70	90	115	140	160
	Ⅰ、Ⅳ	25	35	50	70	85	95	115
	Ⅴ	15	20	30	35	45	55	60

注:1. 多年冻土融沉等级见本规范附录表 H.0.3。

　　2. 对于预制混凝土、木质、金属的冻结力标准值,表列数值分别乘以 1.0、0.9 和 0.66 的系数。

　　3. 多年冻土与沉桩的冻结力标准值按融沉等级Ⅳ类取值。

2. 桩(柱)基础抗冻拔稳定性验算

对桩(柱)基础可按下式进行抗冻拔稳定性验算:

$$F_k + G_k + Q_{fk} \geqslant kT_k \qquad (7-23)$$

$$Q_{fk} = 0.4u\sum q_{ik} \cdot l_i \qquad (7-24)$$

式中:F_k——作用在桩(柱)顶上的竖向结构自重(kN);

G_k——桩(柱)自重(kN),对于水位以下且桩(柱)底为透水土时取浮重度;

Q_{fk}——桩(柱)在冻结线以下各土层的摩阻力标准值之和(kN);

u——桩(柱)周长(m);

q_{ik}——冻结线以下各土的摩阻力标准值(kPa);

l_i——冻结线以下各层土的厚度(m);

k——冻胀力修正系数,砌筑或架设上部结构前,$k = 1.1$,砌筑或架设上部结构后,对外静定结构 $k = 1.2$;对外超静定结构 $k = 1.3$;

T_k——每根桩(柱)的切向冻胀力标准值(kN),利用式(7-17)计算,式中 u 为桩(柱)周长(m)。

(六)多年冻土的融沉计算

采用自然融化原则设计时,除满足地基容许承载力之外,还应满足结构物对沉降的要求。

冻土地基总融沉量由两部分组成:一是冻土解冻后冰融化体积缩小和部分水在融化过程中被挤出,土粒重新排列所产生下沉量;一是融化完成后,在土自重和恒载作用下产生的压缩下沉。最终沉降量 s 计算如下:

$$s = \sum_{i=1}^{n} \delta_{0i} h_i + \sum_{i=1}^{n} \alpha_i \sigma_{ci} h_i + \sum_{i=1}^{n} \alpha_i \sigma_{pi} h_i \tag{7-25}$$

式中:δ_{0i}——第 i 层冻土融沉系数,见式(7-19);

h_i——第 i 层冻土厚度(m);

α_i——第 i 层冻土压缩系数(1/kPa)由试验确定;

σ_{ci}——第 i 层冻土中点处自重应力(kPa);

σ_{pi}——第 i 层冻土中点处建筑物恒载引起的附加应力(kPa)。

四、冻胀、融沉防治措施

(一)冻胀防治措施

基础位于冻胀和强冻胀地基土时,由于切向冻胀力的作用,常引起建筑物的隆起,或使脆弱截面处被拉断,在东北、西北、内蒙等地区均发生过这种现象,如单靠增加圬工自重是难以克服的,特别是小桥,故一般采用下列减小切向力的措施:

(1)基础四周换填较纯净的粗砂、砾(卵)石等非冻胀性材料换填基础周围冻胀土。换填范围为 0.5～1.0m,换填深度可取:冻胀、强冻胀地基换填 75% 设计冻深;特强冻胀换填 90% 设计冻深;极强冻胀换填全部设计冻深。

(2)根据试验,提高建筑物表面的光滑度,可大大降低切向冻胀力,因此应尽量减少墩台和基础受冻拔作用范围的粗糙率。一般墩台身和基础侧面在冻层范围内做成平整、顺畅的表面,并可涂敷沥青、工业凡士林或渣油。

(3)圬工接缝处易于冻断,因此应尽量减少施工接缝。基底截面处是薄弱环节,需埋置短钢筋。

(4)由于切向冻胀力是在地面处较大,往下迅速减小,故基础顶截面小于基底截面,以减少切向冻胀力,一般做成正梯形的斜面基础,斜面坡度(竖:横)宜等于或大于1:7。

(二)融沉防治措施

(1)对采用融化原则的基底土可换填碎、卵、砾石或粗砂换填,换填深度可达季节融化深度。

(2)采用冻结原则施工的基础易于冬季施工,采用融化原则的基础宜夏季施工。

(3)对融沉、强融沉土基,宜采用轻型桥台,适当增大基底面积,减少压应力,或结合具体情况,加大基础埋置深度。

(4)采用冻结原则施工中应保护地面上的覆盖植被,或以保温性能好的材料铺盖地表,减少热渗入量。

第六节　地震区的地基与基础

世界每年约 500 万次的地震,其中破坏性的地震约有 140 多次。我国地处环太平洋地震带和地中海南亚地震带之间,是地震频发的国家。地震对人民生命财产和社会建设造成了巨大损失,桥梁道路遭到破坏的也很多,其中有很多是由于地基和基础遭到破坏而发生的。因此要重视对地基基础的震害的研究,采取有效的措施减轻和避免地震的损害。

一、地基与基础的震害

地基与基础的震害主要有地基土的震动液化、地裂、震陷和边坡滑塌以及基础的沉陷、位移、倾斜、开裂等。

(一)地震作用下地基土的液化

地震时地基土的液化是指地面以下一定深度范围内(一般指 20m)的饱和粉细砂土、亚砂土层,在地震过程中出现软化、稀释、失去承载力而形成类似液体性状的现象。它使地面下沉、土坡滑坍、地基失效失稳、天然地基和摩擦桩上的建筑物大量下沉、倾斜和水平位移等。

砂土液化是造成震害的主要原因之一。

砂土液化的机理为:饱和松散砂土地基在地震的作用下,结构发生破坏,颗粒发生相对位移,有增密的趋势,而细砂、粉砂的透水性较小,导致孔隙水压力暂时显著增大,当孔隙水压力上升到等于土的竖向总应力时,有效应力下降为零,抗剪强度完全丧失,处于没有抵抗外荷载能力的悬浮状态,即发生砂土的液化。砂土在地震作用下是否会发生液化,主要与土的性质、地震前土的应力状态和震动的特性有关。

1. 土的性质

地震时砂土的液化主要发生在饱和松散的粉、细砂和亚砂土之中。均匀的砂土比级配良好的砂土易发生液化。另外相对密度也是影响液化的主要因素。相对密度小于 0.65 的松散砂土,7 度烈度的地震即液化;相对密度大于 0.75 的砂土,即使 8 烈度的地震也不液化。

2. 土的初始应力状态

试验表明:对于相同条件的土样,发生液化所需要的动应力也将随着固结应力的增加而增大。地震时砂土的埋藏深度,就成了影响液化的因素。中国科学院工程力学研究所在《海城地震砂土液化考察报告》中指出:有效覆盖压力小于 0.5kPa 的地区砂土的液化严重;有效应力介于 0.5 ~ 1.0kPa 的地方,液化较轻;有效应力大于 1.0 的地方,没有液化。调查资料还表明埋藏深度大于 20m 的地方,松砂发生液化的也很少。

3. 震动的特性

各种条件相同的砂土,地震时是否发生液化还决定于地震的强度和地震持续的时间。

在松软地基、可液化土地基及严重不均匀的地基土上,不宜修筑大跨径的超静定结构物。

(二)地基与基础的震沉、边坡的滑坍以及地裂

1. 震沉

软弱黏土地基与松散砂土地基在地震作用下,因结构被扰动,强度降低,并产生附加震沉,且往往是不均匀的沉陷,所以使结构物遭到损坏。我国沿海地区及较大河流下游的软土地区,震沉往往也是主要的地基震害。地基土级配情况差,含水率高,孔隙比大,震沉也大;在一般情况下,震沉随基础埋置深度加大而减少;地震烈度愈高,震沉也愈大;荷载大的,震沉也大。

2. 边坡滑坍

陡峻山区土坡,层理倾斜或有软弱夹层等不稳定边坡、岸坡等,在地震时由于附加水平应

力的作用或土层强度的降低而发生滑动,会导致修筑其上或临近的基础、结构物遭到损坏。

3. 地裂

构造地震发生时,地面常出现与地下裂带走向一致的呈带状的地裂带。地裂带一般在土质松软的地区、河道、河堤岸边、陡坡、半填半挖处较易出现,它大小不一,有时长达几十公里,对工程建筑常造成破坏和损害。在此类地段修筑大、中桥墩台时应适当增加桥长,注意桥跨布置等,将基础置于稳定土层上并避开河岸的滑动影响。小桥可在墩台基础间设置支撑梁或用片块石满床铺砌,以提高基础抗位移能力。挡墙也应将基础置于稳定地基上,并在计算中考虑失稳土体的侧压力。

(三)基础的其他震害

在较大的地震作用下,基础也常因其本身强度、稳定性不足抗衡附加的地震作用力而发生断裂、折损、倾斜等损坏。刚性扩大基础如埋置深度较浅时,会在地震水平力作用下发生移动或倾覆。

基础与墩、台身连接处及桩与承台连接处也是抗震的薄弱处,由于断面改变、应力集中易使混凝土发生断裂。

二、基础工程抗震设计

(一)基础工程抗震设计的基本要求

地震后,交通运输是减轻震灾的重要条件,因此公路工程的抗震是非常重要的。公路结构物的基础工程抗震设计与整个结构物的抗震要求一致,《公路工程抗震设计规范》(TJT 004—89)根据结构物所属公路等级和所处地质条件,要求发生相当基本烈度地震时结构物位于一般地段的高等级公路,经一般修正即可使用;位于一般地段的二级公路与位于软弱黏土层和液化土层上的高等级公路经短期抢修可恢复使用;三四级公路工程和位于抗震危险地段的软弱黏土层或液化土层二级公路以及抗震危险地段的高等级公路应保证桥梁、隧道及重要的结构物不发生严重破坏。

(二)选择对抗震有利的场地和地基

我国公路抗震工程中将场地土分为四类,见表7-10。

场 地 土 分 类　　　　　　　　　　　　　　　　　表7-10

类　　别	土质特点
I 类场地土	岩石,紧密的碎石土
II 类场地土	中密、松散的碎石土,密实、中密的砾、粗中、砂;$[\sigma_0] > 250(kPa)$的黏性土
III 类场地土	松散的砾、粗、中砂,密实、中密的细砂粉砂;$[\sigma_0] \leq 250(kPa)$的黏性土
IV 类场地土	淤泥土,松散的细、粉砂;新近沉积的黏性土;$[\sigma_0] < 130(kPa)$的填土

I 类场地土及开阔、平坦均匀的 II 类场地土对抗震有利,应尽量利用;III、IV 类场地土、软土、可液化土、地基土层平面分布不均匀及非岩石陡坡边缘处一般震害严重,地基下有暗河、溶洞等地段都应避开。

选择有利的工程地质条件、有利的抗震地段布置建筑物可以减轻甚至避免地基、基础的震害,也能使地震反应减少,是提高建筑物抗震效果的重要措施。

(三)地基基础抗震强度和稳定性验算

1. 地震作用的计算方法

根据《公路工程抗震设计规范》(JTJ 004—89)规定,对基本烈度为7、8、9度地区,地震作用可按以下方法计算:

(1)对各种上部结构的桥墩、基础采用考虑地基和建筑物动力特性的反应谱理论。

(2)对刚度大的建筑物和挡土墙、桥台采用静力设计理论。

(3)对跨度大(如超过150m)、墩高大(如超过30m)或结构复杂的特大桥及烈度更高地区则建议用精确的方法(如时程反映分析法等)。

详细的计算方法见《公路工程抗震设计规范》及其他相关资料。

2. 墩、台、挡墙基础抗震强度及稳定性验算要求

地震作用是一种偶然作用,出现几率很小,验算时,要求的安全储备比无地震时小,《公路工程抗震设计规范》(JTJ 004—89)规定:

(1)地基土容许承载力,可按经宽、埋深修正后的地基容许承载力,根据地基土强弱和抗震性能提高10% ~50%,Ⅳ类场地的地基土一般不提高。

柱桩的轴向抗震容许承载力一般提高50 %,摩擦桩的可参考地基土的类别、性质提高10% ~50%,或不提高。

(2)结构物基底合力偏心距 e 可根据地基土的类别、性能提高,对Ⅰ类场地土的地基可提高到 $e \leqslant 2.0\rho$,Ⅱ、Ⅲ类场地土可提高为 $e \leqslant (1.2\rho \sim 1.5\rho)$,Ⅳ类的不予提高($e \leqslant \rho$)。

(3)当地基内有液化土层,液化土层以上地基容许承载力不应修正和提高。液化土层不宜直接作为结构物地基,当难以避免时,应采取有针对性的抗震措施。

(4)基础结构抗震强度和稳定性验算方法与现行相关公路桥涵结构设计规范一致,都采取分项系数表达的极限状态法,但其中荷载安全系数(长期荷载和非长期荷载)予以降低,荷载组合系数也采用了较低的数值。

地震区结构物地基基础的设计应同时保证各种荷载组合作用下验算的强度和稳定性要求。

三、基础工程的抗震措施

对建筑物及基础采取有针对性的抗震措施,在抗震工程中是十分重要的,而且往往能取得"事半功倍"的效果。下面介绍基础工程常用的抗震措施。

(一)对松软地基及可液化土地基

1. 改善土的物理力学性质,提高地基抗震性能

对松软可液化土层位较浅,厚度不大的可采用挖除换土,用砂垫层等浅层处理,此法较适用于小型建筑物。否则应考虑采用砂桩、碎石桩、振冲碎石桩、深层搅拌桩等将地基加固,地基加固范围应适当扩大到基础之外。

2. 采用桩基础、沉井基础等

采用各种形式深基础,穿越松软或可液化土层,基础伸入稳定土层足够的深度。

3. 减轻荷载、加大基础底面积

减轻建筑物重力,加大基础底面积以减少地基压力对松软地基抗震是有利的。增加基础及上部结构刚度常是防御震沉的有效措施。

(二)对地震时不稳定(可能滑动)的河岸地段

在此类地段修筑大、中桥墩台时应适当增加桥长,注重桥跨布置等将基础置于稳定土层上并避开河岸的滑动影响。小桥可在两墩台基础间设置支撑梁或用片块石满床铺砌,以提高基础抗位移能力。挡墙也应将基础置于稳定地基上,并在计算中考虑失稳土体的侧压力。

(三)基础本身结构的抗震措施

地震区基础一般均应在结构上采取抗震措施。圬工墩台、挡墙与基础的连接部位,由于截面发生突变,容易震坏,应根据情况采取预埋抗剪钢筋等措施提高其抗剪能力。桩柱与承台、盖梁连接处也易遭震害,在基本烈度8度以上地区宜将基桩与承台连接处做成2:1或3:1的喇叭渐变形,或在该处适当增加配筋;桩基础宜做成低桩承台,发挥承台侧面土的抗震能力;柱式墩台、排架式桩墩在与盖梁、承台(基础)连接处的配筋不应少于桩柱身的最大配筋;桩柱主筋应伸入盖梁并与梁主筋焊(搭)接;柱式墩台、排架式桩墩均应加密构件与基础连接处及构件本身的箍筋,以改善构件延性,提高其抗震能力,桩基础的箍筋加密区域应从地面或一般冲刷以上1倍桩径处往下延伸到桩身最大弯矩以下3倍桩径处。

思考题

1. 什么是湿陷性黄土?分为哪几种类型?如何评价黄土的湿陷性?
2. 湿陷性黄土地基的处理方法有哪些?
3. 什么是膨胀土?如何判别?
4. 膨胀土地基的基础工程问题有哪些?应采取哪些工程措施?
5. 红黏土地基有何特征?其危害有哪些?应采取哪些工程措施?
6. 山区地基基础工程应采取哪些工程措施?
7. 冻土分为哪几类?冻土地区基础工程应采取哪些防治措施?
8. 地震对地基与基础的危害主要有哪些?应采取哪些抗震措施?

附　　表

摩擦桩$(\alpha h > 2.5)$或端承桩$(\alpha h \geqslant 3.5)$的位移系数

$$A_x$$

附表 1

$\bar{h} = \alpha h$ $\bar{l}_0 = \alpha l_0$	4.0	3.5	3.0	2.8	2.6	2.4
0.0	2.440 66	2.501 74	2.726 58	2.905 24	3.162 60	3.525 62
0.1	2.278 73	2.337 83	2.551 00	2.718 47	2.957 95	3.293 11
0.2	2.117 79	2.174 92	2.376 40	2.532 69	2.754 29	3.061 59
0.3	1.958 81	2.013 96	2.203 76	2.348 86	2.552 58	2.832 01
0.4	1.802 73	1.855 90	2.034 00	2.167 91	2.353 73	2.605 28
0.5	1.650 42	1.701 61	1.868 00	1.990 69	2.158 59	2.382 23
0.6	1.502 68	1.551 87	1.706 51	1.817 96	1.967 90	2.163 55
0.7	1.360 24	1.407 41	1.550 22	1.650 37	1.782 28	1.949 85
0.8	1.223 70	1.268 82	1.399 70	1.488 47	1.602 23	1.741 57
0.9	1.093 61	1.136 64	1.255 43	1.322 71	1.428 16	1.539 06
1.0	0.970 41	1.011 27	1.117 77	1.183 41	1.260 33	1.342 49
1.1	0.854 41	0.893 03	0.986 96	1.040 74	1.098 86	1.151 90
1.2	0.745 88	0.782 15	0.863 15	0.904 81	0.943 77	0.967 24
1.3	0.644 98	0.678 75	0.746 37	0.775 60	0.794 97	0.788 31
1.4	0.551 75	0.582 85	0.636 55	0.652 96	0.652 23	0.614 77
1.5	0.466 14	0.494 35	0.533 49	0.536 62	0.515 18	0.446 16
1.6	0.388 10	0.413 15	0.436 96	0.426 29	0.383 46	0.282 02
1.7	0.317 41	0.339 01	0.346 60	0.321 52	0.256 54	0.121 74
1.8	0.253 86	0.271 66	0.262 01	0.221 86	0.133 87	− 0.035 29
1.9	0.197 17	0.210 74	0.182 73	0.126 76	0.014 87	− 0.189 71
2.0	0.146 96	0.155 83	0.108 19	0.035 62	− 0.101 14	− 0.342 21
2.2	0.064 61	0.062 43	− 0.028 70	− 0.137 06	− 0.326 49	− 0.643 55
2.4	0.003 48	− 0.012 38	− 0.153 30	− 0.300 98	− 0.546 85	− 0.943 16
2.6	− 0.039 86	− 0.072 51	− 0.269 99	− 0.460 33	− 0.865 53	
2.8	− 0.069 02	− 0.122 02	− 0.382 75	− 0.619 32		
3.0	− 0.087 41	− 0.164 58	− 0.494 34			
3.5	− 0.104 95	− 0.258 66				
4.0	− 0.107 88					

摩擦桩($\alpha h > 2.5$)或端承桩($\alpha h \geqslant 3.5$)的位移系数

B_x 附表2

$\bar{Z} = \alpha Z$ \ $\bar{h} = \alpha h$	4.0	3.5	3.0	2.8	2.6	2.4
0.0	1.621 00	1.640 76	1.757 55	1.869 40	2.048 19	2.326 80
0.1	1.450 94	1.470 03	1.580 70	1.685 55	1.851 90	2.109 11
0.2	1.290 88	1.309 30	1.413 85	1.511 69	1.665 61	1.901 42
0.3	1.140 79	1.158 54	1.256 97	1.347 80	1.439 28	1.703 68
0.4	1.000 64	1.017 72	1.110 01	1.193 83	1.322 87	1.515 85
0.5	0.870 36	0.886 76	0.972 92	1.049 71	1.166 29	1.337 83
0.6	0.749 81	0.765 53	0.845 53	0.915 28	1.019 37	1.169 41
0.7	0.638 85	0.653 90	0.727 70	0.790 37	0.881 91	1.010 39
0.8	0.537 27	0.551 62	0.619 17	0.674 72	0.753 64	0.860 43
0.9	0.444 81	0.458 46	0.519 67	0.568 02	0.634 21	0.719 15
1.0	0.361 19	0.374 11	0.428 89	0.469 94	0.523 24	0.586 11
1.1	0.286 06	0.298 22	0.346 41	0.380 04	0.420 27	0.460 77
1.2	0.219 08	0.230 45	0.271 87	0.297 91	0.324 82	0.342 61
1.3	0.159 85	0.170 38	0.204 81	0.223 06	0.236 35	0.230 98
1.4	0.107 93	0.117 57	0.144 72	0.154 94	0.154 25	0.125 23
1.5	0.062 88	0.071 55	0.091 08	0.092 99	0.077 90	0.024 64
1.6	0.024 22	0.031 85	0.043 37	0.036 63	0.006 67	− 0.071 48
1.7	− 0.008 47	− 0.001 99	0.001 07	− 0.014 70	− 0.060 06	− 0.163 83
1.8	− 0.035 72	− 0.030 49	− 0.036 43	− 0.061 63	− 0.122 98	− 0.252 14
1.9	− 0.057 98	− 0.054 13	− 0.069 65	− 0.104 75	− 0.182 72	− 0.340 07
2.0	− 0.075 72	− 0.073 41	− 0.099 14	− 0.144 65	− 0.239 90	− 0.425 26
2.2	− 0.099 40	− 0.100 69	− 0.149 05	− 0.216 96	− 0.348 81	− 0.592 53
2.4	− 0.110 30	− 0.116 01	− 0.190 23	− 0.282 75	− 0.453 81	− 0.758 33
2.6	− 0.111 36	− 0.122 46	− 0.226 00	− 0.345 23	− 0.557 48	
2.8	− 0.105 44	− 0.123 05	− 0.259 29	− 0.406 82		
3.0	− 0.094 71	− 0.119 99	− 0.291 85			
3.5	− 0.056 98	− 0.106 32				
4.0	− 0.014 87					

摩擦桩($\alpha h > 2.5$)或端承桩($\alpha h \geqslant 3.5$)的转角系数

A_φ

$\bar{Z} = \alpha Z$ \ $\bar{h} = \alpha h$	4.0	3.5	3.0	2.8	2.6	2.4
0.0	− 1.621 00	− 1.640 76	− 1.757 55	− 1.869 40	− 2.048 19	− 2.326 86
0.1	− 1.616 00	− 1.635 76	− 1.752 55	− 1.864 40	− 2.043 19	− 2.321 80
0.2	− 1.601 17	− 1.620 24	− 1.737 74	− 1.849 60	− 2.028 41	− 2.307 05
0.3	− 1.576 76	− 1.596 54	− 1.713 41	− 1.825 31	− 2.004 18	− 2.282 90
0.4	− 1.543 34	− 1.563 16	− 1.680 17	− 1.792 19	− 1.971 22	− 2.250 18
0.5	− 1.501 51	− 1.521 42	− 1.638 74	− 1.750 99	− 1.930 36	− 2.209 77
0.6	− 1.460 09	− 1.472 16	− 1.590 01	− 1.702 68	− 1.882 63	− 2.162 83
0.7	− 1.395 93	− 1.416 24	− 1.534 95	− 1.648 28	− 1.829 14	− 2.110 60
0.8	− 1.333 98	− 1.354 68	− 1.474 67	− 1.588 96	− 1.771 16	− 2.054 45
0.9	− 1.267 13	− 1.288 37	− 1.410 15	− 1.525 79	− 1.709 85	− 1.995 64
1.0	− 1.196 47	− 1.218 45	− 1.342 66	− 1.460 09	− 1.646 62	− 1.935 71
1.1	− 1.122 83	− 1.145 78	− 1.273 15	− 1.392 89	− 1.582 57	− 1.875 83
1.2	− 1.047 33	− 1.071 54	− 1.202 90	− 1.325 53	− 1.519 13	− 1.817 53
1.3	− 0.970 78	− 0.996 57	− 1.132 86	− 1.259 02	− 1.457 34	− 1.761 86
1.4	− 0.894 09	− 0.921 83	− 1.064 03	− 1.194 46	− 1.398 35	− 1.710 0
1.5	− 0.818 01	− 0.848 11	− 0.997 43	− 1.132 73	− 1.343 05	− 1.662 80
1.6	− 0.743 37	− 0.776 30	− 0.933 87	− 1.074 80	− 1.292 41	− 1.621 16
1.7	− 0.670 75	− 0.706 99	− 0.874 03	− 0.021 32	− 1.247 00	− 1.585 51
1.8	− 0.600 77	− 0.640 85	− 0.818 63	− 0.972 97	− 1.207 43	− 1.556 27
1.9	− 0.533 93	− 0.578 42	− 0.768 18	− 0.930 20	− 1.174 00	− 1.533 48
2.0	− 0.470 63	− 0.520 13	− 0.723 09	− 0.893 33	− 1.146 86	− 1.516 93
2.2	− 0.355 88	− 0.411 27	− 0.649 92	− 0.837 67	− 1.110 79	− 1.500 04
2.4	− 0.258 31	− 0.334 11	− 0.599 79	− 0.805 13	− 1.095 59	− 1.497 29
2.6	− 0.178 49	− 0.271 04	− 0.570 92	− 0.791 58	− 1.093 07	
2.8	− 0.116 11	− 0.227 27	− 0.559 14	− 0.789 43		
3.0	− 0.069 87	− 0.200 56	− 0.557 21			
3.5	− 0.012 06	− 0.183 72				
4.0	− 0.003 41					

摩擦桩($\alpha h > 2.5$)或端承桩($\alpha h \geqslant 3.5$)的转角系数

$$B_\varphi$$

$\bar{Z} = \alpha Z$ ＼ $\bar{h} = \alpha h$	4.0	3.5	3.0	2.8	2.6	2.4
0.0	-1.750 58	-1.757 28	-1.818 49	-1.888 55	-2.012 89	-2.226 91
0.1	-1.650 68	-1.657 28	-1.718 49	-1.788 55	-1.912 89	-2.126 91
0.2	-1.550 69	-1.557 39	-1.618 61	-1.688 68	-1.813 03	-2.027 07
0.3	-1.451 06	-1.457 77	-1.519 01	-1.589 11	-1.713 51	-1.927 61
0.4	-1.352 04	-1.358 76	-1.420 08	-1.490 25	-1.614 76	-1.829 04
0.5	-1.253 94	-1.260 69	-1.322 17	-1.392 49	-1.517 23	-1.731 86
0.6	-1.157 25	-1.164 05	-1.225 81	-1.296 38	-1.421 52	-1.636 77
0.7	-1.062 38	-1.069 26	-1.131 46	-1.202 45	-1.328 22	-1.544 43
0.8	-0.969 78	-0.976 78	-1.039 65	-1.111 24	-1.237 95	-1.455 56
0.9	-0.879 87	-0.887 04	-0.950 84	-1.023 27	-1.151 27	-1.370 80
1.0	-0.793 11	-0.800 53	-0.865 58	-0.939 13	-1.068 85	-1.290 91
1.1	-0.709 81	-0.717 53	-0.784 22	-0.859 22	-0.991 12	-1.216 38
1.2	-0.630 38	-0.638 81	-0.707 26	-0.784 08	-0.918 69	-1.147 89
1.3	-0.555 06	-0.563 70	-0.635 00	-0.714 02	-0.851 92	-1.085 81
1.4	-0.484 12	-0.493 38	-0.567 76	-0.649 42	-0.791 18	-1.030 54
1.5	-0.417 70	-0.427 71	-0.505 75	-0.590 48	-0.736 71	-0.982 28
1.6	-0.355 98	-0.366 89	-0.449 18	-0.537 45	-0.688 73	-0.941 20
1.7	-0.298 97	-0.310 93	-0.398 11	-0.490 35	-0.647 23	-0.907 18
1.8	-0.246 72	-0.259 90	-0.352 62	-0.449 27	-0.612 24	-0.880 10
1.9	-0.199 16	-0.213 74	-0.312 63	-0.414 08	-0.583 53	-0.859 54
2.0	-0.156 24	-0.172 40	-0.278 08	-0.384 68	-0.560 88	-0.844 98
2.2	-0.083 65	-0.103 55	-0.224 48	-0.342 03	-0.531 79	-0.830 56
2.4	-0.027 53	-0.051 96	-0.189 80	-0.318 34	-0.520 08	-0.828 32
2.6	-0.014 15	-0.015 51	-0.170 78	-0.308 88	-0.528 21	
2.8	-0.043 51	-0.008 09	-0.163 35	-0.307 45		
3.0	-0.062 96	-0.021 55	-0.162 17			
3.5	-0.082 94	-0.029 47				
4.0	-0.085 07					

摩擦桩($\alpha h > 2.5$)或端承桩($\alpha h \geqslant 3.5$)的弯矩系数

A_m

$\bar{Z} = \alpha Z$ \ $\bar{h} = \alpha h$	4.0	3.5	3.0	2.8	2.6	2.4
0.0	0	0	0	0	0	0
0.1	0.099 60	0.099 59	0.099 59	0.099 53	0.099 48	0.099 42
0.2	0.196 96	0.196 89	0.196 60	0.196 38	0.196 06	0.195 61
0.3	0.290 10	0.289 84	0.288 91	0.288 18	0.287 14	0.285 69
0.4	0.377 39	0.376 78	0.374 63	0.372 96	0.370 60	0.367 32
0.5	0.457 52	0.456 35	0.452 27	0.449 13	0.444 71	0.438 59
0.6	0.529 38	0.527 40	0.520 57	0.515 34	0.508 01	0.497 95
0.7	0.592 28	0.589 18	0.578 67	0.570 69	0.559 56	0.544 39
0.8	0.645 61	0.641 07	0.625 88	0.614 45	0.598 59	0.577 13
0.9	0.689 26	0.682 92	0.662 00	0.646 42	0.624 94	0.596 08
1.0	0.723 05	0.714 52	0.686 81	0.666 37	0.638 41	0.601 16
1.1	0.747 14	0.736 02	0.700 45	0.674 51	0.639 30	0.592 85
1.2	0.761 83	0.747 69	0.703 24	0.671 20	0.628 10	0.571 87
1.3	0.767 61	0.750 01	0.695 70	0.657 07	0.605 63	0.539 34
1.4	0.764 98	0.743 49	0.678 45	0.632 85	0.572 80	0.496 54
1.5	0.754 66	0.728 84	0.652 32	0.599 52	0.530 89	0.445 20
1.6	0.737 34	0.706 77	0.618 19	0.558 14	0.481 27	0.387 18
1.7	0.713 81	0.678 09	0.577 07	0.509 96	0.425 51	0.324 66
1.8	0.684 88	0.643 64	0.530 05	0.456 31	0.365 40	0.260 08
1.9	0.651 39	0.604 32	0.478 34	0.398 68	0.302 91	0.196 17
2.0	0.614 13	0.560 97	0.423 14	0.338 64	0.240 13	0.135 88
2.2	0.531 60	0.465 83	0.307 66	0.218 28	0.123 20	0.039 42
2.4	0.443 34	0.365 18	0.194 80	0.110 15	0.035 27	0.000 00
2.6	0.354 58	0.265 60	0.096 67	0.031 00	0.000 01	
2.8	0.269 96	0.173 62	0.026 86	0.000 00		
3.0	0.193 05	0.095 35	0.000 0			
3.5	0.050 81	0.000 01				
4.0	0.000 05					

摩擦桩($\alpha h > 2.5$)或端承桩($\alpha h \geq 3.5$)的弯矩系数

B_m

$\bar{Z} = \alpha Z$ ＼ $\bar{h} = \alpha h$	4.0	3.5	3.0	2.8	2.6	2.4
0.0	1.000 00	1.000 00	1.000 00	1.000 00	1.000 00	1.000 00
0.1	0.999 74	0.999 74	0.999 72	0.999 70	0.999 67	0.999 63
0.2	0.998 06	0.998 04	0.997 89	0.997 75	0.997 53	0.997 19
0.3	0.993 82	0.993 73	0.993 25	0.992 79	0.992 07	0.990 96
0.4	0.986 17	0.985 98	0.984 86	0.983 82	0.982 17	0.979 66
0.5	0.974 58	0.974 20	0.972 09	0.970 12	0.967 04	0.962 36
0.6	0.958 61	0.957 97	0.954 43	0.950 56	0.946 07	0.938 35
0.7	0.938 17	0.937 18	0.931 73	0.926 74	0.919 00	0.907 36
0.8	0.913 24	0.911 78	0.903 90	0.896 75	0.885 74	0.869 27
0.9	0.884 07	0.882 04	0.871 20	0.861 45	0.846 53	0.824 40
1.0	0.850 89	0.848 15	0.833 81	0.821 02	0.801 60	0.773 03
1.1	0.814 10	0.810 54	0.792 13	0.775 89	0.751 45	0.715 82
1.2	0.774 15	0.769 63	0.746 63	0.726 58	0.696 67	0.653 54
1.3	0.731 61	0.725 99	0.697 91	0.673 73	0.638 03	0.587 20
1.4	0.686 94	0.680 09	0.646 48	0.617 94	0.576 27	0.517 81
1.5	0.664 81	0.632 59	0.593 07	0.560 03	0.512 42	0.446 73
1.6	0.593 73	0.584 01	0.538 29	0.500 72	0.447 39	0.375 28
1.7	0.546 25	0.534 90	0.482 80	0.440 82	0.382 24	0.304 97
1.8	0.498 89	0.485 82	0.427 29	0.381 15	0.318 12	0.237 45
1.9	0.452 19	0.437 29	0.372 44	0.322 61	0.256 21	0.174 50
2.0	0.406 58	0.389 78	0.318 90	0.266 05	0.197 79	0.118 03
2.2	0.320 25	0.299 56	0.218 44	0.162 55	0.096 75	0.032 82
2.4	0.242 62	0.218 15	0.131 10	0.078 20	0.026 54	− 0.000 02
2.6	0.175 46	0.147 78	0.061 99	0.021 01	− 0.000 04	
2.8	0.119 79	0.090 07	0.016 38	− 0.000 23		
3.0	0.075 95	0.046 19	− 0.000 07			
3.5	0.013 54	0.000 04				
4.0	0.000 09					

摩擦桩($\alpha h > 2.5$)或端承桩($\alpha h \geqslant 3.5$)的剪力系数

A_Q

$\bar{Z} = \alpha Z$ \ $\bar{h} = \alpha h$	4.0	3.5	3.0	2.8	2.6	2.4
0.0	1.000 00	1.000 00	1.000 00	1.000 00	1.000 00	1.000 00
0.1	0.988 33	0.988 03	0.986 95	0.986 09	0.984 87	0.983 14
0.2	0.955 51	0.954 34	0.950 33	0.946 88	0.945 69	0.935 69
0.3	0.904 68	0.902 11	0.893 04	0.886 01	0.876 04	0.862 21
0.4	0.838 98	0.834 52	0.819 02	0.807 12	0.790 34	0.767 24
0.5	0.761 45	0.754 64	0.731 40	0.713 73	0.689 02	0.655 25
0.6	0.674 86	0.665 29	0.633 23	0.609 13	0.575 69	0.530 41
0.7	0.582 01	0.569 31	0.527 60	0.496 64	0.454 05	0.397 00
0.8	0.485 22	0.469 06	0.417 10	0.379 05	0.327 26	0.258 72
0.9	0.386 89	0.366 98	0.304 41	0.259 32	0.198 65	0.119 49
1.0	0.289 01	0.265 12	0.191 85	0.139 98	0.071 14	−0.01 717
1.1	0.193 88	0.165 32	0.081 54	0.023 40	−0.052 51	−0.147 89
1.2	0.101 53	0.069 17	−0.024 66	−0.088 28	−0.169 76	−0.269 53
1.3	0.014 77	−0.021 97	−0.125 08	−0.193 12	−0.278 24	−0.379 03
1.4	−0.065 86	−0.106 98	−0.218 28	−0.289 39	−0.375 76	−0.473 56
1.5	−0.139 52	−0.184 94	−0.302 97	−0.375 49	−0.460 25	−0.550 31
1.6	−0.205 55	−0.255 10	−0.378 00	−0.449 94	−0.529 70	−0.606 54
1.7	−0.263 59	−0.316 99	−0.442 49	−0.511 47	−0.582 33	−0.639 67
1.8	−0.313 45	−0.370 30	−0.495 62	−0.558 89	−0.616 37	−0.647 10
1.9	−0.355 01	−0.414 76	−0.536 60	−0.590 98	−0.629 96	−0.626 10
2.0	−0.388 39	−0.450 34	−0.564 80	−0.606 65	−0.621 38	−0.574 06
2.2	−0.431 74	−0.495 14	−0.580 52	−0.584 38	−0.530 57	−0.365 92
2.4	−0.446 47	−0.505 79	−0.537 89	−0.482 87	−0.328 89	0.000 00
2.6	−0.436 51	−0.483 79	−0.431 39	−0.291 84	+0.000 01	
2.8	−0.406 41	−0.430 66	−0.254 62	0.000 01		
3.0	0.360 65	−0.347 26	0.000 00			
3.5	−0.199 75	+0.000 01				
4.0	−0.000 02					

摩擦桩($\alpha h > 2.5$)或端承桩($\alpha h \geqslant 3.5$)的剪力系数

$\bar{Z} = \alpha Z$ $\bar{h} = \alpha h$	4.0	3.5	3.0	2.8	2.6	2.4
0.0	0	0	0	0	0	0
0.1	−0.007 53	−0.007 63	−0.003 19	−0.008 73	−0.009 58	−0.010 96
0.2	−0.027 95	−0.028 32	−0.080 50	−0.032 55	−0.035 79	−0.040 70
0.3	−0.058 20	−0.059 03	−0.163 73	−0.068 14	−0.075 06	−0.685 67
0.4	−0.095 54	−0.096 98	−0.105 02	−0.112 47	−0.124 12	−0.141 85
0.5	−0.137 47	−0.139 66	−0.151 71	−0.162 77	−0.179 94	−0.265 84
0.6	−0.181 91	−0.184 98	−0.201 59	−0.216 68	−0.239 91	−0.274 64
0.7	−0.226 85	−0.230 92	−0.252 53	−0.271 91	−0.304 18	−0.345 24
0.8	−0.270 87	−0.276 04	−0.302 94	−0.326 75	−0.362 71	−0.415 28
0.9	−0.312 45	−0.318 82	−0.351 18	−0.379 41	−0.421 52	−0.482 23
1.0	−0.350 59	−0.358 22	−0.396 09	−0.428 56	−0.476 34	−0.514 05
1.1	−0.384 43	−0.393 37	−0.436 65	−0.473 02	−0.525 70	−0.598 82
1.2	−0.413 35	−0.423 64	−0.472 07	−0.511 87	−0.568 41	−0.644 86
1.3	−0.436 90	−0.448 56	−0.501 72	−0.544 29	−0.603 33	−0.680 54
1.4	−0.454 86	−0.467 88	−0.525 20	−0.569 69	−0.629 57	−0.704 45
1.5	−0.467 15	−0.481 50	−0.542 20	−0.587 57	−0.646 30	−0.715 21
1.6	−0.473 78	−0.489 39	−0.552 50	−0.597 49	−0.652 72	−0.711 43
1.7	−0.474 96	−0.491 74	−0.556 04	−0.599 17	−0.648 1 9	−0.691 88
1.8	−0.471 03	−0.488 83	−0.552 89	−0.592 43	−0.632 11	−0.655 62
1.9	−0.468 23	−0.480 92	−0.542 99	−0.576 95	−0.603 74	−0.600 35
2.0	−0.449 14	−0.468 39	−0.526 44	−0.552 54	−0.562 43	−0.525 62
2.2	−0.411 79	−0.431 27	−0.473 79	−0.476 08	−0.438 25	−0.311 24
2.4	−0.363 12	−0.381 01	−0.395 38	−0.360 78	−0.253 25	−0.000 02
2.6	−0.307 32	−0.321 04	−0.291 02	−0.203 46	−0.000 03	
2.8	−0.248 53	−0.254 52	−0.159 80	−0.000 18		
3.0	−0.190 52	−0.184 11	−0.000 04			
3.5	−0.016 72	−0.000 01				
4.0	−0.000 45					

嵌岩桩($\alpha h > 2.5$)的位移系数 A_x^0　　　　　　　　　　　　　　附表 9

$\bar{Z}=\alpha Z$	4.0	3.5	3.0	2.8	2.6	$\bar{h}=\alpha h$　$\bar{Z}=\alpha Z$	4.0	3.5	3.0	2.8	2.6
0	2.401	2.389	2.385	2.371	2.330	1.4	0.543	0.553	0.547	0.524	0.480
0.1	2.248	2.230	2.230	2.210	2.170	1.5	0.460	0.471	0.466	0.443	0.399
0.2	2.080	2.075	2.070	2.055	2.010	1.6	0.380	0.397	0.391	0.369	0.326
0.3	1.926	1.916	1.913	1.896	1.853	1.7	0.317	0.332	0.325	0.303	0.260
0.4	1.773	1.765	1.763	1.745	1.703	1.8	0.257	0.273	0.267	0.244	0.203
0.5	1.622	1.618	1.612	1.596	1.552	1.9	0.203	0.221	0.215	0.192	0.153
0.6	1.475	1.473	1.468	1.450	1.407	2.0	0.157	0.176	0.170	0.148	0.111
0.7	1.336	1.334	1.330	1.314	1.267	2.2	0.082	0.104	0.099	0.078	0.048
0.8	1.202	1.202	1.196	1.178	1.133	2.4	0.030	0.057	0.050	0.032	0.012
0.9	1.070	1.071	1.070	1.050	1.005	2.6	−0.004	0.023	0.020	0.008	0
1.0	0.952	0.956	0.951	0.930	0.885	2.8	−0.022	0.006	0.004	0	
1.1	0.831	0.844	0.831	0.818	0.772	3.0	−0.028	−0.001	0		
1.2	0.732	0.740	0.713	0.712	0.667	3.5	−0.015	0			
1.3	0.634	0.642	0.636	0.614	0.570	4.0	0				

嵌岩桩($\alpha h > 2.5$)的位移系数 B_x^0　　　　　　　　　　　　　　附表 10

$\bar{Z}=\alpha Z$	4.0	3.5	3.0	2.8	2.6	$\bar{h}=\alpha h$　$\bar{Z}=\alpha Z$	4.0	3.5	3.0	2.8	2.6
0	1.600	1.584	1.586	1.593	1.596	1.4	0.113	0.128	0.157	0.169	0.172
0.1	1.430	1.420	1.426	1.430	1.430	1.5	0.070	0.087	0.119	0.129	0.134
0.2	1.275	1.260	1.270	1.275	1.280	1.6	0.034	0.053	0.086	0.097	0.101
0.3	1.127	1.117	1.123	1.130	1.137	1.7	0.003	0.027	0.059	0.070	0.074
0.4	0.988	0.980	0.990	0.998	1.025	1.8	0.022	0.001	0.037	0.048	0.052
0.5	0.858	0.854	0.866	0.874	0.878	1.9	−0.042	−0.017	0.021	0.032	0.035
0.6	0.740	0.737	0.752	0.760	0.763	2.0	−0.058	−0.031	0.008	0.010	0.023
0.7	0.630	0.630	0.643	0.654	0.659	2.2	−0.077	−0.046	−0.006	0.004	0.007
0.8	0.531	0.533	0.550	0.561	0.564	2.4	−0.083	−0.048	−0.010	−0.001	0.001
0.9	0.440	0.444	0.464	0.473	0.478	2.6	−0.080	−0.043	−0.007	−0.001	0
1.0	0.359	0.364	0.386	0.396	0.400	2.8	−0.070	−0.032	−0.003	0	
1.1	0.285	0.294	0.318	0.327	0.332	3.0	−0.056	−0.020	0		
1.2	0.220	0.230	0.257	0.267	0.271	3.5	−0.018	0			
1.3	0.163	0.176	0.203	0.214	0.218	4.0	0				

嵌岩桩($\alpha h > 2.5$)计算 $\varphi_{Z=0}$ 的系数 A_φ^0、B_φ^0　　　　　　　　附表 11

$\bar{h}=\alpha h$	4.0	3.5	3.0	2.8	2.6
$A_\phi^0 = -B_x^0$	−1.600	−1.584	−1.586	−1.593	−1.596
B_ϕ^0	−1.732	−1.711	−1.691	−1.687	−1.686
A_x^0	2.401	2.389	2.385	2.371	2.330

注:1. 表列为 $\bar{Z}=\alpha Z=0$ 的系数值,$\bar{Z}$ 为其他值的系数不常应用,此处从略。

　　2. A_Q^0、B_Q^0 系数不常应用,此处从略。

$\bar{Z} = \alpha Z$	$\bar{h} = \alpha h$									
	4.0		3.5		3.0		2.8		2.6	
	A_m^0	B_m^0	A_m^0	B_m^0	A_m^0	B_m^0	A_m^0	B_m^0	A_m^0	B_m^0
0	0	1.000	0	1.000	0	1.000	0	1.000	0	1.000
0.1	0.100	1.000	0.100	1.000	0.100	1.000	0.100	1.000	0.100	1.000
0.2	0.197	0.998	0.197	0.998	0.197	0.998	0.197	0.998	0.197	0.998
0.3	0.290	0.994	0.290	0.994	0.290	0.994	0.290	0.994	0.291	0.994
0.4	0.378	0.986	0.378	0.986	0.378	0.986	0.378	0.986	0.379	0.986
0.5	0.458	0.975	0.458	0.975	0.458	0.975	0.459	0.975	0.460	0.975
0.6	0.531	0.959	0.531	0.960	0.531	0.959	0.532	0.959	0.533	0.959
0.7	0.594	0.939	0.595	0.939	0.595	0.939	0.596	0.939	0.598	0.938
0.8	0.648	0.914	0.649	0.915	0.649	0.914	0.651	0.914	0.654	0.913
0.9	0.693	0.886	0.694	0.886	0.694	0.885	0.696	0.884	0.701	0.884
1.0	0.728	0.853	0.729	0.854	0.729	0.852	0.732	0.850	0.739	0.850
1.1	0.753	0.817	0.754	0.817	0.755	0.815	0.759	0.813	0.769	0.810
1.2	0.710	0.777	0.770	0.778	0.772	0.774	0.777	0.771	0.789	0.770
1.3	0.777	0.735	0.778	0.736	0.779	0.730	0.786	0.727	0.802	0.725
1.4	0.776	0.691	0.777	0.691	0.779	0.684	0.788	0.680	0.808	0.678
1.5	0.768	0.645	0.768	0.645	0.771	0.635	0.782	0.630	0.806	0.628
1.6	0.753	0.598	0.752	0.597	0.756	0.585	0.769	0.578	0.799	0.576
1.7	0.731	0.551	0.730	0.549	0.734	0.533	0.750	0.525	0.786	0.522
1.8	0.705	0.503	0.703	0.500	0.707	0.480	0.727	0.471	0.769	0.467
1.9	0.673	0.456	0.670	0.451	0.676	0.427	0.699	0.416	0.749	0.411
2.0	0.638	0.410	0.633	0.402	0.640	0.373	0.667	0.360	0.725	0.355
2.2	0.559	0.321	0.549	0.307	0.558	0.265	0.595	0.247	0.672	0.246
2.4	0.472	0.239	0.457	0.216	0.468	0.157	0.517	0.135	0.615	0.126
2.6	0.383	0.165	0.358	0.129	0.373	0.051	0.435	0.022	0.556	0.010
2.8	0.294	0.099	0.258	0.047	0.276	−0.055	0.352	−0.091		
3.0	0.207	0.041	0.156	0.032	0.179	−0.161				
3.5	0.005	−0.079	−0.096	−0.221						
4.0	−0.184	−0.181								

$\bar{Z} = \alpha Z$	C_Q	D_Q	K_Q	K_m
0.0	∞	0.000 00	∞	1.000 00
0.1	131.252 32	0.007 60	131.317 79	1.000 50
0.2	34.186 40	0.029 25	34.317 04	1.003 82
0.3	15.544 33	0.064 33	15.738 37	1.012 48
0.4	8.781 45	0.113 88	9.037 39	1.029 14
0.5	5.539 03	0.180 54	5.855 75	1.057 18
0.6	3.708 96	0.269 55	4.138 32	1.101 30
0.7	2.565 62	0.389 77	2.999 27	1.169 02
0.8	1.791 34	0.558 24	2.281 53	1.273 65
0.9	1.238 25	0.807 59	1.783 96	1.440 71
1.0	0.824 35	1.213 07	1.424 48	1.728 00
1.1	0.503 03	1.987 95	1.156 66	2.299 39
1.2	0.245 63	4.071 21	0.951 98	3.875 72
1.3	0.033 81	29.580 23	0.792 35	23.437 69
1.4	− 0.144 79	− 6.906 47	0.665 52	− 4.596 37
1.5	− 0.298 66	− 3.348 27	0.563 28	− 1.875 85
1.6	− 0.433 85	− 2.304 94	0.479 75	− 1.128 38
1.7	− 0.554 97	− 1.801 89	0.410 66	− 0.739 96
1.8	− 0.665 46	− 1.502 73	0.352 89	− 0.530 30
1.9	− 0.767 97	− 1.302 13	0.304 12	− 0.396 00
2.0	− 0.864 74	− 1.156 41	0.262 54	− 0.303 61
2.2	− 1.048 45	− 0.953 79	0.195 83	− 0.186 78
2.4	− 1.229 54	− 0.813 31	0.145 03	− 0.117 95
2.6	− 1.420 38	− 0.704 04	0.105 36	− 0.074 18
2.8	− 1.635 25	− 0.611 53	0.074 07	− 0.045 30
3.0	− 1.892 98	− 0.528 27	0.049 28	− 0.026 03
3.5	− 2.993 86	− 0.334 01	0.010 27	− 0.003 43
4.0	− 0.044 50	− 22.500 00	− 0.000 08	+ 0.011 34

摩擦桩(αh>2.5)或端承桩(αh≥3.5)的桩顶位移系数

$$A_{x1}$$

$\bar{l}_0 = \alpha l_0$ \ $\bar{h} = \alpha h$	4.0	3.5	3.0	2.8	2.6	2.4
0.0	2.440 66	2.501 74	2.726 58	2.905 24	3.162 60	3.525 62
0.2	3.161 75	3.231 00	3.505 01	3.731 21	4.065 06	4.548 08
0.4	4.038 89	4.116 85	4.444 91	4.724 26	5.144 55	5.764 76
0.6	5.088 07	5.175 27	5.562 30	5.900 40	6.417 07	7.191 47
0.8	6.325 30	6.422 28	6.873 16	7.275 62	7.898 62	8.844 39
1.0	7.766 57	7.873 87	8.393 50	8.865 92	9.605 20	10.739 46
1.2	9.427 90	9.546 05	10.139 33	10.687 31	11.552 82	12.892 69
1.4	11.315 26	11.454 80	12.126 63	12.755 78	13.757 46	15.320 07
1.6	13.474 68	13.616 14	14.371 41	15.087 34	16.235 14	18.037 60
1.8	15.892 14	16.046 06	16.889 67	17.697 98	19.001 85	21.061 29
2.0	18.593 65	18.760 57	19.697 41	20.603 71	22.073 59	24.407 13
2.2	21.595 20	21.775 65	22.810 62	23.820 52	25.466 36	28.091 12
2.4	24.912 80	25.107 32	26.245 32	27.364 41	29.196 16	32.129 26
2.6	28.562 45	28.771 57	30.017 50	31.251 38	33.278 99	36.537 56
2.8	32.560 14	32.784 40	34.143 15	35.497 45	37.730 85	41.332 01
3.0	36.921 88	37.161 82	38.638 29	40.118 59	42.567 75	46.528 61
3.2	41.663 67	41.919 82	43.518 90	45.130 82	47.805 68	52.143 36
3.4	46.801 50	47.074 40	48.801 00	50.550 13	53.460 63	58.192 27
3.6	52.351 38	52.641 56	54.500 57	56.392 53	59.548 62	64.691 33
3.8	58.329 30	58.637 31	60.633 62	62.674 01	66.085 64	71.656 55
4.0	64.751 27	65.077 63	67.216 15	69.410 57	73.087 69	79.103 91
4.2	71.633 29	71.978 54	74.264 16	76.618 22	80.573 78	87.049 43
4.4	78.991 35	79.356 03	81.893 65	84.312 95	88.550 89	95.509 10
4.6	86.841 47	87.226 11	89.820 62	92.510 77	97.044 03	104.498 93
4.8	95.199 62	95.604 77	98.361 07	101.227 67	106.066 21	114.034 91
5.0	104.081 83	104.508 01	107.431 00	110.479 65	115.633 42	124.133 04
5.2	113.504 08	113.951 83	117.046 40	120.282 73	125.761 65	134.809 32
5.4	123.482 37	123.952 23	127.223 29	130.652 88	136.466 92	146.079 76
5.6	134.032 71	134.525 22	137.977 65	141.606 11	147.765 22	157.960 34
5.8	145.171 10	145.686 79	149.325 50	153.158 44	159.672 56	170.467 09
6.0	156.913 54	157.452 94	161.282 82	165.325 84	172.204 92	183.615 98
6.4	182.274 55	182.862 99	187.089 90	191.569 90	199.208 74	211.904 23
6.8	210.243 75	210.883 37	215.526 90	220.466 30	228.904 68	242.953 08
7.2	240.949 13	241.642 08	246.721 82	252.143 03	261.420 75	276.890 55
7.6	274.518 69	275.267 12	280.802 66	286.728 10	296.884 95	313.844 63
8.0	311.080 45	311.886 49	317.897 41	324.349 51	335.425 27	353.943 33
8.5	361.185 40	362.066 47	368.699 17	375.841 11	388.121 47	408.683 80
9.0	416.415 64	417.375 10	424.660 17	432.526 99	446.074 11	468.787 73
9.5	477.021 17	478.062 37	486.030 42	494.657 14	509.533 20	534.505 11
10.0	543.251 99	544.378 27	553.059 91	562.481 57	578.798 73	606.085 95

摩擦桩($\alpha h > 2.5$)或端承桩($\alpha h \geqslant 3.5$)的桩顶转角(位移)系数

$$A_{\varphi 1} = B_{x1}$$

$\bar{l}_0 = \alpha l_0$ \ $\bar{h} = \alpha h$	4.0	3.5	3.0	2.8	2.6	2.4
0.0	1.621 00	1.640 76	1.757 55	1.869 49	2.048 19	2.326 80
0.2	1.991 12	2.012 22	2.141 25	2.267 11	2.470 77	2.792 18
0.4	2.401 23	2.423 67	2.564 95	2.704 82	2.933 35	3.297 56
0.6	2.851 35	2.875 13	3.028 64	3.182 53	3.435 92	3.842 95
0.8	3.341 46	3.366 58	3.532 34	3.700 24	3.978 50	4.428 33
1.0	3.871 58	3.898 04	4.076 04	4.257 95	4.501 08	5.053 71
1.2	4.441 70	4.469 50	4.659 74	4.855 66	5.183 66	5.719 09
1.4	5.051 81	5.080 95	5.283 44	5.493 37	5.846 24	6.424 47
1.6	5.701 93	5.732 41	5.947 13	6.171 08	6.528 81	7.169 86
1.8	6.392 04	6.423 86	6.650 83	6.888 79	7.291 39	7.955 24
2.0	7.122 16	7.155 32	7.394 53	7.646 50	8.073 97	8.180 62
2.2	7.892 28	7.926 78	8.178 23	8.444 21	8.896 55	9.646 00
2.4	8.702 39	8.738 23	9.001 93	9.281 92	9.759 13	10.561 38
2.6	9.552 51	9.589 69	9.865 62	10.159 63	10.661 70	11.496 77
2.8	10.442 62	10.481 14	10.769 32	11.077 34	11.604 28	12.482 15
3.0	11.372 74	11.412 60	11.713 02	12.035 05	12.586 86	13.507 53
3.2	12.342 86	12.384 06	12.696 72	13.032 76	13.609 44	14.572 91
3.4	13.352 97	13.395 51	13.702 42	14.070 47	14.672 02	15.678 29
3.6	14.403 09	14.446 97	14.784 11	15.148 18	15.774 59	16.823 68
3.8	15.493 20	15.538 42	15.887 81	16.265 89	16.917 17	18.009 06
4.0	16.623 32	16.669 88	17.031 51	17.423 60	18.099 75	19.234 44
4.2	17.793 44	17.841 34	18.215 21	18.621 31	19.322 33	20.499 82
4.4	19.003 55	19.052 79	19.438 91	19.869 02	20.584 91	21.305 20
4.6	20.253 67	20.304 25	20.702 60	21.136 73	21.887 48	23.190 59
4.8	21.543 78	21.595 70	22.006 30	22.454 44	23.230 06	24.535 97
5.0	22.873 90	22.927 16	23.350 00	23.812 15	24.612 64	25.961 35
5.2	24.244 02	24.298 62	24.733 70	25.209 86	26.035 22	27.426 73
5.4	25.654 13	25.710 07	26.157 40	26.647 57	27.497 80	28.932 11
5.6	27.104 36	27.161 53	27.621 09	28.125 28	29.000 37	30.477 50
5.8	28.594 36	28.652 98	29.124 79	29.642 99	30.542 95	32.052 88
6.0	30.124 48	R0.184 44	30.668 49	31.200 70	32.125 53	38.688 26
6.4	33.304 71	33.367 35	33.875 89	34.486 12	35.410 69	37.059 02
6.8	36.644 94	37.710 26	37.243 28	37.831 54	38.855 84	40.589 79
7.2	40.145 18	40.213 18	40.770 68	41.386 96	42.461 00	44.280 55
7.6	43.805 41	44.876 06	44.458 07	45.102 38	46.226 15	48.131 32
8.0	47.625 64	48.699 00	48.305 47	48.977 80	50.151 31	52.142 08
8.5	52.625 93	52.702 64	53.339 72	54.047 08	54.282 76	57.380 54
9.0	57.876 22	57.956 28	58.623 96	59.366 35	60.664 20	62.868 99
9.5	63.376 51	63.459 92	64.158 21	64.935 63	66.295 65	68.607 45
10.0	69.126 80	69.213 56	69.942 45	70.754 90	72.177 09	74.595 90

摩擦桩($\alpha h > 2.5$)或端承桩($\alpha h \geqslant 3.5$)的桩顶转角系数

$B_{\varphi 1}$

$\bar{l}_0 = \alpha l_0$ ＼ $\bar{h} = \alpha h$	4.0	3.5	3.0	2.8	2.6	2.4
0.0	1.750 58	1.757 28	1.818 49	1.888 55	2.012 89	2.226 91
0.2	1.950 58	1.957 28	2.018 49	2.088 55	2.212 89	2.426 91
0.4	2.150 58	2.157 28	2.218 49	2.288 55	2.412 89	2.626 91
0.6	2.350 58	2.357 28	2.418 49	2.488 55	2.612 89	2.826 91
0.8	2.550 58	2.557 28	2.618 49	2.688 55	2.812 89	3.026 91
1.0	2.750 58	2.757 28	2.818 49	2.888 55	2.012 89	3.226 91
1.2	2.950 58	2.957 28	3.018 49	3.088 55	3.212 89	3.426 91
1.4	3.150 58	3.157 28	3.218 49	3.288 55	3.412 89	3.626 91
1.6	3.350 58	3.357 28	3.418 49	3.488 55	3.612 89	3.826 91
1.8	3.550 58	3.557 28	3.618 49	3.688 55	3.812 89	4.026 91
2.0	3.750 58	3.757 28	3.818 49	3.888 55	4.012 89	4.226 91
2.2	3.950 58	3.957 28	4.018 49	4.088 55	4.212 89	4.426 91
2.4	4.150 58	4.157 28	4.218 49	4.288 55	4.412 89	4.626 91
2.6	4.350 58	4.357 28	4.418 49	4.488 55	4.612 89	4.826 91
2.8	4.550 58	4.557 28	4.618 49	4.688 55	4.812 89	5.026 91
3.0	4.750 58	4.757 28	4.818 49	4.888 55	5.012 89	5.226 91
3.2	4.950 58	4.957 28	5.018 49	5.088 55	5.212 89	5.426 91
3.4	5.150 58	5.157 28	5.218 49	5.288 55	5.412 89	5.626 91
3.6	5.350 58	5.357 28	5.418 49	5.488 55	5.612 89	5.826 91
3.8	5.550 58	5.557 28	5.618 49	5.688 55	5.812 89	6.026 91
4.0	5.750 58	5.751 28	5.818 49	5.888 55	6.012 89	6.226 91
4.2	5.950 58	5.957 28	6.018 49	6.088 55	6.212 89	6.426 91
4.4	6.150 58	6.157 28	6.218 49	6.288 55	6.412 89	6.626 91
4.6	6.350 58	6.357 28	6.418 49	6.488 55	6.612 89	6.826 91
4.8	6.550 58	6.557 28	6.618 49	6.688 55	6.812 89	7.026 91
5.0	6.750 58	6.757 28	6.818 49	6.888 55	7.012 89	7.226 91
5.2	6.950 58	6.957 28	7.018 49	7.088 55	7.212 89	7.426 91
5.4	7.150 58	7.157 28	7.218 49	7.288 55	7.412 89	7.626 91
5.6	7.350 58	7.357 28	7.418 49	7.488 55	7.612 89	7.826 91
5.8	7.550 58	7.557 28	7.618 49	7.688 55	7.812 89	8.026 91
6.0	7.750 58	7.757 28	7.818 49	7.888 55	8.012 89	8.226 91
6.4	8.150 58	8.157 28	8.218 49	8.288 55	8.412 89	8.626 91
6.8	8.550 58	8.557 28	8.618 49	8.688 55	8.812 89	9.026 91
7.2	8.950 58	8.957 28	9.018 49	9.088 55	9.212 89	9.426 91
7.6	9.350 58	9.357 28	9.418 49	9.488 55	9.612 89	9.826 91
8.0	9.750 58	9.757 28	9.818 49	9.888 55	10.012 89	10.226 91
8.5	10.250 58	10.257 28	10.318 49	10.388 55	10.512 89	10.726 91
9.0	10.750 58	10.757 28	10.818 49	10.888 55	11.012 89	11.226 91
9.5	11.250 58	11.257 28	11.318 49	11.388 55	11.512 89	11.726 91
10.0	11.750 58	11.757 28	11.818 49	11.888 55	12.012 89	12.226 91

$\bar{l}_0 = \alpha l_0$ ＼ $\bar{h} = \alpha h$	4.0	3.5	3.0	2.8	2.6	2.4
0.0	1.064 23	1.031 17	0.972 83	0.948 05	0.927 22	0.913 70
0.2	0.885 55	0.860 36	0.810 68	0.787 23	0.765 49	0.748 70
0.4	0.736 49	0.717 41	0.675 95	0.654 68	0.633 52	0.615 28
0.6	0.613 77	0.599 33	0.565 11	0.546 34	0.526 63	0.508 31
0.8	0.513 42	0.502 44	0.474 37	0.458 09	0.440 24	0.422 69
1.0	0.431 57	0.423 17	0.400 19	0.386 19	0.370 32	0.354 01
1.2	0.364 76	0.358 29	0.339 45	0.327 49	0.313 53	0.298 66
1.4	0.311 05	0.305 05	0.289 57	0.279 38	0.267 17	0.253 80
1.6	0.265 16	0.261 21	0.248 43	0.329 75	0.229 12	0.217 17
1.8	0.228 07	0.224 94	0.214 35	0.206 94	0.197 69	0.187 07
2.0	0.197 28	0.194 78	0.185 95	0.179 61	0.171 57	0.162 15
2.2	0.171 57	0.169 56	0.162 16	0.156 73	0.149 72	0.141 38
2.4	0.150 00	0.148 36	0.142 13	0.137 46	0.131 34	0.123 95
2.6	0.131 78	0.130 44	0.125 16	0.121 13	0.115 78	0.109 24
2.8	0.116 33	0.115 22	0.110 72	0.107 23	0.102 54	0.096 73
3.0	0.103 14	0.102 22	0.098 37	0.095 33	0.091 21	0.086 04
3.2	0.091 83	0.091 05	0.087 75	0.085 10	0.081 47	0.076 86
3.4	0.082 08	0.081 43	0.078 57	0.076 25	0.073 04	0.068 93
3.6	0.073 64	0.073 09	0.070 61	0.068 57	0.065 72	0.062 04
3.8	0.066 30	0.065 83	0.063 67	0.061 87	0.059 34	0.056 04
4.0	0.059 89	0.059 49	0.057 60	0.056 00	0.053 75	0.050 79
4.2	0.054 27	0.053 92	0.052 26	0.050 85	0.048 83	0.046 16
4.4	0.049 32	0.049 02	0.047 56	0.046 30	0.044 49	0.042 09
4.6	0.044 95	0.044 69	0.043 39	0.042 27	0.040 65	0.038 47
4.8	0.041 08	0.040 85	0.039 70	0.038 69	0.037 23	0.035 26
5.0	0.037 63	0.037 43	0.036 41	0.035 50	0.034 19	0.032 39
5.2	0.034 55	0.034 38	0.033 46	0.032 65	0.031 46	0.029 83
5.4	0.031 80	0.031 65	0.030 83	0.030 10	0.029 01	0.027 53
5.6	0.029 33	0.029 20	0.028 46	0.027 80	0.026 82	0.025 46
5.8	0.021 11	0.026 99	0.026 33	0.025 73	0.024 83	0.023 59
6.0	0.025 11	0.025 00	0.024 40	0.023 85	0.023 04	0.021 90
6.4	0.021 65	0.021 56	0.021 07	0.020 62	0.019 94	0.018 97
6.8	0.018 80	0.018 73	0.018 32	0.017 84	0.017 36	0.016 55
7.2	0.016 42	0.016 86	0.016 00	0.015 50	0.015 22	0.014 52
7.6	0.014 43	0.014 38	0.014 38	0.013 82	0.013 41	0.012 80
8.0	0.012 75	0.012 71	0.012 46	0.012 23	0.011 87	0.011 35
8.5	0.010 99	0.010 96	0.010 76	0.010 56	0.010 27	0.009 83
9.0	0.009 54	0.009 51	0.009 35	0.009 19	0.008 94	0.008 57
9.5	0.008 32	0.008 31	0.008 17	0.008 04	0.007 83	0.007 51
10.0	0.007 32	0.007 30	0.007 19	0.007 07	0.006 89	0.006 62

$\bar{l}_0 = \alpha l_0$ ╲ $\bar{h} = \alpha h$	4.0	3.5	3.0	2.8	2.6	2.4
0.0	0.985 45	0.962 79	0.940 23	0.938 44	0.943 48	0.954 69
0.2	0.903 95	0.884 51	0.859 98	0.854 54	0.854 69	0.861 38
0.4	0.822 32	0.806 00	0.781 52	0.773 77	0.770 17	0.725 52
0.6	0.744 53	0.730 99	0.707 67	0.698 70	0.692 51	0.691 01
0.8	0.672 62	0.661 45	0.639 93	0.630 48	0.622 66	0.618 39
1.0	0.607 46	0.598 25	0.578 75	0.569 28	0.560 61	0.554 42
1.2	0.549 10	0.541 50	0.524 02	0.514 87	0.505 84	0.498 43
1.4	0.498 75	0.490 92	0.475 36	0.466 69	0.457 66	0.449 56
1.6	0.451 25	0.446 01	0.432 20	0.424 11	0.415 30	0.406 88
1.8	0.410 58	0.406 20	0.393 97	0.386 48	0.378 04	0.369 56
2.0	0.374 62	0.370 93	0.360 09	0.353 19	0.345 19	0.336 84
2.2	0.342 76	0.339 64	0.330 02	0.323 70	0.316 17	0.308 07
2.4	0.314 50	0.311 84	0.303 29	0.297 50	0.290 46	0.282 67
2.6	0.289 36	0.287 09	0.279 47	0.274 17	0.267 61	0.260 18
2.8	0.266 94	0.264 99	0.258 19	0.253 35	0.247 24	0.240 19
3.0	0.246 91	0.245 21	0.239 12	0.234 70	0.229 03	0.222 36
3.2	0.228 94	0.227 47	0.222 00	0.212 68	0.212 68	0.206 39
3.4	0.212 79	0.211 50	0.206 58	0.197 98	0.197 98	0.192 06
3.6	0.198 22	0.197 09	0.192 65	0.184 71	0.184 71	0.179 14
3.8	0.185 05	0.184 06	0.180 04	0.172 70	0.172 70	0.167 46
4.0	0.173 12	0.172 24	0.168 59	0.161 80	0.161 80	0.156 88
4.2	0.162 27	0.161 49	0.158 17	0.155 51	0.151 88	0.147 25
4.4	0.152 38	0.151 68	0.148 66	0.146 21	0.142 82	0.138 48
4.6	0.143 36	0.142 73	0.139 96	0.137 70	0.134 54	0.130 46
4.8	0.135 09	0.134 52	0.131 99	0.129 90	0.126 95	0.123 11
5.0	0.127 50	0.127 00	0.124 67	0.122 73	0.119 98	0.116 36
5.2	0.120 53	0.120 07	0.117 93	0.116 12	0.113 56	0.110 15
5.4	0.114 10	0.113 68	0.111 71	0.110 03	0.107 63	0.104 42
5.6	0.108 17	0.107 79	0.105 97	0.104 40	0.102 15	0.099 13
5.8	0.102 68	0.102 32	0.100 64	0.099 19	0.097 08	0.094 22
6.0	0.097 59	0.097 27	0.095 71	0.094 35	0.092 37	0.089 67
6.4	0.088 47	0.088 21	0.086 86	0.085 66	0.083 91	0.081 50
6.8	0.082 56	0.080 34	0.079 16	0.078 11	0.076 56	0.074 40
7.2	0.073 66	0.075 30	0.072 44	0.071 51	0.070 13	0.068 18
7.6	0.067 60	0.067 44	0.066 53	0.065 71	0.064 47	0.062 71
8.0	0.062 25	0.062 11	0.061 31	0.060 58	0.059 46	0.057 87
8.5	0.056 41	0.056 29	0.055 60	0.054 96	0.053 98	0.052 58
9.0	0.051 35	0.051 25	0.050 65	0.050 09	0.049 22	0.047 97
9.5	0.046 94	0.046 85	0.046 33	0.045 83	0.045 07	0.043 95
10.0	0.043 07	0.042 99	0.042 53	0.042 10	0.041 41	0.040 41

$\bar{l}_0 = \alpha l_0$ ＼ $\bar{h} = \alpha h$	4.0	3.5	3.0	2.8	2.6	2.4
0.0	1.483 75	1.468 02	1.458 63	1.456 83	1.456 83	1.446 56
0.2	1.435 41	1.420 26	1.407 70	1.406 40	1.406 19	1.403 07
0.4	1.383 16	1.369 08	1.254 32	1.351 47	1.350 74	1.350 22
0.6	1.328 58	1.315 80	1.219 69	1.295 38	1.293 36	1.293 11
0.8	1.273 25	1.261 82	1.245 17	1.239 65	1.236 19	1.235 07
1.0	1.218 58	1.208 44	1.191 11	1.185 36	1.180 59	1.778 18
1.2	1.165 51	1.156 55	1.140 24	1.133 23	1.127 57	1.123 63
1.4	1.117 13	1.106 75	1.091 04	1.083 67	1.076 97	1.072 03
1.6	1.066 37	1.059 40	1.044 42	1.036 88	1.029 57	1.023 62
1.8	1.020 81	1.014 65	1.000 48	1.992 90	0.985 18	0.978 41
2.0	0.978 01	0.972 55	0.959 20	0.951 69	0.943 72	0.936 31
2.2	0.937 88	0.933 04	0.920 50	0.913 13	0.905 04	0.897 15
2.4	0.900 32	0.896 00	0.884 25	0.877 08	0.868 96	0.860 74
2.6	0.865 19	0.861 33	0.850 32	0.843 37	0.835 31	0.826 87
2.8	0.832 33	0.828 86	0.818 55	0.811 85	0.803 89	0.795 33
3.0	0.801 58	0.798 46	0.788 80	0.782 35	0.774 54	0.765 93
3.2	0.772 79	0.769 97	0.760 92	0.754 73	0.747 09	0.738 49
3.4	0.745 80	0.743 25	0.734 75	0.728 82	0.721 38	0.712 84
3.6	0.720 49	0.718 16	0.710 19	0.704 50	0.697 27	0.688 83
3.8	0.696 70	0.694 58	0.689 09	0.681 65	0.674 63	0.666 32
4.0	0.674 33	0.672 39	0.665 35	0.660 14	0.663 34	0.645 17
4.2	0.653 27	0.651 49	0.644 85	0.639 87	0.633 29	0.625 28
4.4	0.633 41	0.631 77	0.625 52	0.620 74	0.614 39	0.606 55
4.6	0.614 67	0.613 15	0.607 24	0.602 68	0.596 53	0.588 88
4.8	0.596 94	0.595 55	0.589 96	0.585 59	0.579 65	0.572 18
5.0	0.580 17	0.578 88	0.573 59	0.569 41	0.563 67	0.556 38
5.2	0.564 29	0.563 08	0.558 07	0.554 06	0.548 53	0.541 42
5.4	0.549 21	0.548 09	0.543 34	0.539 49	0.534 15	0.527 23
5.6	0.534 89	0.533 85	0.529 34	0.525 65	0.520 49	0.513 75
5.8	0.521 28	0.520 31	0.516 02	0.512 48	0.507 49	0.500 94
6.0	0.508 33	0.507 41	0.503 33	0.499 93	0.495 11	0.488 74
6.4	0.484 21	0.488 40	0.479 69	0.476 55	0.472 05	0.466 02
6.8	0.462 22	0.461 51	0.458 12	0.455 22	0.451 01	0.445 31
7.2	0.442 11	0.441 47	0.438 38	0.435 68	0.431 74	0.426 34
7.6	0.423 64	0.423 07	0.420 23	0.417 72	0.414 03	0.408 92
8.0	0.406 63	0.406 12	0.403 50	0.401 16	0.397 70	0.392 86
8.5	0.387 18	0.386 72	0.384 34	0.282 20	0.378 99	0.374 46
9.0	0.369 47	0.369 01	0.366 90	0.364 93	0.361 95	0.357 71
9.5	0.353 30	0.352 94	0.350 96	0.349 14	0.346 37	0.342 39
10.0	0.338 47	0.339 15	0.336 33	0.334 64	0.332 06	0.328 32

参 考 文 献

[1] 中华人民共和国行业标准. JTG D63—2007 公路桥涵地基与基础设计规范[S]. 北京:人民交通出版社,2007.

[2] 中华人民共和国行业标准. JTG D61—2005 公路圬工桥涵设计规范[S]. 北京:人民交通出版社,2005.

[3] 中华人民共和国行业标准. JTG D60—2004 公路桥涵设计通用规范[S]. 北京:人民交通出版社,2004.

[4] 中华人民共和国行业标准. JTG D62—2004 公路钢筋混凝土及预应力混凝土桥涵设计规范[S]. 北京:人民交通出版社,2004.

[5] 中华人民共和国行业标准. JTJ 041—2000 公路桥涵施工技术规范[S]. 北京:人民交通出版社,2000.

[6] 务新超,魏明. 土力学与基础工程[M]. 北京:机械工业出版社,2007.

[7] 陈兰云. 土力学及地基基础[M]. 北京:机械工业出版社,2007.

[8] 陈晏松. 基础工程[M]. 北京:人民交通出版社,2002.

[9] 凌治平,易经武. 基础工程[M]. 北京:人民交通出版社,1997.

[10] 张留俊等. 高速公路软土地基处理技术[M]. 北京:人民交通出版社,2002.

[11] 刘玉卓. 公路工程软基处理[M]. 北京:人民交通出版社,2003.

[12] 高宏兴. 软土地基加固[M]. 上海:上海科学技术出版社,1990.

[13] 黄绳武. 桥梁施工及组织管理[M]. 北京:人民交通出版社,1999.

[14] 王常才. 桥涵施工技术[M]. 北京:人民交通出版社,2002.